건축설비계통도 이해하기

千葉孝男 監修

阿部 正行 · 永塚 襄 · 大隅和男 · 千葉孝男 · 長谷川勝實 · 三宅圀博 · 渡辺和雄 共著

朴鍾一 譯

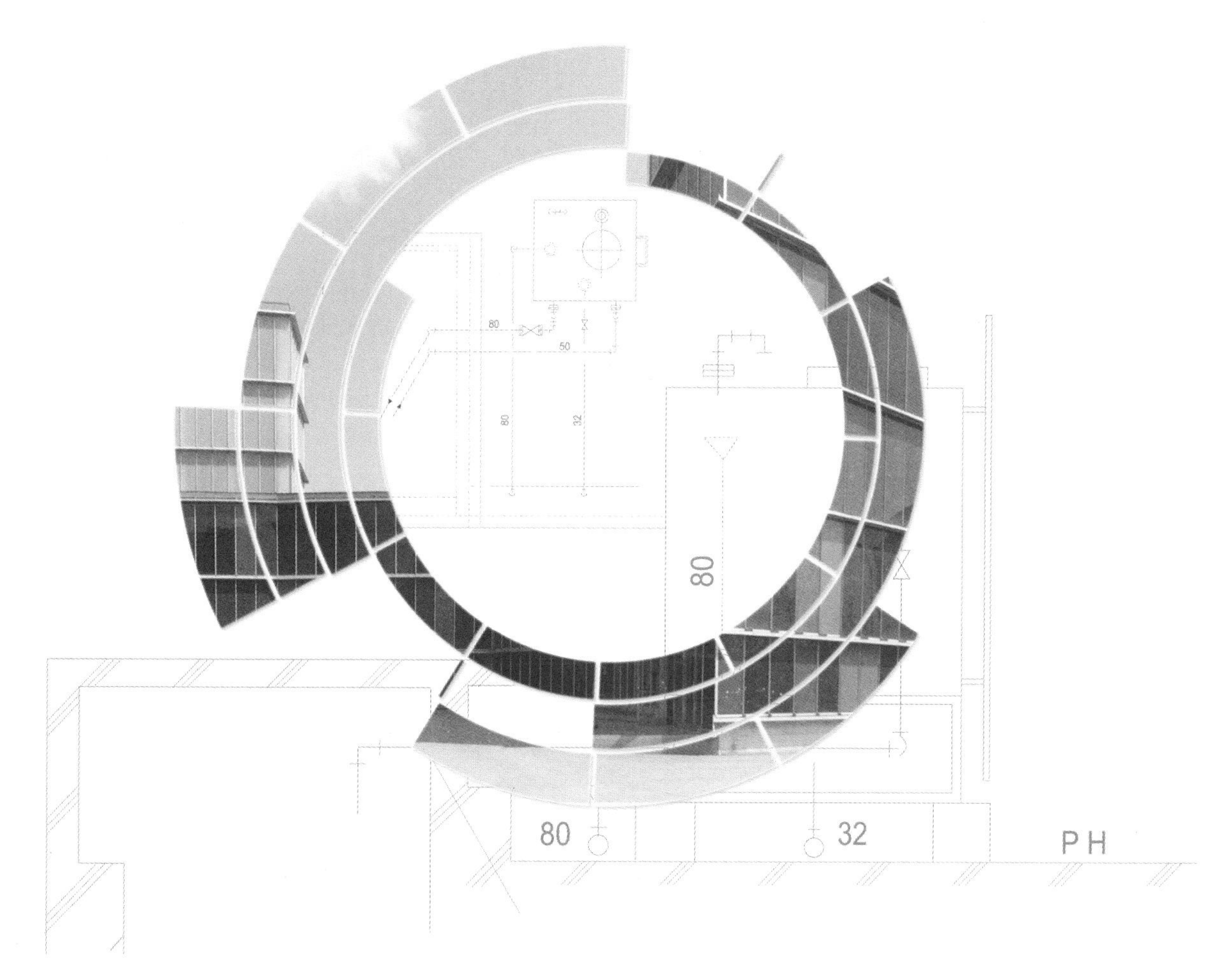

日本 옴사 · 성안당 공동 출간

건축설비계통도
이해하기

Original Japanese edition
Yasashii Kenchiku Setsubi Zumen no Mikata Kakikata
Supervised Takao Chiba
Written by Masayuki Abe, Noboru Eizuka, Kazuo Ozumi, Takao Chiba,
Katsumi Hasegawa, Kunihiro Miyake and Kazuo Watanabe

Published by Ohmsha, Ltd.

This Korean edition is co-published by Ohmsha, Ltd. and Sungandang
Publishing Co.

머리말

본 서는 저자들이 평소 학교에서 학생들에게 건축도면과 설계도면의 보는 법과 그리는 법 등을 가르치면서 경험한 것을 기초로 해서 정리한 것이다.

도면은 선과 문자와 기호로 작성되지만 누가 보아도 이해하기 쉽고 깔끔하면서도 정확하게 작성되어져야 한다.

설비설계도를 그릴 때는 각 기기(器機)의 구조와 기능은 물론 공조설비와 위생설비의 덕트나 배관에서 공기와 물의 흐름에 대해서도 충분히 이해하여 파악하고 있을 필요가 있다. 마찬가지로 전기설비나 소방설비에 대해서도 이러한 내용을 잘 알고 있지 않으면 좋은 설계도를 작성할 수 없다. 건축설비도를 설계하는 사람은 건축설비에 관한 책을 읽고 각각의 구조나 기능 등을 충분히 이해해 두지 않으면 훌륭한 설계를 할 수 없다.

여러분이 작성한 도면을 기초로 공사가 이루어지는 것이므로 원도에 불명확한 내용이 있으면 훗날 성능 불량 등의 원인이 될 위험도 있다.

또한 앞으로는 CAD로 작도(作圖)하는 경우가 많아지겠지만 우선은 손으로 도면을 그리는 연습을 해 주기 바란다. 설비기기(機器)나 공사내용을 익히는 데는 손으로 도면을 그리는 것이 최선의 길이다.

본 서는 건축설비를 배우고 있는 모든 독자들에게 조금이라도 도움이 되었으면 하는 바람에서 쉽게 기술하였다. 독자 중 사회에 진출, 설비업계에서 활동하게 될 분이 있다면, 도면을 작성해야 할 경우 본 서에서 익힌 것을 기본으로 좋은 설계도를 작성하여 성공적인 공사의 수행과 우수한 성능의 설비를 완성할 수 있기를 바란다.

본 서를 간행함에 있어서, 오랜 기간 설비업계에서 활약해 오신 치바 타카오(千葉孝男)선생께서 감수(監修)를 해주심은 물론 일부 집필에도 관여를 하셨다. 진심으로 감사드리며 끝으로 옴 출판부(オーム出版部) 여러분들께 깊은 사의(謝意)를 표한다.

저자 일동

집필자 일람

阿 部 正 行	第7章, 第8章
永 塚 襄	第6章
大 隅 和 男	4•4～4•7節
千 葉 孝 男	第1章, 第2章
長谷川 勝 實	第3章
三 宅 圀 博	4•1～4•3節
渡 辺 和 雄	第5章

목 차

제 1 장 설비설계와 도면

제 2 장 제도의 기초지식

제 3 장 위생설비설계

제4장 공기조화 설비설계

제5장 전기설비설계

기준층 평면도

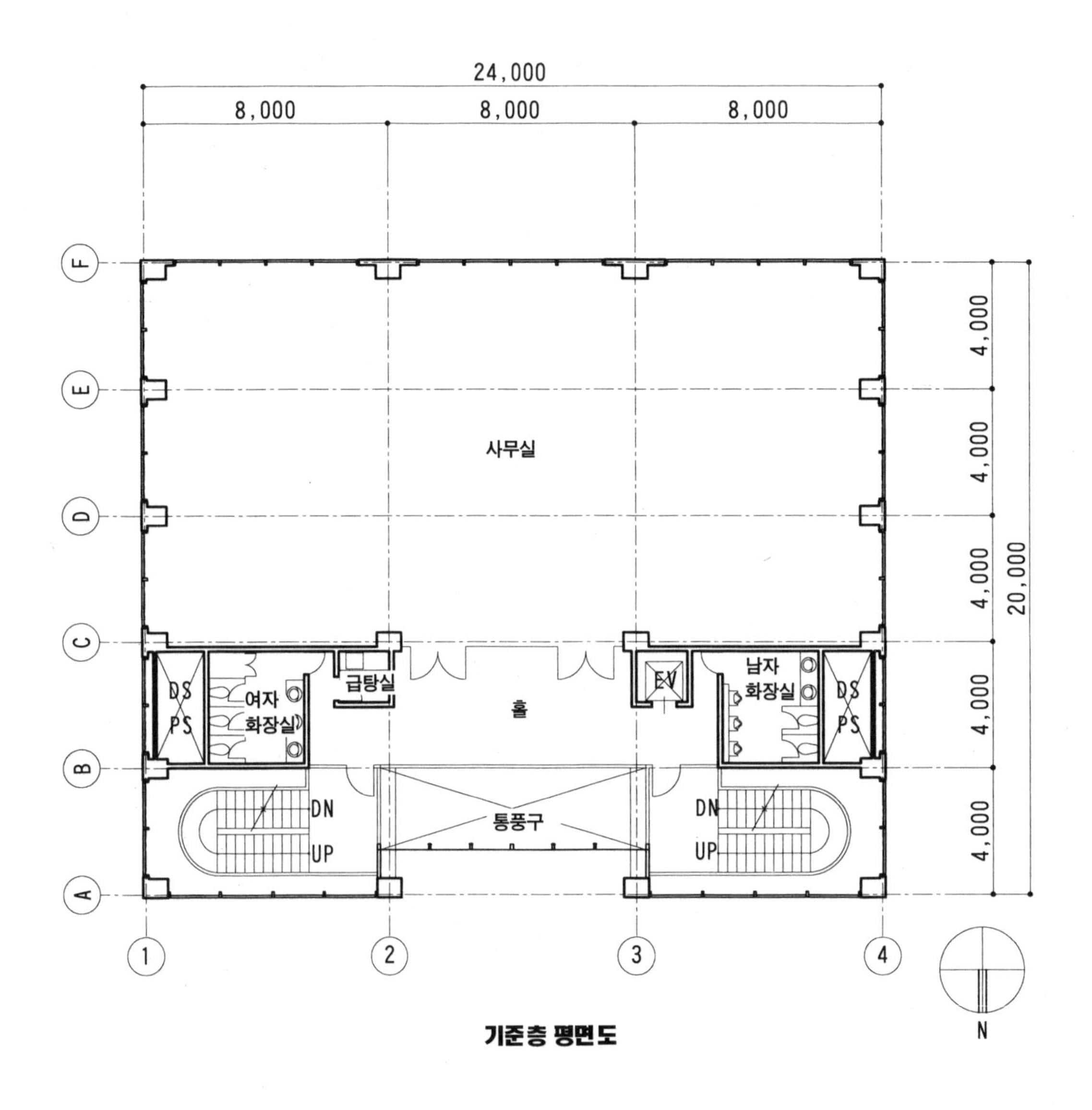

기준층 평면도

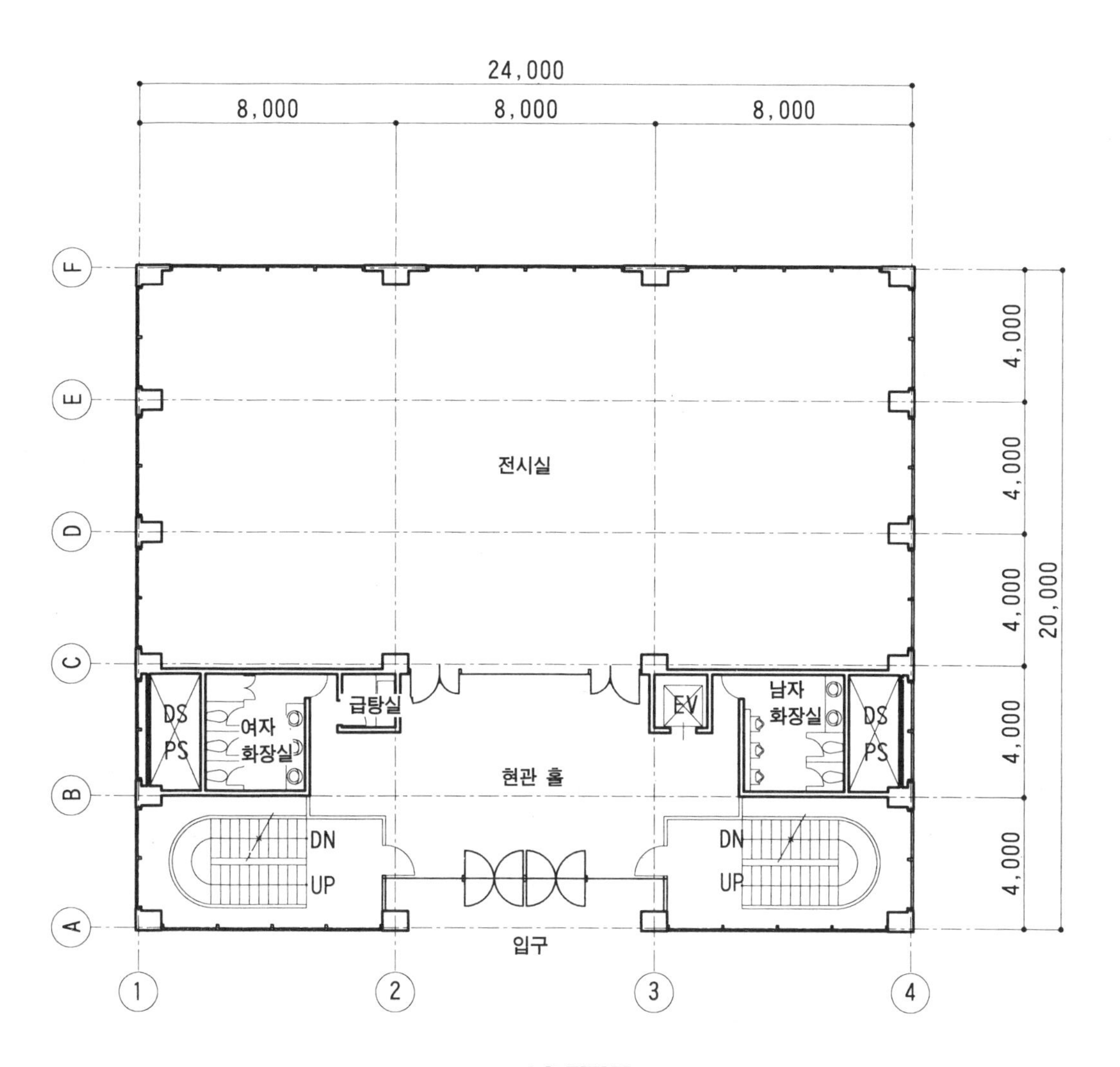

24,000
8,000
8,000
8,000
4,000
4,000
4,000
4,000
4,000
20,000
A
B
C
D
E
F
1
2
3
4
전시실
DS
PS
여자
화장실
급탕실
EV
남자
화장실
DS
PS
현관 홀
DN
UP
DN
UP
입구

1층 평면도

단면도

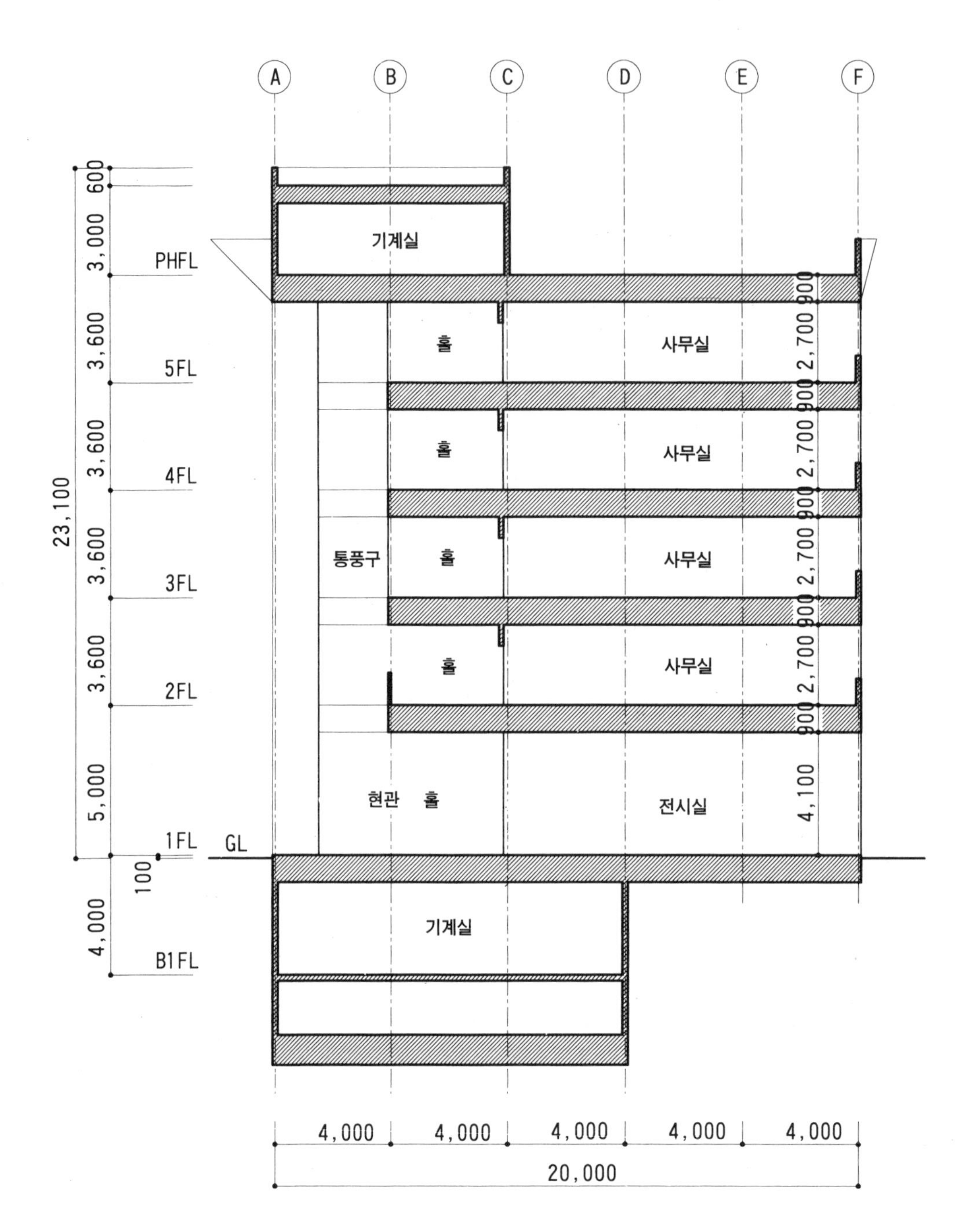
A
B
C
D
E
F
600
3,000
PHFL
기계실
3,600
5FL
홀
사무실
900
2,700
3,600
4FL
홀
사무실
23,100
3,600
3FL
통풍구
홀
사무실
3,600
2FL
홀
사무실
5,000
1FL
GL
현관 홀
전시실
4,100
100
4,000
B1FL
기계실
4,000
4,000
4,000
4,000
4,000
20,000

단면도

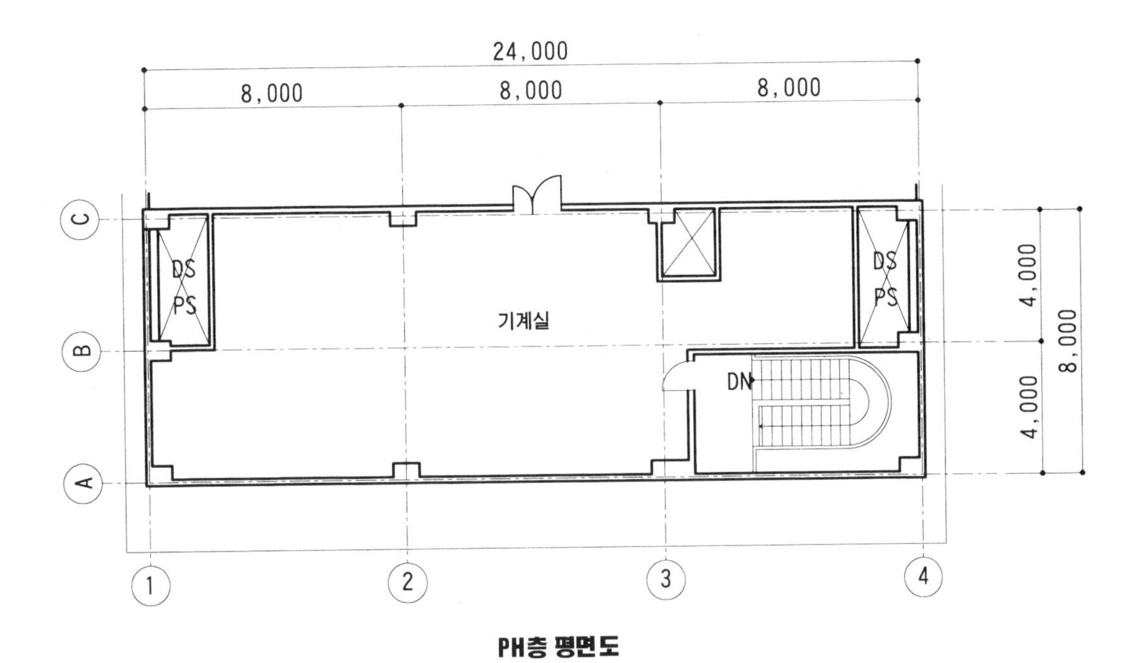

PH층 평면도

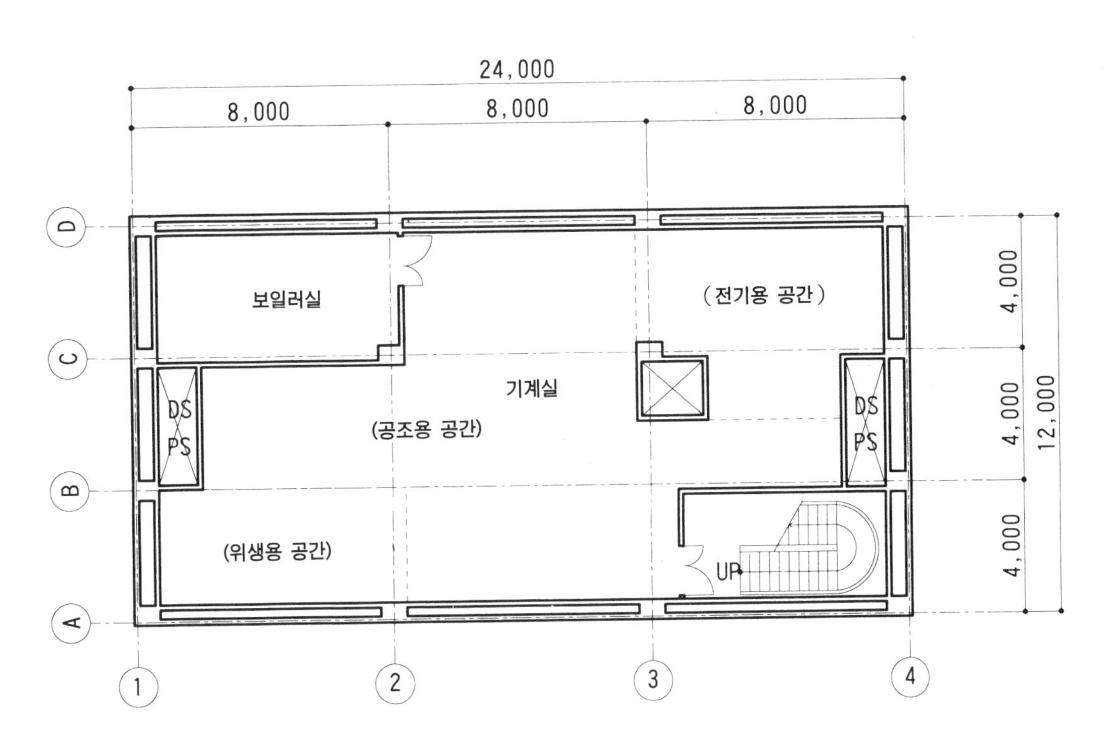

지하 1층 평면도

제 1 장

설비설계와 도면

본 장에서는 우선 1·1절에서 건축설비설계 전체의 흐름이 기획·기본계획·실시설계·시공의 순으로 진행된다는 내용과 이들 각 단계에서 검토해야 할 사항이나 고려해야 할 내용을 서술한 뒤에 그 각 단계에서 만들어진 도면의 종류에 대한 개요를 설명하고 있다.

1·2 절에서는 도면을 작성하는 의의, 목적, 제도의 요점을 제시한 후에 도면을 작성하는데 있어 예측해야 할 여러 가지 규격이나 기준 등에 대한 것을 나타내었다.

1·3 절에서는 설계도를 구성하고 있는 도면의 종류, 그 대강의 내용 및 이러한 도면 작성 시의 주의사항 등을 서술하였다.

1·1 설비설계의 흐름

「설계」란, 건축물이나 기계류 등을 건축 또는 제조할 때에 재료·구조·비용 등에 대한 계획을 세우고, 도면 이외의 방법으로 그 내용을 명확하게 나타내는 것을 말한다.

일반 빌딩이나 공장, 플랜트(plant) 등을 건설할 경우에는 계획의 시작부터 전체가 완성될 때까지 그림 1·1과 같은 순서에 따라서 진행되는 것이 일반적이다.

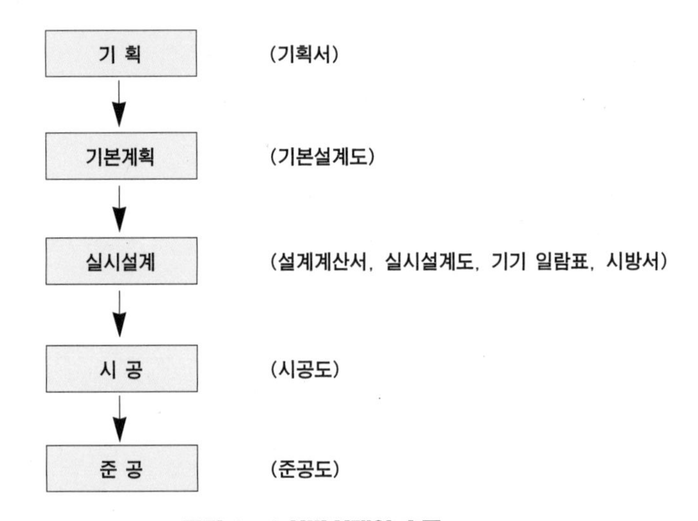

그림 1·1 설비설계의 흐름

[1] 기 획

기획 단계에서는 건축물의 설비를 계획하고 있는 사람(건축주 또는 발주자)이 어떠한 목적으로 이러한 내용의 것을 원하고 또 필요로 하는가를 건축주와 설계자 사이에 서로 확인해서 결정한다.

전체 기획의 입안(立案)은 건축주 자신이 하는 경우도 있지만 설계자가 건축주의 의향을 참작해서 건축주와 협의하면서 전체 내용을 기획하는 경우가 많다.

기획내용은 건축 부지의 규모에 기초해서 건물의 총 바닥면적과 층수를 고려한 평면계획 및 입면계획, 건축구조, 건축물 사용자들이 이용할 주방이나 설치예정 가구, 기계, 기구 등도 고려한 대략적인 칸막이, 필요한 공기조화, 위생, 전기 등 여러 가지 건축설비의 필요성의 유무 등을 정하는 것으로, 건축설비를 기획하기 위해서는 특히 다음 사항을 배려하는 것이 중요하다.

① 건설 예정지의 자연환경이나 주위의 사회환경을 잘 조사하여 기획내용이 환경에 적합하도록 해야 하며, 또 그 건물이나 설비에 관한 법적 규제내용을 지키도록 해야 한다.

간혹 이러한 주변환경을 무시한 채 기획해서 설계나 공사를 진행하였을 경우, 건물이 완성된 후 여러 가지 문제점들이 주위 사람들이나 감독관공서 사이에서 야기되는 예가 있을 수 있다.

② 계획 건축물이나 설비에 사용할 수 있는 예산이 어느 정도인가를 파악하고 과거의 실적이나 경험에 근거해 그 예산에 적합한 내용으로 계획하여야 한다.
건축주와 설계자는 예산과 관계없이 고급의 것을 기획·설계하고 공사금액을 적산(積算)해서 초기 계획예산을 초과하고 있음을 깨닫게 되어 설계내용을 바꿔야 하는 경우가 가끔 생긴다. 이러한 경우가 되면 예정했던 것 이상으로 경비와 시간이 소요되며 또한 설계자는 한번 설계한 것을 변경하는 것에 심리적으로 저항감을 갖는 경우가 많기 때문에 주의할 필요가 있다.

기획단계는 기본구상이라고 하는 경우도 있다.

[2] 기본계획

기획내용에 기초해서 현지사정, 법적 제한 등을 조사한 후 건물과 건축설비의 기본적인 내용을 정하고 각각의 구체적인 요구사항에 근거해서 설계조건을 정하는 것이 기본계획이다.

기본계획을 기본설계라고도 하는데 이에 대한 구별은 그다지 명확하지 않은 바, 여기에서는 기본계획과 기본설계를 같은 의미로 사용하기로 하며 건축설비에 대해서는 다음의 내용을 검토해서 결정한다.

① 채용해야 할 설비방식
② 기본적인 설계조건 (외기조건, 실내조건 등)
③ 필요한 주요 기기의 형식, 수량, 용량, 개략배치
④ 필요한 기계실 면적, 덕트, 배관, 전기배선 등 각종 설비를 위한 샤프트(shaft)의 위치와 크기 등, 설비용 공간 확보
⑤ 이용할 에너지원
⑥ 물, 배수, 전기, 도시가스 등의 유틸리티(Utility) 시설의 인입방법과 연결

이 단계에서는 건축계획자가 건물의 평면계획과 입면계획을 수립하고 이에 대해서 필요한 부분은 설비설계자에게 요구해서 건축계획에 반영, 변경을 함으로써 설비의 기본계획을 정리해 간다. 기본계획을 진행하는데 있어 때로는 현지조사도 필요하게 되는데, 이 시점에서 만들어지는 도면을 기본설계도라 한다.

기본설계도는 설비의 개략내용을 건축도 상에 제시하는 정도의 것으로 개략계통도, 덕트·배관·배선의 개략경로도, 기기 배치도, 주요 기기표 등으로 기기나 배관, 덕트 등의 구체적인 용량, 치수 등을 정하는 데까지는 이르지 못한다.

또, 도면의 척도(축척)는 1/200, 대규모의 계획일 때는 1/500 정도의 것이 만들어지는 경우도 있다.

[3] 실시설계

기본계획 단계에서 설계조건이 정해지면 설비의 설계조건과 건축도면을 기초로 설계계산을 실시하여 그 결과에 따라 주요 장비의 종류별 수량, 용량, 덕트, 배관, 배선 사항 등의 상세한 내용을 결정하고 도면을 그린다.

이 단계에서 그려진 도면은 이들의 상세한 정보를 나타내기 위해서 기본설계도보다 상세한 것으로 설계자의 의도를 정확하게 시공자에게 전달할 수 있도록 시공에 필요한 치수, 상대적 위치관계 등을 제시하여야 하며 도면에서 나타낼 수 없는 시방서, 설명서 등으로 명확하게 해 두어야 한다.

표 1·1 실시설계도의 종류와 개요

종 류	개 요	축 척	공기조화	위 생	전 기
전체 배치도	부지 전체와 건물의 위치, 급배수, 가스전기의 인입(引入) 위치 등을 나타냄	1/500 정도	도시가스 연료 저장탱크	상수 하수 도시가스	전기 통신
계통도	덕트, 배관, 전기배선과 관련 기기류의 접속관계를 나타냄		덕트 배관 자동제어	배관 자동제어	배선 시퀀스 (sequence)
각층평면도	각 층에 설치된 기기, 덕트·배관·전기배선류의 치수와 설치위치를 나타냄	1/100, 1/50	덕트계 배관계	배관계 옥외 배관계	전기배선계
기기 배치도	각종 기계실, 주방 등의 기기 배치를 나타냄	1/100, 1/50	냉동기실 보일러실 공기조화 기계실	급배수 탱크실 펌프실	전기실 중앙감시실 엘리베이터 기계실
기계실 상세도	각종 기계실 내에 설치된 기기의 배치와 접속 덕트, 배관을 나타냄	1/50, 1/20	냉동기실 보일러실 공기조화 기계실	급수 탱크실 주방	전기실 중앙감시실
각 부분 상세도	각 층 기계실, 샤프트 내 등의 부분적인 상세를 나타냄	1/20, 1/10	공기조화 기계실 샤프트	화장실, 욕실, 주방	전기실
입면도 단면도	필요에 따라 각 부의 입면, 단면의 상세를 나타냄	1/20, 1/50			
기기 상세도	각종 탱크 등 특수한 기기의 구조, 치수 등을 나타냄		응축수 탱크 저유 탱크	정화조 저유 탱크	수배전반(手配電盤) 중앙감시반
자동제어 관계도	자동제어설비의 계장도(計裝圖), 기기 일람표, 배선도 등				
기기 일람표	설비에 사용하는 주요 기기의 용량, 대수 등을 나타냄		냉동기, 보일러, 펌프, 냉각탑, 송풍기, 공기조화기 등	펌프, 각종 탱크, 위생기기, 주방용 기구 등	
일반 시방서 특기 시방서	기기, 공사의 방법을 나타냄				

또한, 이 때에 건축이나 각 설비간의 설치위치와 공간, 간격 등에 관하여 충분히 논의하고, 서로 지장이 없도록 협의·정리되어져 있어야 한다. 이러한 의미에서 각각의 구조에 따라 고안된 건축도, 각 설비도를 층과 공간마다 1장의 평면도, 단면도, 전개도 등으로 정리한 종합도를 만드는 일도 있다. 이런 목적으로 만들어진 도면을 실시설계도라 하고, 표 1·1에 나타난 바와 같이 전체 배치도, 계통도, 평면도, 입면도, 단면도, 기기류의 상세치수도 등이 있다. 한편, 사용기기의 일람표, 기기류의 제조나 각종 공사를 하는 데에 필요한 시방서. 공사 구분도 등의 도서류는 견적작업의 기본자료가 된다.

[4] 시 공

실제로 건물이 지어지고 있는 현장에서의 작업을 현장시공 또는 시공이라고 한다. 시공 시에는 기본설계도, 실시설계도 및 시방서를 기초로 하여 설계자의 의도를 정확하게 살릴 수 있도록 제작된 기기류를 정해진 위치에 설치하고 또, 덕트·배관·배선 등의 모든 공사와 그 밖의 부대설비 공사를 실시해야 한다.

실제 시공 시에 기본설계도와 실시설계도에 나타나 있지 않은 기기와 공사 실시 시의 상세한 치수를 다른 도면에 표현해서 공장에서 제작·가공하거나 현장에서 공사를 쉽게 하도록 하기 위한 도면이 시공도이다.

시공도의 축척은 1/50이 일반적이나 기둥이나 보, 천장 등과 건축설비의 상대적인 위치관계를 나타내는 도면 등은 1/100, 기기류의 배치도, 그 주변의 배관도 등은 1/20 또는1/10을 사용하는 경우가 많다.

시공도를 작성하는데 있어서는 건축관계의 도면을 잘 이해하고 참고로 할 필요가 있으며 건축관계에서 참고로 하여야 할 도면의 종류는 표 1·2에 제시하였다.

[5] 준 공

공사가 끝나면 우선 시공자가 스스로 공사내용이 설계도나 시방서에서 제시한 대로 시공되었는지를 검사하여(이것을 사내검사라고 한다), 제시된 내용과 다른 경우나 시공결과가 불량한 경우는 필요한 부분을 수정하도록 한다.

또한 보일러, 냉동기, 전기설비, 소방설비 등 각 관공서의 검사를 필요로 하는 설비에 대해서는 관공서의 검사에 합격하지 않으면 안 된다.

이러한 검사가 끝난 뒤, 설계자 및 건축주의 검사를 받아 합격한 후, 건물이나 설비를 건축주에게 양도한다. 건축주에게 인도를 하고 나면 비로소 공사가 준공된 것이 된다.

표1 · 2 건축 관련도

종 류	도면명칭	축 척	내 용
전 체	배치도	1/500~1/1000	부지 내의 건물, 각종 설비 인입 그밖에 전체 배치를 나타냄
의장 관련 도면	평면도	1/100~1/200	건물의 각 층을 수평면으로 투영하여 방의 배치나 평면상의 구성 등의 상세를 표시한 도면으로 기둥 번호 등도 표시하고 있다
	입면도	1/100~1/200	건물의 외관을 나타낸 것으로 건물 높이, 각 층의 높이 등도 나타내고 있다
	단면도	1/100~1/200	건물을 수직으로 절단했을 때에 보이는 부분을 나타낸 도면으로 상세한 치수가 기입되어 있는 경우가 많다
	외부 단면도	1/50~1/100	외벽부분의 상세단면을 나타낸 도면으로 기준면에서 구조체, 창, 천장 높이 등이 기입되어 있다
	천장 상세도	1/100~1/200	천장재의 치수와 설치내용을 나타낸 평면도로 설비로는 공기조화기구, 연기감지기, 조명기구 등의 설치위치나 치수 등을 나타내는 데에 이용한다
	전개도	1/50~1/100	실내나 복도 등의 전체 모양을 알 수 있도록 사변의 벽면에 있는 개구부, 문, 창, 가구 등을 기입한 입면도
	부분 상세도	1/50~1/100	현관, 계단, 옥탑, 지붕 패러핏 등의 부분을 보다 큰 축척으로 그려 미세한 치수나 구조 등을 나타낸 도면
	목구조 상세도		문, 창 등의 가구류의 치수, 방법, 설치장소 등을 나타낸다
구조 관련 도면	기초도	1/100~1/200	건물의 기초 구조를 나타낸 도면으로 거기에 설치하는 벽이나 마루 등의 평면적인 위치관계도 나타내고 있다
	보 설치도	1/100~1/200	큰 보, 작은 보 등의 보의 위치를 나타낸 평면도로 거기에 설치한 벽이나 마루 등의 평면적인 위치관계도 나타내고 있다
	단면 구조도	1/100~1/200	건물의 기둥, 대들보, 지주(支柱) 등의 골조를 입면(立面)으로 나타낸 도면
	보 현황표	1/100~1/200	보의 단면형상, 치수, 철골(鐵骨), 배근(配筋) 등을 나타낸 일람표
	기둥 현황표	1/100~1/200	기둥의 단면형상, 치수, 철골(鐵骨), 배근(配筋) 등을 나타낸 일람표
	벽 현황표	1/100~1/200	벽의 두께, 배근(配筋) 등을 나타낸 일람표
	바닥 현황표	1/100~1/200	바닥의 구조, 두께, 배근(配筋) 등을 나타낸 일람표

공사가 준공되면 완성된 형태에 대하여 정확한 설비도면을 작성한다. 이것을 준공도라고 한다. 준공도의 척도는 각층 평면도 등은 1/100이 일반적이며 부분적으로는 1/50이나 1/20 등의 상세도 등도 만들어진다.

준공도와 함께 설비시스템, 각종 기기류 등의 전체 설명서, 운전·취급 설명서, 성능검사서, 심사를 실시한 기기류의 허가증, 합격증, 설계계산서 등도 포함해서 완성도서(完成圖書)로 하여 준공 시에 건축주에게 제출한다.

1·2 도면작성의 기본

[1] 도면작성의 의의와 주의사항

「도면」이라는 것은 정해진 도법(圖法)으로 정해진 선이나 점, 기호 등을 사용해 물체의 형상(形狀)이나 크기 등을 그린 그림으로 치수, 문자 등의 필요사항을 기입한 것을 말하는 것이다. 건축설비의 설계도나 시공도는 다음과 같은 내용에 주의해서 작성한다.

(a) 설 계 도

① 설계자의 설계의도를 정확하게 나타낸다.
② 도면은 가능한 한 간략하게 하고 이해하기 쉽도록 한다.
③ 시공이 어렵다고 여겨지는 내용은 도면에 포함시키지 않는다.
④ 기술적으로 잘못된 내용이 있지 않은가에 대하여 작도(作圖)한 후 반드시 점검하고 필요한 경우 상급자의 검토를 받는다.

(b) 시 공 도

① 설계자의 의도를 충실하게 포함한 내용으로 해야 한다.
② 설비기능을 확보할 수 있는 내용으로 되어 있어야 한다.
③ 현장의 조건에 적합한 시공이 될 수 있는 내용으로 되도록 한다.
④ 시공에 필요한 치수를 명확히 표시한다.
⑤ 사용기자재의 시방, 치수, 수량을 정확하게 기입한다.
⑥ 타 공사와의 문제점이 발생하지 않도록 한다.

[2] 제도의 규약

설계도 등을 작도자(作圖者)가 자신이 생각하는 표기법으로 일방적으로 그리면 그것을 다른 사람이 읽고 가공·공작하는 데에 그 내용을 이해할 수 없는 경우가 생길 위험이 있다.

따라서 어떤 사람이 작도(作圖)하더라도 그 도면을 보면 틀리지 않고 동일한 내용으로 이해할 수 있도록 몇 개의 도면 작성상의 규칙이나 표준이 정해져 있다.

공업계에서 사용하는 도면에 적용하기 위하여 작성된 것으로 JIS Z 8302 제도통칙이 있다.

건축관계의 제도에 관한 JIS로는 이 밖에 건축제도통칙(JIS A 0150), 배관 도시기호(JIS Z 8205), 전기용 도시기호(JIS C 0617 (1~13)) 등이 있다.

또 JIS 이외에도 공기조화·위생공학회의 HASS 001 “도시(圖示)기호”, 일본전설(電設)공업협회의 “전기설비 CAD 심볼 치수 규준”, 일본수도협회의 배수관 및 급수장치의 표시기준, 각 지방자치단체의 급수장치기호 등, 건축설비의 도면작성용 기준이 여러 가지 있다.

이들 규격 · 규준(規準)류는 점차 국제적으로 정리되는 방향으로 공기조화 · 위생부문에서 제도용 국제규격으로서 "ISO 4067/1-1984(E) Technical drawings-Installations-Part 1 ; Graphical symbols for plumbing, heating, ventilating and ducting"이 있다.

1 · 3 각종 도면의 개요

[1] 전체 배치도

건설 예정지의 부지 전체 및 주변의 도로, 도시 지원시설의 설치상황 등과 건물 부지 내에서의 위치와 방위 등을 나타낸 것을 전체 배치도라 하며 단지 배치도 또는 전체도라고도 한다.

도면에는 부지의 형상, 고저(高低), 인접지와의 경계선, 옥외 급배수관, 옥외 전기배선 인입선(引入線), 도시가스 인입관(引入管), 연료 탱크의 위치 등도 표시되어 있다.

또 부근 위치도를 병기해 부지의 마을 이름, 번지, 근접한 곳의 상황 등을 나타내고 있다. 부근 위치도를 안내도라고 하는 경우도 있다.

도면의 축척은 일반적으로 1/200에서 1/500 정도로 작성되며 규모가 작은 경우는 1/50이나 1/100 축척으로 1층 평면도와 겸용하는 경우도 있다.

[2] 계통도

계통도는 설비의 주요 기기류와 이들과 연결되는 공기조화용 덕트, 배관, 위생설비의 배관, 전기설비의 전기배선과의 기본적인 관계를 나타내고 설비시스템 전체의 내용구성을 한눈에 알 수 있도록 그린 것으로 대규모 설비라도 각각 설비의 덕트, 배관, 배선 등에 대하여 한 장의 도면에 전체를 수록하는 것이 일반적이다.

때로는 덕트나 배관에 대하여 유량(流量) 등을 기입하는 경우도 있으며 댐퍼, 밸브 등의 부속기기도 표시하여 그것들의 설치 장소나 개수 등을 명확하게 나타내는 경우도 많다.

[3] 각층 평면도

건물의 각층을 적당한 높이(건물의 중간)로 절단해서 수평면 상에 투영한 도면으로 기둥, 벽, 창, 출입구, 계단, 방의 배치, 방 이름 등이 제시되어져 있으며 설비도면은 대다수의 경우, 건축 평면도 상에 천장에서 내려보았을 때의 설비를 모두 기입한 것으로 되어 있다.

대규모 건물로 층 전체를 1장의 도면에 넣을 수 없는 경우에는 건물평면을 몇 개로 분할해서 도면을 작성하는 경우도 있다.

기본설계도에서는 설비의 상세한 내용을 도면에 명확하게 표시하는 경우는 적고 대강의 기기 배치와 크기, 덕트, 배관의 경로 등을 나타내는 정도이다. 따라서 덕트나 배관은 때로는 프리핸드(자 등을 사용하지 않는 작업)로 단선(하나의 선)으로 나타내는 경우도 있다.

실시설계도에는 기기나 덕트, 배관류의 크기, 배치가 감각적으로도 정확하게 취급될 수 있도록 도면의 축척에 맞춘 치수로 기입하는 것이 일반적이다. 따라서 덕트나 배관도 그 수직·수평 치수에 맞는 척도로 기입하지만 가는 것은 단선(單線)으로 긋는 경우도 있다.

시공도는 실시설계도보다 상세한 위치와 치수를 명확하게 나타내어 도면에 의해 현장에서 정확하게 시공할 수 있도록 기기류, 덕트, 배관류와 함께 정확한 치수와 축척으로 설치위치나 설치장소를 기둥 중심 등을 기준으로 한 위치에서 거리를 정확하게 나타내는 치수로 기입하여야 한다. 또 댐퍼나 밸브 등도 덕트나 배관의 설치위치를 명확하게 하여야 한다.

[4] 입면도 및 단면도

건축에서는 건축 외관의 입면(立面)을 그린 것을 입면도라고 한다.

설비에서는 일반적으로 입면도보다 단면도가 많이 사용되고 있다. 입면도는 기기류의 전체 모습과 그 치수를 나타내기 위해서 만들어진 경우가 많다. 이러한 도면은 때론 외형도라고 불리는 경우도 있다.

설비의 단면도는 실내에 설치된 기기류나 그것들에 접속한 덕트, 배관, 배선류의 상호 높이방향의 위치관계를 나타내어 상호 간섭이나 충돌 등이 없고 시공상 하자가 없다는 것을 확인하기 위해서 만들어진 것이다.

단면도는 평면도 상에서 대상단면의 위치를 나타내는 것이 보통이다. 대개의 경우 절단면은 평면도의 적절한 부분을 직선으로 자른 면으로 나타내는데 때로는 절단면을 적당한 위치로 비켜놓고 다른 위치의 단면을 1장의 도면상에 나타내는 경우도 있다.

입면도나 단면도는 기기, 시공의 상세를 나타내는 것이 목적이므로 치수에 대하여 정확한 위치관계를 알 수 있음과 동시에 시각적으로 그 내용을 파악할 수 있도록 도면의 축척은 1/50에서 1/20 정도의 것이 사용되는 경우가 많다.

[5] 기기도

기기도는 이 도면을 기초로 설계도나 시공도의 작성자가 기기류의 설치위치나 기계실의 넓이를 정하고 여기에 접속하는 덕트, 배관, 배선 등의 설치장소나 연결위치 등을 정하기 때문에 기기 전체의 모습과 그 외형 치수, 설치를 위한 앵커볼트의 위치, 덕트, 배관, 배선 등의 접속 위치를 치수로 명확하게 나타낸 것이 아니면 안 된다.

기기도는 각종 탱크, 헤더, 기구, 전기설비 등은 1/50에서 1/10의 축척으로 하는 경우가 많다.

단, 대형 기기의 도면에서는 대략의 외형을 나타낼 뿐이므로 반드시 정확한 척도로 그리고 있지 않는 것도 있는데, 이 경우에도 기입되어 있는 각종 치수는 정확한 것으로 하여야 한다.

[6] 기초도

냉동기, 보일러, 펌프, 송풍기, 각종 탱크류, 전기설비 제어반(盤) 등 바닥 위에 설치하는 것은 진동이나 지진 등에 의해 설치위치에서 이탈하거나 넘어지지 않도록 바닥에 콘크리트 기초를 설치해서 그 위에 기기류(機器類)를 설치하고 기초에 기기를 앵커볼트로 고정하고 있다.

기초도는 축척 1/50에서 1/20 정도의 도면으로 이 콘크리트 기초에 대하여 실내에서의 설치위치를 나타내고 또, 기초 자체의 구조·치수와 여기에 설치할 앵커볼트의 위치·깊이 등을 상세한 치수와 함께 나타낸 것이다.

이 도면에 의해 실제 기기의 기초를 시공한다.

[7] 기기 주변 배관도

공기조화용 냉동기, 보일러, 급배수 위생용 각종 펌프, 탱크, 위생기구 등과 이들에 접속되는 각종 배관의 상대적인 위치관계의 상세한 내용을 나타낸 도면으로 기기류를 설치한 실내에서의 기기, 배관 및 밸브 등의 부속품의 위치를 정확한 치수로 나타내며 1/50에서 1/10 축척의 평면도나 입면도가 사용되고 있다.

[8] 상세도

공기조화기계실, 냉동기실, 보일러실, 화장실, 탕비실, 전기실 등은 각종 기기·기구가 복잡하게 배치되어 배관, 배선, 덕트 등이 실내에 집중해서 설치되어 있다.

이들의 복잡한 설치상황을 정확한 치수로 크기, 위치 등을 나타낸 것이 상세도이며 이러한 상세도에 의해 정확한 시공을 할 수 있다. 척도는 1/50에서 1/20 정도이다.

[9] 시공도

각종 공사를 치수상으로 정확하게 실시하도록 만들어진 것이 시공도로 그 내용은 기계실, 덕트, 배관, 배선 등의 공사에 대해서 상술한 각층 평면도, 단면도, 기초도, 기기 주변 상세도 등으로 되어 있으며 시공도(施工圖)는 위에서 서술한 도면 외에도 다음과 같은 여러 종류의 도면이 있다.

(a) 슬리브 설치도

덕트나 배관이 콘크리트 벽이나 마루를 관통하는 경우는 콘크리트 타설(打設) 전에 이 관통부에 상자나 슬리브를 설치하여 관통부에 콘크리트가 매립되지 않도록 하여야 한다. 이러한 관통부의 위치와 설치할 상자나 슬리브의 크기 및 위치를 나타낸 도면을 슬리브 설치도라 한다.

(b) 인서트도

배관, 덕트, 배선 등을 천장에 설치하기 위한 행거류를 설치하기 위해서 천장 콘크리트 타설(打設) 전에 천장 형틀에 인서트를 설치해야 한다. 이러한 인서트의 크기나 설치위치를 나타낸 도면을 인서트도라 한다.

(c) 겨냥도

시공도는 보통 평면도, 입면도, 단면도가 사용되는데 배관공사에서의 프리패브(prefab)가공과 현장시설용으로서 **그림 1·2**에 예를 나타낸 것처럼 각도 60°의 사교축(斜交軸)상에 배관을 입체적으로 나타낸 겨냥도(아이소메트릭도 : isometric drawing)가 사용되는 경우가 있다. 이 도면은 일반에 논스케일(non scale)로 배관 시점에서 종점까지를 하나의 연속선으로 그리고 각부(各部)의 치수를 기입하고 또 밸브 등의 부속품류도 함께 기입하기 때문에 배관의 절단치수, 부속품의 치수나 수량, 설치모습 등도 쉽게 이해할 수 있다는 이점이 있다.

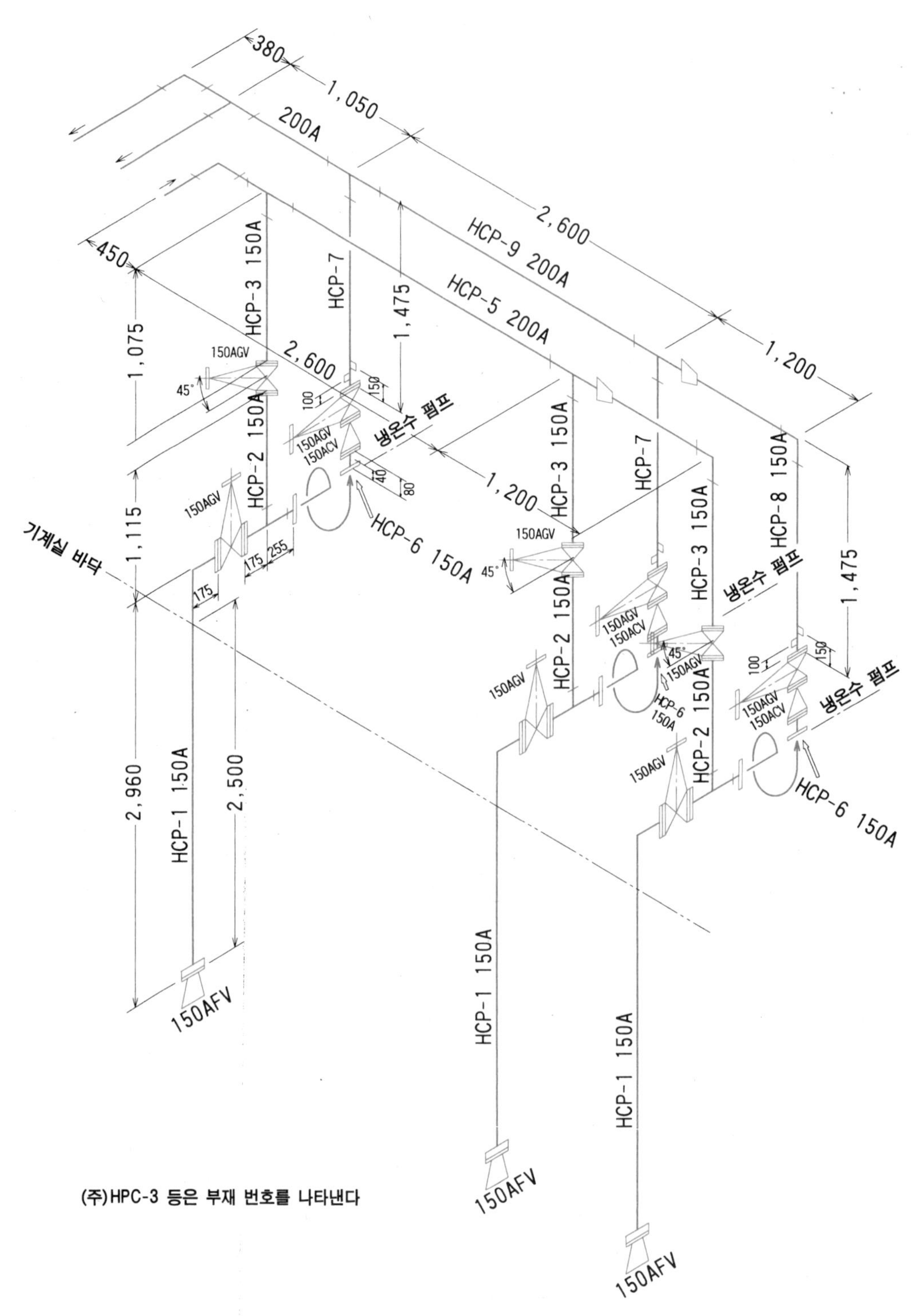
380
1,050
200A
2,600
HCP-9 200A
HCP-5 200A
1,200
450
1,075
HCP-3 150A
HCP-7
1,475
150AGV
45°
2,600
HCP-2 150A
150AGV
150ACV
냉온수 펌프
HCP-6 150A
1,115
1,200
기계실 바닥
175
255
2,960
HCP-1 150A
2,500
150AFV
HCP-8 150A
(주)HPC-3 등은 부재 번호를 나타낸다

그림 1·2 겨냥도

제
2
장

제도의 기초지식

본 장에서는 연필, 제도판, T자, 삼각자 등의 도면작성을 위한 기본적인 용품을 소개하고 그 사용방법과 선 긋는 방법, 선과 선의 연결방법 등을 제시하고 있으며 도면용지, 용지상의 도면의 배치, 사용할 축척, 문자의 크기, 선의 두께, 치수의 표시법 등에 대해서 서술하였다.

2·1 제도용구

[1] 제도용지

지형(紙型)의 크기로는 A형과 B형이 있는데, 제도(製圖)에는 A형을 사용한다. A형의 치수는 표 2·1에 표시한 대로 841mm×1189mm를 기준 A0판으로 해서 이것을 접어 순서 A1, A2, A3, A4, A5판으로 하고 있다.

표 2·1에서 제도용지로는 보통 트레싱 페이퍼라고 불리는 무광택이고 투명한 트레싱지(紙)를 사용하고 있다. 트레싱지(紙)로는 두께에 따라 얇고, 두툼하고, 두꺼운 것 등이 있는데, 아래에 설치된 도면을 투과해 그대로 내비치는(트레이스:trace) 것이 가능하다.

트레싱지(紙)에는 화지(和紙)나 뒷면에 실이 들어간 특수한 테이프로 보강한 것 등도 있다.

또 제도용지로는 켄트지도 있는데 건축공사나 기계설계용으로는 사용되지 않는다.

제도용지를 제도판에 고정시키는 데는 저점착성의 접착제를 사용한 스카치테이프 등의 제도용 점착테이프를 사용하면 제도판에서 도면을 뗄 때에 도면이 파손되지 않고 뗄 수 있으며 접착흔적이 남지 않는다.

표 2·1 제도용지의 크기

A형 크기		연장 크기	
호칭	치수[mm] a×b	호칭	치수[mm] a×b
		A0×2	1189×1682
A0	841×1189	A1×3	841×1783
A1	594× 841	A2×3 A2×4	594×1261 594×1682
A2	420× 594	A3×3 A3×4	420× 891 420×1189
A3	297× 420	A4×3 A4×4 A4×5	297× 630 297× 841 297×1051
A4	210× 297		

[2] 연필·지우개

제도용 연필은 제도용으로 제조되고 있는 양질의 연필이나 제도용 샤프펜슬 또는 제도용 둥근 심 홀더를 사용한다.

연필심의 단단함에 따라 보통 HB, F, H, 2H, 3H 정도의 것이 사용되며 종이의 재질이나 선의 종류에 맞추어 적절한 것을 골라 사용한다.

연필은 원추형으로 깎아 사용하고 끝이 굵어지면 연필깎이 또는 샌드페이퍼로 갈도록 한다.

샤프연필은 심의 단단함과 두께에 따라 여러 종류가 있는데 도면이나 선의 종류에 의해 구분해서 사용한다.

연필로 선을 그릴 경우, 가는 선과 밑그림 선을 그리는 경우에는 단단한 연필을 사용하고, 두꺼운 선은 부드러운 연필을 사용해서 제도판에 밀착시켜 선을 그리는 방향으로 조금씩 기울여 지면(紙面)에 흠이 나지 않게 그린다.

지우개는 미립자를 개어낸 것으로 직접 손으로 사용하는 것부터 전동식으로 된 것까지 여러 가지 종류의 것이 시판되고 있다. 또 지우개 가루를 제거하는 데는 브러시나 깃털 털개를 사용한다.

문자나 도면 안에 작은 부분을 지울 경우에는 합성수지나 스테인리스동(銅)의 얇은 판으로 만든 글자삭제판을 사용하면 필요한 곳만을 지울 수 있어 편리하다.

[3] 제도판, T자, 삼각자

제도판은 베니어판제(製)가 일반적이며, 그 위에 직접 제도용지를 붙이고 제도하는데 표면을 비닐 가공한 것이나 표면에 시트를 붙이고 연필이 잘 미끄러지도록 하거나 마그넷 시트를 붙여 도면용지 상에 마그넷 띠를 놓고 용지가 움직이지 않게 한 것도 있다.

제도판은 책상에 10~15° 경사지게 해서 사용하면 제도하기 쉽다.

T자는 수평선을 그리는 데 사용하고 머리부분을 가볍게 쥐고 제도판의 안내선에 밀착시켜 상하로 움직여 평행선 등을 그린다.

삼각자는 T자와 조합하여 수직선이나 30°, 45°, 60° 경사선이나 그들 평행선을 그리는 데 사용한다.

긴 선을 그리는 경우는 연필의 두께나 진한 정도에 주의해 겹쳐 그리거나 반복해서 작업하지 않고 몸을 이동하면서 동일한 힘으로 처음부터 끝까지 단숨에 그리도록 한다.

[4] 컴퍼스

원을 그리기 위한 컴퍼스는 보통 중컴퍼스를 사용한다 (그림 2·1 참조) 커다란 원을 그릴 경우는 대컴퍼스나 빔컴퍼스를, 작은 원을 그릴 경우는 스프링 컴퍼스를 사용한다. 작은 원을 그리는 데에는 템플릿(型板)도 사용되고 있다.

대컴퍼스(반지름 100mm 이상)　　중컴퍼스(반지름 5~100mm)　　스프링 컴퍼스(반지름 1~2mm)

그림 2·1 컴퍼스

〈사진제공 : 三幸製圖機械製作株式會社〉

컴퍼스에는 한쪽 끝부분을 연필용, 디바이더용, 제도펜용으로 바꿀 수 있는 것도 있다.

[5] 디바이더

디바이더는 도면상의 치수를 이동하거나 자(스케일:scale)에서 치수를 취하거나 직선이나 원주를 분할하거나 하는 경우에 사용한다.

디바이더를 사용하지 않고 직접 자를 대고 연필로 치수를 도면상에다 눈금을 새길 때는 정확하게 바로 위에서 보고 눈금을 긋지 않으면 오차가 생기므로 주의해야 한다.

[6] 템플릿(型板)

문자, 숫자, 작은 원, 타원, 직사각형, 삼각형 등을 그리는데 일일이 삼각자나 컴퍼스 등을 사용하는 것이 불편하기 때문에 최근에는 합성수지인 얇은 판에 여러 가지 형(形)을 오려 낸 템플릿(型板)이 시판되고 있다. 이것을 이용하면 제도시간을 단축할 수 있어 글자에 약한 사람이라도 깨끗한 도면을 완성할 수 있기 때문에 널리 이용되고 있다.

그림 2 · 2에 타원 템플릿의 예를 나타냈다.

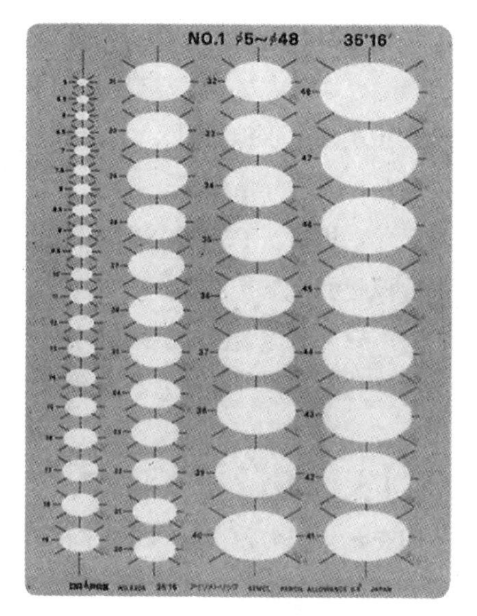

그림 2 · 2 타원 템플릿의 예

〈사진제공 : 三幸製圖機械製作株式會社〉

[7] 제도기계

최근 제도(製圖)능률을 올리기 위해서 제도기계가 사용되는 경우가 많다.

제도기계에는 단순한 것으로는 **그림 2 · 3**에 제시한 제도판에 T자만을 설치한 드래프트 보드라고 불리는 것이나 T자, 삼각자, 분도기(分度器), 자 등의 기능을 갖춘 프리식 또는 T형의 트럭식, 평행식인 것이 있으며, 드래프터라고도 불린다.

드래프트 보드에는 A1형에서 A3형까지의 크기가 있고, 가방에 넣어 휴대하고 다닐 수 있도록 편리하게 고안된 것도 있다. 또 책상 위에 놓고 경사각도를 바꿀 수 있는 기능을 가진 것이나 책상 위에 놓고 경사각도를 65° 정도까지 자유롭게 바꿀 수 있는 제도대 등도 있다.

프리식이나 트럭식인 것은 **그림 2 · 4**에 제시한 것처럼 제도기계, 제도판, 제도대로 구성되어 2개의 스케일을 직각으로 설치, 이것을 자유로운 상하 움직임에 의해 제도할 수 있고, 또 스케일을 분도기 상의 눈금에 맞추는 것에 따라 임의의 각도 경사선을 자유롭게 그릴 수 있다. 제도대의 각도는 80° 정도까지 세워 사용하기 때문에 의자에 앉아 편안한 자세로 제도할 수 있으며 전용 조명기구를 제도기계나 제도판에 설치해서 제도할 때에 주변을 밝게 해서 제도를 쉽게 할 수도 있다.

특수한 것으로 투시도용 제도기계 등도 있다.

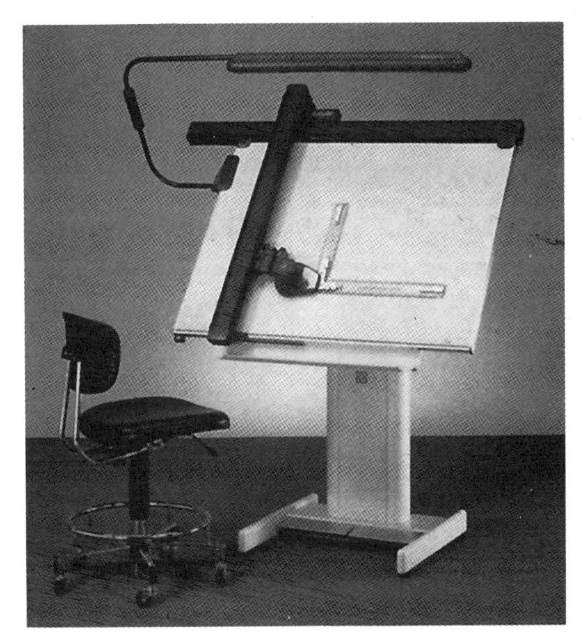

그림 2 · 3 드래프트 보드

〈사진제공 : 三幸製圖機械製作株式會社〉

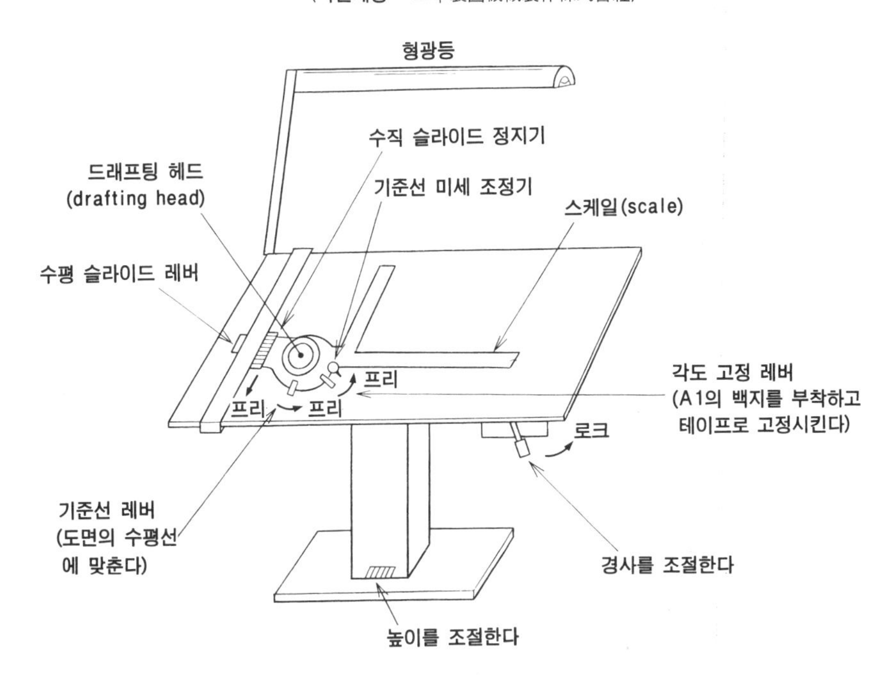

그림 2 · 4 제도기계(드래프터)

2 · 2 선과 문자의 표기법

[1] 선의 종류와 굵기

제도(製圖)에서 사용하는 선의 종류는 그림 2 · 5(a)에 제시한 것처럼 5종류가 정해`져 있다. 또, 선의 굵기는 그림(b)에 제시한 것처럼 매우 굵은 선, 굵은 선, 가는 선의 3종류가 있고 도면의 크기, 복잡함, 도시(圖示) 내용 등에 따라 선의 종류나 굵기를 구별해서 사용하여 보기 쉽고 이해하기 쉽도록 한다.

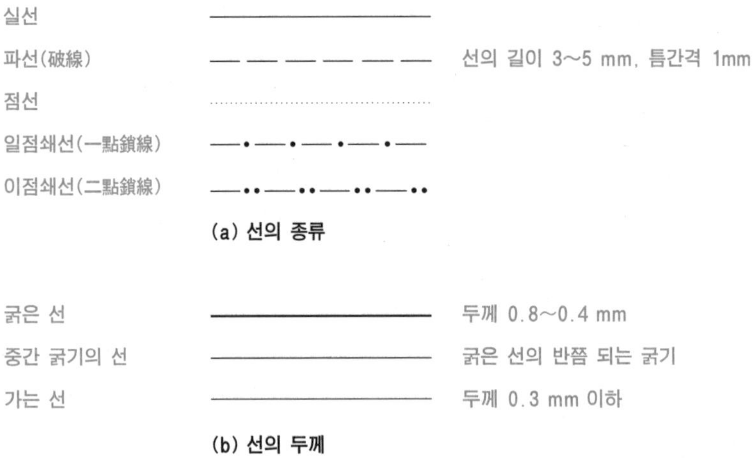

실선	────────	
파선(破線)	— — — — — —	선의 길이 3~5 mm, 틈간격 1mm
점선	···························	
일점쇄선(一點鎖線)	—·—·—·—·—	
이점쇄선(二點鎖線)	—··—··—··—··	

(a) 선의 종류

굵은 선	────────	두께 0.8~0.4 mm
중간 굵기의 선	────────	굵은 선의 반쯤 되는 굵기
가는 선	────────	두께 0.3 mm 이하

(b) 선의 두께

그림 2 · 5 선의 종류와 굵기

선의 종류와 굵기의 용도에 따른 일반적인 구분을 표 2 · 2에 나타내었다.

[2] 선을 긋는 방법

연필로 제도할 경우에는 선의 굵기를 명료하게 하기 위해 2종류의 서로 다른 연필심의 연필을 사용하도록 하며`선은 분명하고 깔끔하게 그을 수 있도록 익히는 것이 중요하다.

선을 긋는 경우에 주의해야 할 점은 다음과 같다(그림 2 · 6 참조).

① 선과 선이 교차하는 점은 연결되어 있을 것.
② 파선(破線)과 파선(破線)은 중앙부에서 연결되도록 할 것.
③ 선과 선의 접속부는 어긋나게 하지 않을 것.
④ 접속하는 선의 굵기는 바꾸지 않을 것.
⑤ 직선과 원호(圓弧)의 시점과 종점은 연결되어 있을 것.
⑥ 평행한 점선은 서로 어긋난 점선으로 할 것.
⑦ 좁은 부분의 점선은 짧은 점선으로 해도 좋다.

표 2 · 2 선의 용법

종 류	굵 기	선의 실례(實例)	명 칭	용 도 예
실선(實線)	굵은 선		단면도	단면도의 윤곽 형상을 나타낸다
실선(實線)	중간 굵기의 선		외형선	일반 형상
실선(實線)	가는 선		치수선	치수 기입선
			치수보조선	
			인출(引出)선	지시하기 위한 선
			해칭	단면, 절단면 등을 나타내기 위해 규칙적으로 열거한 선
파선(破線)	중간 굵기의 선		숨은선	그림자로 인해 보이지 않는 부분의 형상을 그린다
	가는 선			
일점쇄선(一點鎖線)	가는 선		중심선	중심을 나타내는 선
			기준선	조립 기준선
			절단선	단면도의 절단위치와 방향을 나타낸다
이점쇄선(二點鎖線)	가는 선		상상선	공사범위 외의 가구 등을 나타낸다
파형실선(波形實線)	가는 선		파단선	도중에서 도형을 생략하고 그릴 경우에 사용한다

[3] 문자 작성방법

도면에 사용하는 문자는 원칙적으로 한글, 숫자, 로마자로 한다.

로마자는 주로 대문자를 사용하고 특히 필요하다고 여겨지는 경우에는 소문자를 사용해도 좋다.

문자는 왼쪽 가로쓰기로 하고 세로쓰기는 가능한 한 피하며, 몇 행에 걸친 경우는 가로쓰기로 한다.

또, 숫자, 로마자는 이탤릭체 또는 직립체로 쓰고 필요한 경우를 제외하고는 혼용하지 않으며 이탤릭체 문자는 수직에 대해 오른쪽으로 약 15° 기울인다. 숫자, 로마자는 템플릿을 이용하면 크기, 서체 등이 갖추어져 말끔하게 쓸 수 있으며 문자는 도면구성을 고려해 기입위치나 크기에 충분히 주의를 기울이지 않으면 안 된다.

문자작성에 앞서 문자의 굵기에 맞춘 평행선을 안내로써 엷게 긋고 정확, 신중하게 문자를 써넣으면 문자의 굵기가 갖추어져 도면이 보기 쉬워진다.

문자의 굵기는 문자의 크기, 용도 및 종류에 따라 표 2 · 3의 기준에 의해 작성하며 일반적으로 문자의 크기는 용도에 따라 다음과 같이 사용되고 있다.

1) 타이틀 문자　6.3 mm, 4.5 mm 정도
2) 방법 등의 문자, 숫자　3.15 mm 정도
3) 치수, 설명 등의 문자, 숫자　3.15 mm, 2.24 mm 정도

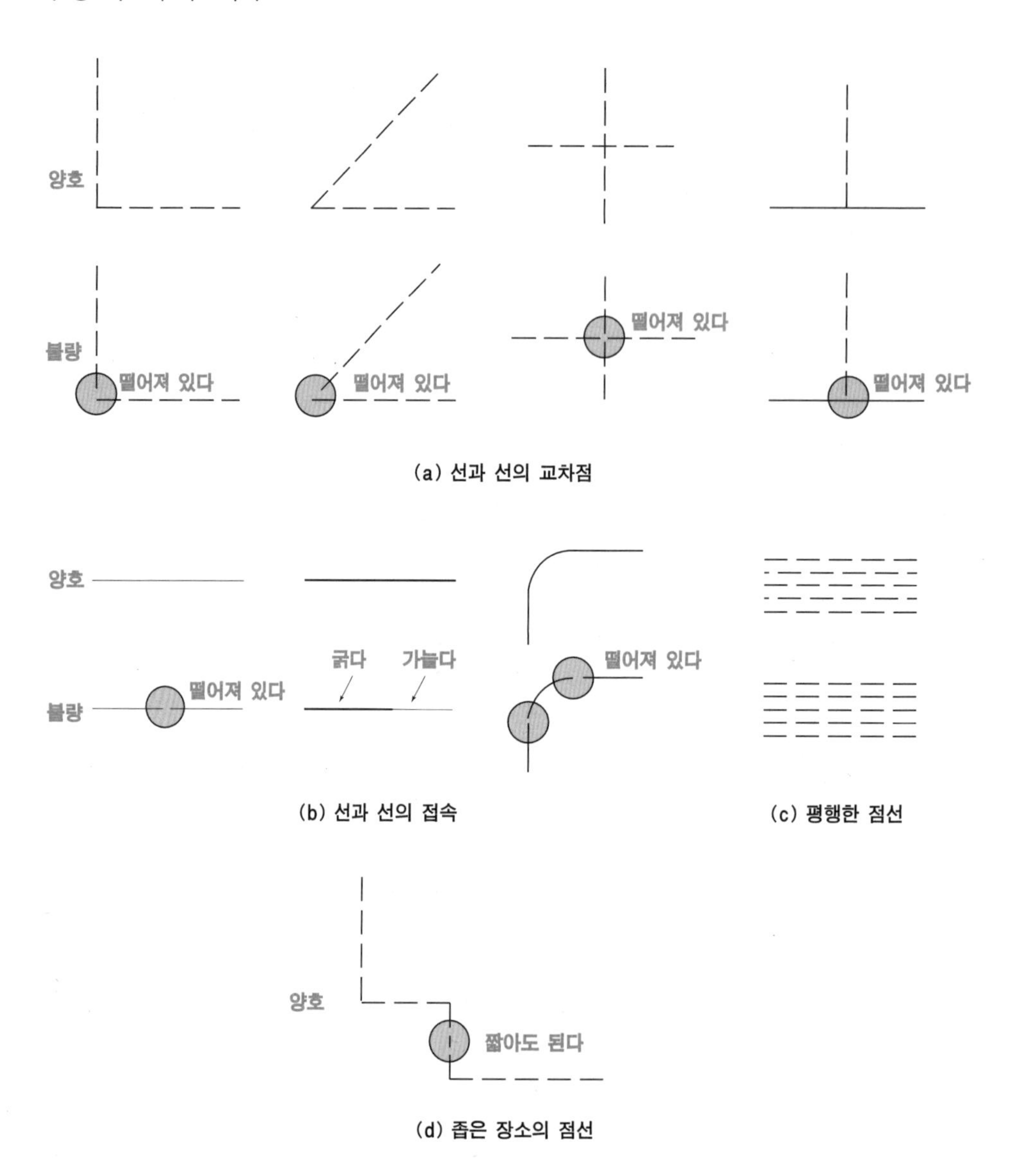

그림 2 · 6 선을 그릴 때의 주의사항

표 2 · 3 문자의 크기

문자의 종류	문자의 높이에 따른 호칭 [mm]
한자	3.15, 4.5, 6.3, 9, 12.5, 18
한글, 숫자, 로마자	2.24, 3.15, 4.5, 6.3, 9, 12.5, 18

2·3 도면을 그리는 법

[1] 도면의 윤곽과 표제

도면용지는 그림 2·7과 같이 용지의 세로길이를 좌우방향으로 둔 위치로 사용하고 용지의 가장자리에서 상하좌우로 A0, A1형으로는 20mm, A2, A3, A4 형으로는 10mm의 위치에 윤곽선을 그린다. 용지를 좌측으로 둘 경우는 왼쪽 윤곽선의 위치를 가장자리에서 25mm로 한다.

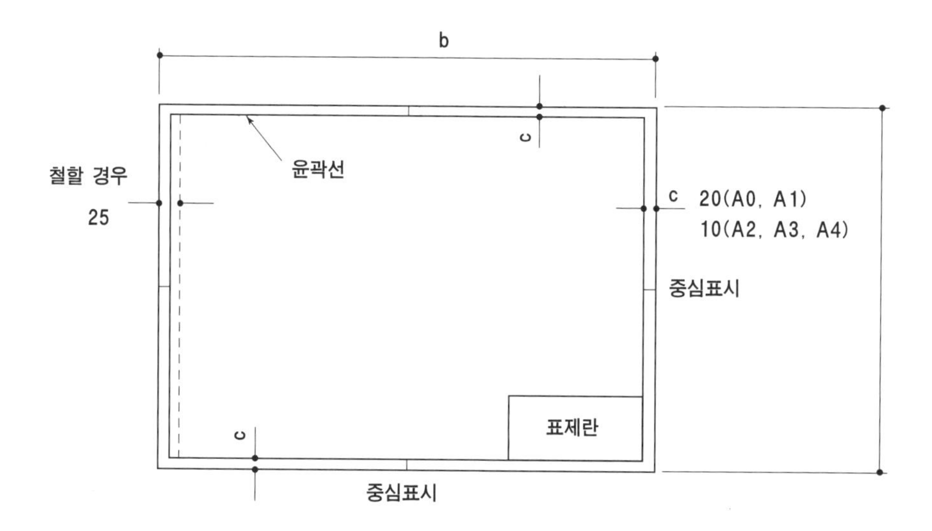

그림 2·7 도면의 윤곽과 중심표시

도면의 크기는 도면의 대소나 매수로 결정된다.

도면의 마이크로필름화, 복사 등의 편의를 위해 그림 2·7에 제시한 것처럼 굵기 0.5mm 중심표시를 도면의 4변 중앙으로 윤곽선에서 용지의 가장자리까지 수직으로 그려 두면 편리하다. 도면의 아래 또는 우측 하단에는 적당한 크기의 표제란을 두어 그림 2·8에 나타낸 것과 같이

개정 No.	공사명칭	축척	제작년월일
년 월 일		/	. .
개정내용	도면명칭	도면번호	
	(주) ○○건축설계사무소 1급 건축사등록○○호 성명 ㊞	승인 검도(檢圖) 작도(作圖)	

그림 2·8 표제란의 예

공사명, 도면명칭, 기업명 (단체명), 척도, 도면번호, 도면 제작년월일, 책임자, 설계자, 도면 작업자의 서명(약식 도장), 그 외의 내용을 기입한다. 건축허가신청용 도면에는 설계도에 반드시 등록번호를 기재하고 기명(記名), 날인할 필요가 있다.

[2] 도면의 배치

건축의 배치도나 평면도는 원칙적으로 북쪽이 그림의 위쪽에 오도록 그리고 북쪽을 그림의 위쪽으로 할 수 없는 경우에는 배치도, 평면도 등의 방위를 조정해서 그리며 반드시 방위표시를 기입한다.

건축물의 바닥, 벽, 천장 등의 상하관계는 지반면(地盤面)에 대해 정해져 있기 때문에 입면도, 단면도, 상세도 등은 원칙적으로 상하방향을 도면의 상하에 맞춘다.

단, 상하를 도면의 좌우방향에 맞추는 편이 좋을 경우는 상부(上部)가 도면의 좌측이 되도록 배치한다.

[3] 척 도

건축물은 도면용지보다 훨씬 크기 때문에 실물(實物)보다 작은 그림으로 그 내용을 나타낼 필요가 있다. 이 실물(實物)에 대한 그림 크기의 비율을 척도라고 한다.

척도는 실물보다 큰 배척(倍尺), 실물과 같은 크기의 현(現)치수, 실물보다 작은 축척으로 구분하고 기기류의 상세도 등에는 현(現)치수나 배척(倍尺)을 사용하는 경우도 있는데 일반 건축제도에서는 배척(倍尺)은 거의 사용되고 있지 않다.

건축제도통칙에서는 표 2·4에 나타난 것처럼 13종류의 척도가 정해져 있다. 아직 ( )안에는 지금까지의 습관을 고려해서 당분간 사용이 인정되고 있는 척도이다.

표 2·4 척도의 일반적인 종류와 용도

척 도	용 도
1:1 1:2	현(現)치수 상세도, 상세도 등
1:5 1:10 1:20 (1:30)	부분상세도, 겨냥도 등
1:50 1:100 1:200 (1:300)	평면도, 입면도, 기초도, 설비도 등
1:500 1:1000 1:200	대규모 부지의 배치도, 건축물의 공간 배치도 등

(1:100의 경우 1/100이라고 써도 좋다)

척도는 보통 1:10과 같이 표시하고, 도면의 표제란에 기입하지만 동일 도면내에 척도가 다른 설계도를 2개 이상 그릴 경우에는, 설계도마다 척도를 기입하고 표제란에 그 용도를 쓴다.

[4] 치수선

도면상의 도형의 정확한 위치와 크기를 나타내기 위해 치수선을 긋고 치수를 기입한다.

(a) 치수선의 표시방법

치수를 기입할 때에는 그림 2 · 9와 같이 치수보조선을 인출(引出)하여 치수선을 그리고 치수선을 따라 도면 아래 또는 오른쪽에서 읽을 수 있도록 가로쓰기로 하고 치수선을 절단하는 것처럼은 기입하지 않는다.

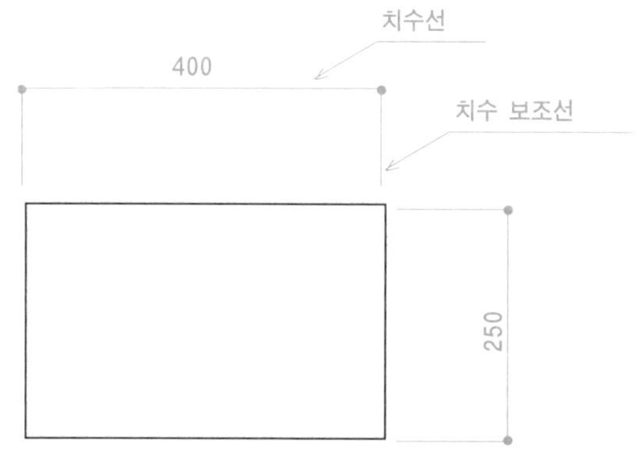

그림 2 · 9 치수선과 치수보조선의 기입방법

치수선의 양끝에는 거리를 나타내는 기호를 붙였는데 그 거리가 가진 의미에 따라 그림 2 · 10과 같이 표현한다.

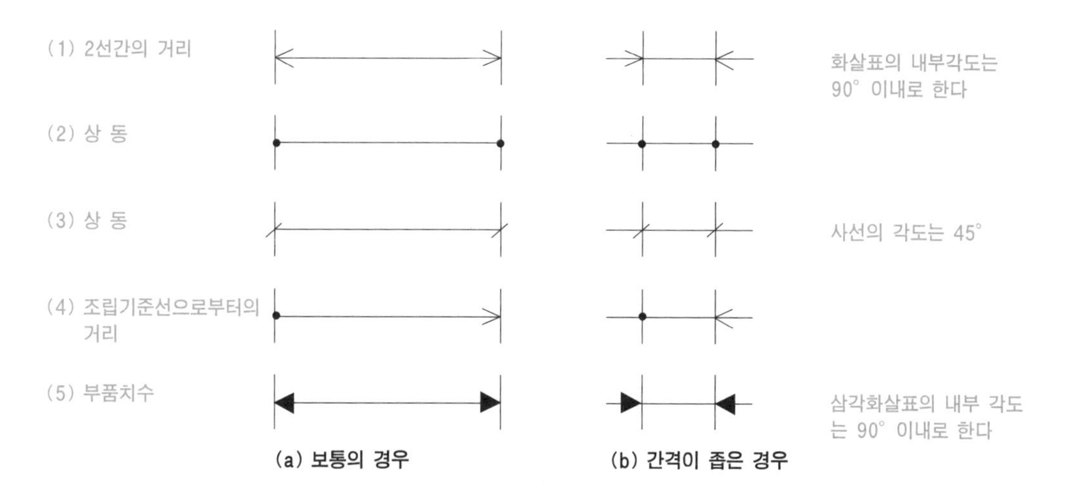

그림 2 · 10 치수선의 표기법

또한 치수기입에 있어서는 다음과 같은 점에 주의하면 도면은 보기 쉽게 된다.

① 좁은 부분의 치수, 경사진 방향의 치수, 지름 · 반지름의 치수, 현(弦), 원호(圓弧)의 길이 (그림 2 · 11 참조) : 원호의 길이를 나타낸 경우는 ⌒를 치수 숫자 위에 덧붙인다.

② 가는 부분의 치수 : 도면이 너무 작은 경우는 별개로 상세도를 그리고, 여기에 치수를 기입한다. 이 경우, 상세부분의 위치를 나타내기 위해 그림 2 · 12에 보이는 바와 같이 그 부분을 둘러싼 원을 그리고 관련기호로 명시한다.

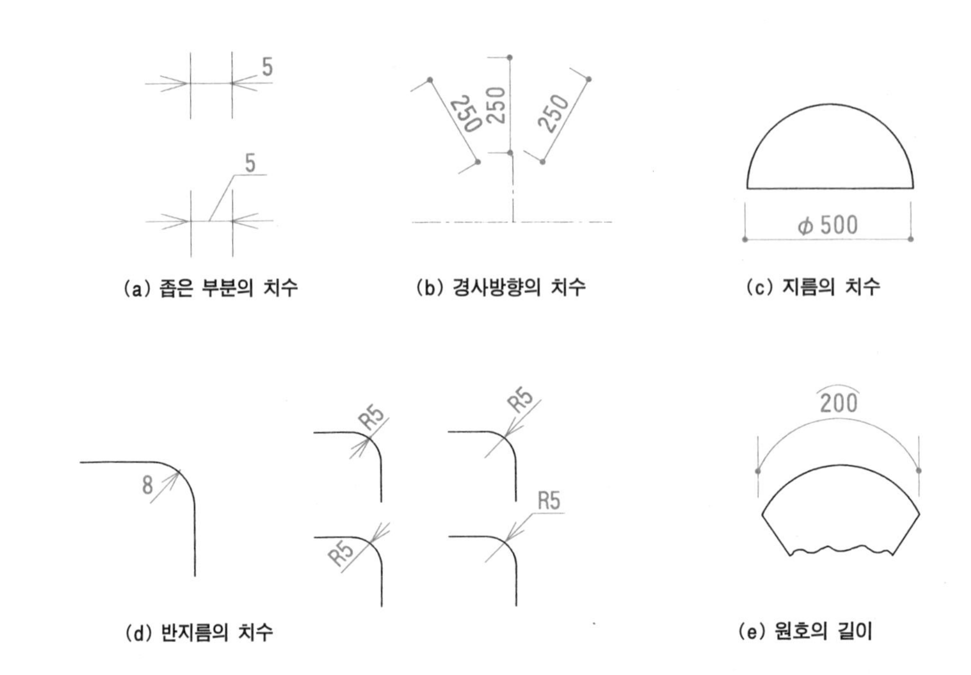

그림 2·11 좁은 부분과 지름 등의 치수표기법

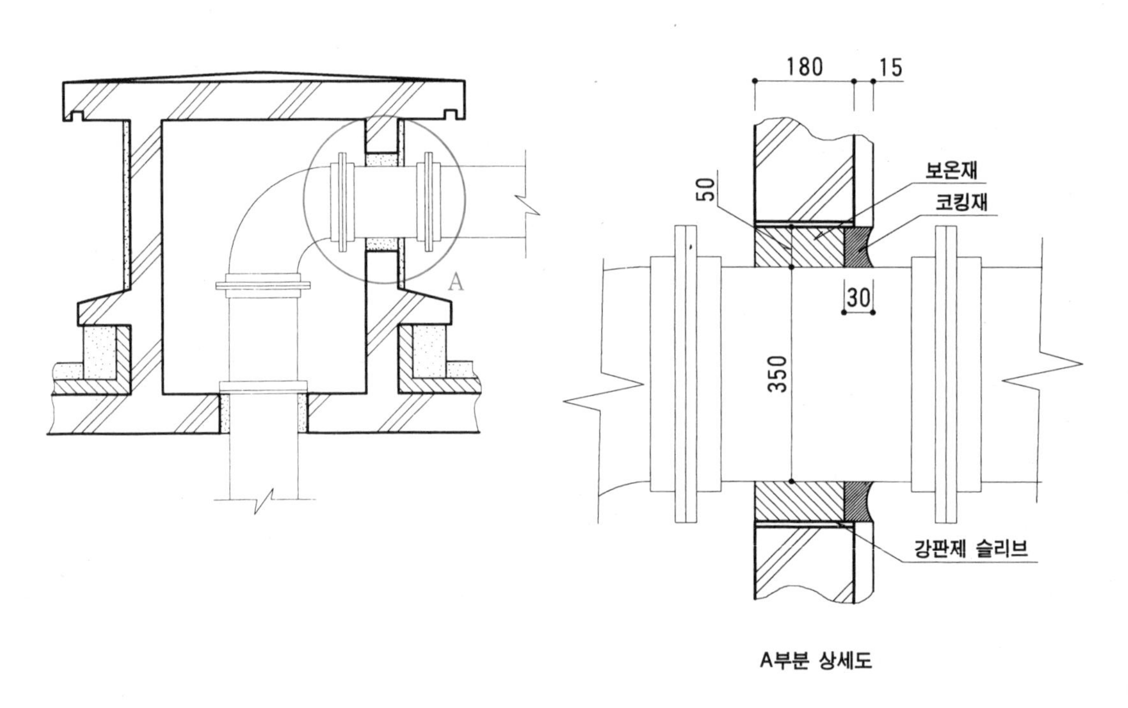

그림 2·12 부분상세도

(b) 숫자와 기호

치수는 모양을 명확하게 나타내는데 필요한 것을 기입하고 중복이나 탈락이 없도록 한다.

치수단위는 원칙적으로 밀리미터로 하고 숫자만을 기입하며 단위기호는 붙이지 않는다. 밀리미터 이외의 단위를 사용할 때는 그 단위기호를 각 숫자의 말미에 덧붙인다.

숫자의 자릿수가 많은 경우는 세 자릿수마다 숫자 간격을 조금씩 두어 읽기 쉽게 하고, 콤마는 소수점과 혼동되기 때문에 사용하지 않는다.

소수점은 숫자의 간격을 두고 크게 적는다.

지름, 반지름, 정사각형 등 특수한 치수는 다음과 같이 각각 ∅, R, □ 등의 기호를 그 숫자 앞에 쓴다.

지름을 나타낼 때 ……………………∅ (동그라미 또는 파이) 예 ∅20
반지름을 나타낼 때 …………………R 예 R 10
정사각형을 나타낼 때 ………………□ (각) 예 □50
두께를 나타낼 때 ……………………t (티) 예 t8
등간격 피치를 나타낼 때 ……………@ (알트마크) 예 @300

[5] 각도 · 구배 표기법

부지, 지붕, 천장, 덕트, 배관 등의 경사비율을 구배라고 한다.

건축에서는 구배표기에 그림 2 · 13과 같이 두 종류가 사용되고 있다.

① 분자를 1로 하는 분수 : 지면의 구배, 마루의 배수구배 등의 완만한 구배
② 분모를 10으로 하는 분수 : 지붕구배 등 비교적 큰 구배

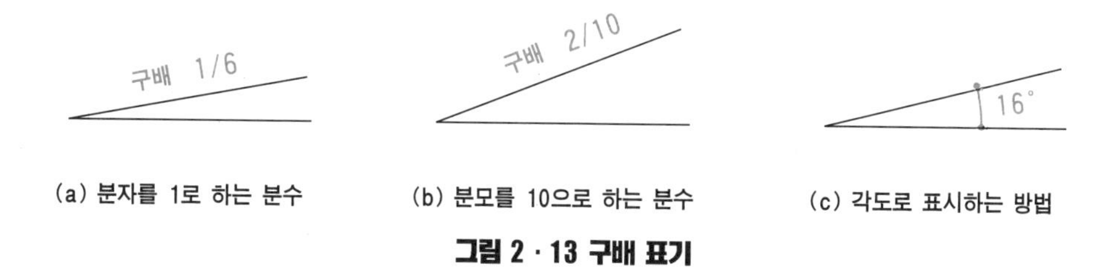

(a) 분자를 1로 하는 분수 (b) 분모를 10으로 하는 분수 (c) 각도로 표시하는 방법

그림 2 · 13 구배 표기

각도에 의한 경우는 그림(c)처럼 2변의 교차점을 중심으로 원호상(圓弧狀)의 치수선을 기입해 그 각도의 숫자를 그 위치에, 예를 들어 16°와 같이 기입한다.

제 3 장

위생설비설계

건축설비 중 위생설비는 급배수설비가 주내용으로, 도면을 보면 계통도에 의해 건물의 급·배수방식을 이해할 수 있으며(이 경우 약속으로서 배관의 종류 등을 나타내는 도시(圖示)기호가 있다) 계통도를 기초로 한 평면도에서는 급·배수관이 설치되는 지하기계실, 수직입상관, 수직입하관의 도시(圖示)를 주로 하는 기준층, 고가탱크가 있는 옥상층 등이 있으며 각층의 화장실, 급탕실은 별도로 축척을 크게 한 상세도로서 작성하는 것이 일반적이다. 상세도는 수조(水槽) 주변이나 펌프 주변의 배관도 등이 있어 본 장에서는 이들을 보는 방법·기입방법의 유의점에 대해 기술하고 있다.

한편, 위생설비에 포함되는 경우가 많은 소화기설비는 제6장에 기술하였다.

3 · 1 위생설비의 개요

[1] 개 요

건축설비 중 위생설비는 상수도를 공급하여 배수하기까지의 과정에 대하여 급수설비, 배수설비로 크게 나뉘며 거기에 급탕설비가 추가된다 (그림 3 · 1 참조).

건축설비와는 약간 다른 성격의 우수(雨水)배수설비는 건축공사에 포함되는 경우도 많은데 배수배관이라는 것으로 위생설비에 포함되는 경우도 있어 공사구분에 주의가 필요하다.

최근, 급배수설비 분야에서는 배관재료와 배관부속의 개발, 위생기구나 세면기와 배관을 일체화한 유닛화 등이 진행되고 있고 앞으로도 품질이나 시공성의 향상을 통해 기술개발이 이루어질 것으로 추정된다.

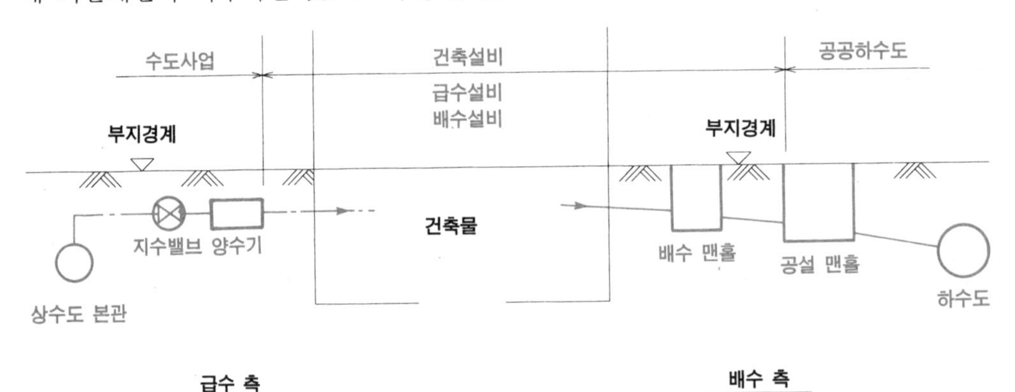

그림 3 · 1 건축설비의 범위

(a) 급수방식

일반 건물에서 많이 사용되고 있는 급수방식은 고가탱크방식으로 이것은 상수도를 부지 내에 설치된 양수기를 통해 건물 내로 인입하여 저수탱크에 일시 저장하고 양수펌프로 옥상에 설치된 고가탱크로 보내어 거기에서 중력에 의해 각 급수전(給水栓)에 공급하는 간단한 시스템이다. 그밖에 저수탱크, 급수펌프가 있으며, 고가탱크를 설치하지 않은 펌프 가압방식, 수도 본관으로부터의 직접급수방식 등이 있는데 설계도를 볼 경우 이 순서로 양수기부터 확인하면 어떤 급수방식인지를 쉽게 이해할 수 있다.

최근, 일부 건물에서는 변기의 세척용으로서 중수(재생수)를 사용하고 있는 것도 있는데 이 경우는 중수(中水) 전용의 급수방식으로 하고 양수기 이후의 시스템은 마찬가지로 한다.

(b) 배수방식

건물 내의 배수는 대 · 소변기의 배수를 오수, 세면기나 부엌싱크 등의 배수를 잡배수로 구별하고 배수관도 각각 오수관(汚水管), 잡배수관으로 구별한다.

배수방식으로는 분류방식과 합류방식이 있는데, 건물 내부에서는 오수관과 잡배수관을 분리한 분류식이 많이 보이고 소규모 건물에서는 오수, 잡배수를 하나의 배관으로 하는 합류식이 채용되는 경우가 있다.

한편, 건물 내의 배수관에는 관내의 흐름을 원활하게 하거나 악취의 역류를 막기 위하여 위생기구에 부속하는 봉수(封水)트랩의 기능을 보호하기 위해 통기관이 설치된다.

옥외 공통하수도에서의 분류식의 경우는 오수, 잡배수관과 우수배수관이 분리되어 있는 방식이고, 합류식의 경우는 이들을 하나의 배수관에 모아서 하수처리를 하는 방식이다.

(c) 급탕방식

최근 사무실 건물의 급탕설비에는 취급이 용이하도록 세면기나 급탕실, 부엌싱크 부근에 전기온수기를 설치한 국소(局所) 급탕방식이 많이 채택된다. 그러나 호텔, 병원 등과 같이 많은 급탕량을 필요로 하는 경우는 보일러를 이용하는 중앙식 급탕방식이 채용되고 있다.

(d) 우수 배수설비

앞에서 서술한 대로 우수배수관은 건축공사 범위로 계획된 경우가 많아 위생설비 범위로서는 지표면에서 우수관을 설치하여 우수 배수맨홀을 경유, 공설(公設)맨홀로 접속하는 경우가 많다.

[2] 도시기호

설비도면을 보거나 작도(作圖)할 때, 도면상에 표시되는 약속으로서 현재 가장 일반적으로 사용되고 있는 그림기호로 일본 공기조화 · 위생공학회의 기준이 있으며 표 3 · 1에 그 기준의 일부를 제시하였다.

그러나 설계자(설계사무소)나 상 · 하수도 관리자에 따라 약간의 차이가 있는 다른 도시기호를 사용하는 경우에는 설계도의 범례에 그것들을 나타내기도 한다.

[3] 설계도

위생설비 설계도를 구성하는 것으로서 다음과 같은 것이 있다.

① 특기 시방서 : 그 건물의 개요나 시공에 있어 특히 필요한 사항을 기재하고 있다.

② 기기(機器) 일람표 : 탱크, 펌프 등 주요기기의 크기, 사양이 기재되어 있다 (표 3 · 2 참조).

그밖에 위생기구류의 부속품을 포함해 모델 번호와 수량, 설치장소 등을 기재한 기구 일람표가 있다(표 3·3 참조).

③ 배관 계통도 : 가장 중요한 도면으로 급수방식, 배수방식을 이해할 수 있으며 주요부분의 배관 관경이나 밸브 등의 설치위치를 알 수가 있다.
위생설비를 계획할 경우, 설계도를 작도하는 것은 여기에서 시작된다.

④ 각층 평면도 : 원칙으로서 그 층의 천장배관을 나타낸다. 기계실, 화장실 주변 등, 배관이 복잡하고 도시(圖示)가 어려운 경우는 "별도 상세에 의한다"로 하고, 공백으로 하는 경우가 많다.

⑤ 각부 상세도 : 기계실 (펌프실), 화장실 주변 등의 배관이 복잡한 부분은 그 부분을 발췌해 1/50 정도의 축척으로 평면도와 일부 입면도를 그린다.
또한, 화장실 주변의 배관도는 그 층의 바닥 아래 배관을 나타내기 때문에 각층 평면도와 다르다는 것에 주의해야 한다.

⑥ 우수배수관 : 위생설비 시공범위 내의 배수관 계통도(排水管系統圖), 지하층 평면도가 포함된다.

표 3·1 도시기호(圖示記號) (HASS 001-1998: 일부 개정)

종 별	도시기호	종 별	도시기호
상수급수관(上水給水管)	—— - ——	압력계	—┼P┼—
상수양수관(上水揚水管)	—— · ——	온도계	—┼T┼—
잡용수급수관(雜用水給水管)	—— - - ——	유량계(流量計)	——M——
잡용수양수관(雜用水揚水管)	—— ·· ——	신축관 이음장치	——▭——
급탕관 (往)	—— I ——	방진 이음장치	——◘——
급탕관 (還)	—— II ——	플렉시블 이음장치	—∿∿∿—
팽창관(膨張管)	—— E ——		
오수배수관(汚水排水管)	——)——	세정용 탱크	▭ ◺
잡배수배수관(雜排水排水管)	————	동양식 대변기	⬭ ⬭
통기관(通氣管)	- - - - - - - -	서양식 대변기	◯
		소변기	▽
프랜지	——‖——	세면기	□ ○
유니온	——‖|——	청소용 싱크대	□
벤드	┖		
90° 엘보	┖	양수기	——[M]——
45° 엘보	╲	정수위(定水位) 밸브	⊗
티	┴	볼탑	○—⊕
45° Y	╳	급수전	¤
90° Y	┴	혼합수전	◐
편락관	◁	급탕전	●
블라인드 프랜지	—‖	세정밸브	⊙

캡, 플럭	—⊐	바닥 위 청소구	⊕—
		바닥 밑 청소구	⊩—
밸브	—⋈—	배수 금물	⊘
체크밸브	—⋀—	공동수전 배수 금물	⊗
안전밸브			
감압(減壓)밸브		오수(汚水)맨홀	◙ ◎
전자밸브		잡배수맨홀	⊠ ⊗
자동 공기빼기밸브		빗물맨홀	□ ○
매설(埋設)밸브		공공(公共)맨홀	公 公

표 3 · 2 기기 일람표

기 호	명 칭	방 법	대 수	설치위치
TW-1	상수 저수탱크	재질 : FRP제 샌드위치 패널 용량 : 14㎥ 외형치수 : 3.5m×2.5m×2mH 부속품 : 맨홀, 트랩 기타	1	B1F
TEW-1	고가탱크	재질 : FRP제 샌드위치 패널 용량 : 3㎥ 외형치수 : 1.5m×1.5m×1.5mH 부속품 : 맨홀, 트랩 기타 강제가대(鋼製架臺) 500H	1	PH
PW-1	양수(揚水)펌프	형식(型式) : 횡형 와권펌프 40×32ϕ 9㎥/h×35 m 전동기 : 3ϕ×200V×2.2kW 자동교호운전	2	B1F
PD-1	오수(汚水)펌프	형식(型式) : 커터가 붙은 수중 펌프 50ϕ 12㎥/h×12 m 전동기 3ϕ×200V×1.5kW 자동교호운전	2	B1F
PD-2	잡배수(雜排水)펌프	형식(型式) : 수중형 50ϕ 4.8㎥/h×12 m 전동기 3ϕ×200V×0.75kW 자동교호운전	2	B1F
PD-3	용수(湧水) 배수펌프	형식(型式) : 수중형 50ϕ 4.8㎥/h×12 m 전동기 3ϕ×200V×0.75kW 자동교호운전	2	B1F
EH-1	전기온수기	형식(型式) : 저탕식 상치형(貯湯式床置型) 저탕량(貯湯量) 10 l 전원 1ϕ×200V×1.5kW	15	각층

EH-2	전기온수기	형식(型式) : 저탕식 벽걸이형(貯湯式壁掛型) 저탕량 12 l 전원 $1\phi \times 200V \times 1.5kW$	5	각층

표 3 · 3 위생기구 일람표

기구명	형식 번호	부속품	B1		1F			2F			3F			4F			5F			RF		합계
			기계실		남자WC	여자WC	급탕실	남자WC	여자WC	급탕실	남자WC	여자WC	급탕실	남자WC	여자WC	급탕실	남자WC	여자WC	급탕실			
대변기	C48	TV750SR			2	3		2	3		2	3		2	3							20
		TC272N																				
	C730	S730B															2	3				5
		TC262N																				
소변기	U307	TG60PN			3			3			3			3			3					15
세면기	L546	TL630A			2	3		2	3		2	3		2	3		2	3				25
	L237	TLP11A	1																			1
청소 싱크대	SK22A	T23A20				1			1			1			1			1				5
물, 비누곽	TS126BD				2	3		2	3		2	3		2	3		2	3				25
휴지걸이	TS116MD				2	3		2	3		2	3		2	3		2	3				25
화장거울	TS119ASR1		1		2	3		2	3		2	3		2	3		2	3				26
싱크대	건축공사	T36SD13					1			1			1			1			1			5
		TKJ31FGX					1			1			1			1			1			5
가로 수전	T26-13		1																	1		2
벽 부착형 급탕기	12 l						1			1			1			1				1		5
바닥 설치형 급탕기	10 l				1	1	1	1	1	1	1	1	1	1	1	1	1	1	1			15

3 · 2 급배수 배관 계통도

배관 계통도는 급배수설비의 전체 내용을 파악하기 위한 중요한 도면으로 계획 · 설계를 하는 경우에도 우선 배관 계통도를 작성해야 한다. 배관 계통도는 그 건물의 급배수 방식을 이해하고 각층 평면도를 보거나 작도하기 위한 기초로 하는 것도 있다.

한편, 계통도는 설비공사비를 산출하기 위해서도 중요한 도면으로 계통도에는 배관 계통과 경로, 배관의 종류와 관지름, 기구의 설치층, 건물층의 높이 등도 기입한다. 특히 밸브류의 수량을 산출하기 위해서 사용하기도 하며 후일 보수관리를 위해서 필요하다고 생각되어지는 밸브나 플렉시블 이음 외에 가능하다면 압력계 등도 기재한다.

[1] 급수배관

(a) 급수량과 급수압력

급수설비를 계획할 경우, 우선 급수량을 추정하는 것이 필요하므로 건물의 용도와 대상인원에서 1일 사용량을 정해 인입관지름, 저수탱크의 크기, 양수(揚水)펌프의 용량을 정한다. 다음으로 위생기구의 종류와 수량으로부터 급수관의 유량(流量)을 정해 관지름을 정하도록 한다.

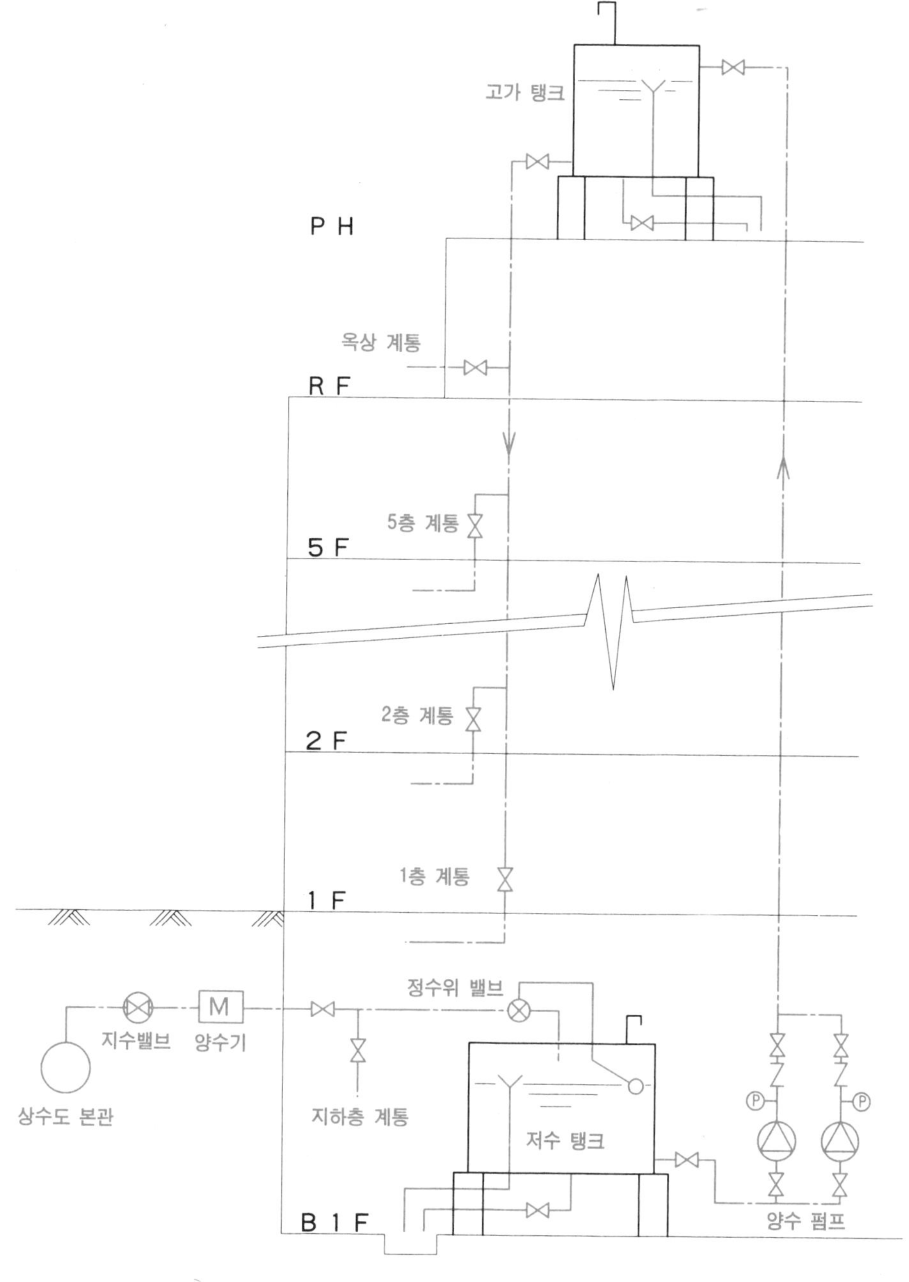

그림 3·2 고가탱크 방식

급수압력은 변기의 세정(洗淨)밸브가 동수 시(動水時)에 0.07 MPa를 필요로 하기 때문에 최상층 변기의 높이와 고가탱크와의 높이(10m 정도)에 유의해야 한다. 유효한 높이를 얻을 수 없는 경우에는 고가탱크에 가대(架臺)를 설치하여 급수압력을 증강하거나 높은 급수압력을 필요로 하지 않는 탱크부착형 양변기를 채용할 필요가 있다.

(b) 급수방식

일반적으로 빌딩에서 가장 많이 채용하고 있는 것이 그림 3 · 2에 나타난 고가탱크 방식으로 급수는 중력(重力)으로 급수관을 통해 각 급수전(給水栓)에 공급하는 방식이다. 중력으로 공급하는 것이기 때문에 옥상에 있는 공기조화설비나 소화설비로의 급수 및 최상층의 변기에 급수압력을 확보하기 위해 고가탱크를 옥상에서 한층 더 높은 옥탑에 설치하고 있는 것이 일반적이다.

그림 3 · 3은 압력탱크 방식을 나타낸 것으로 급수펌프의 토출(吐出)측에 압력탱크를 설치해 급수관을 가압함으로써 최상층의 필요압력을 확보하는 시스템이다. 급수관 내의 수량이 적으면 소량의 사용만으로 압력이 내려가 펌프의 기동정지 빈도가 많아지기 때문에 고가탱크가 필요 없다는 이점은 있지만 시스템 채용에 대해서는 심사숙고하지 않으면 안 된다는 난점도 있다.

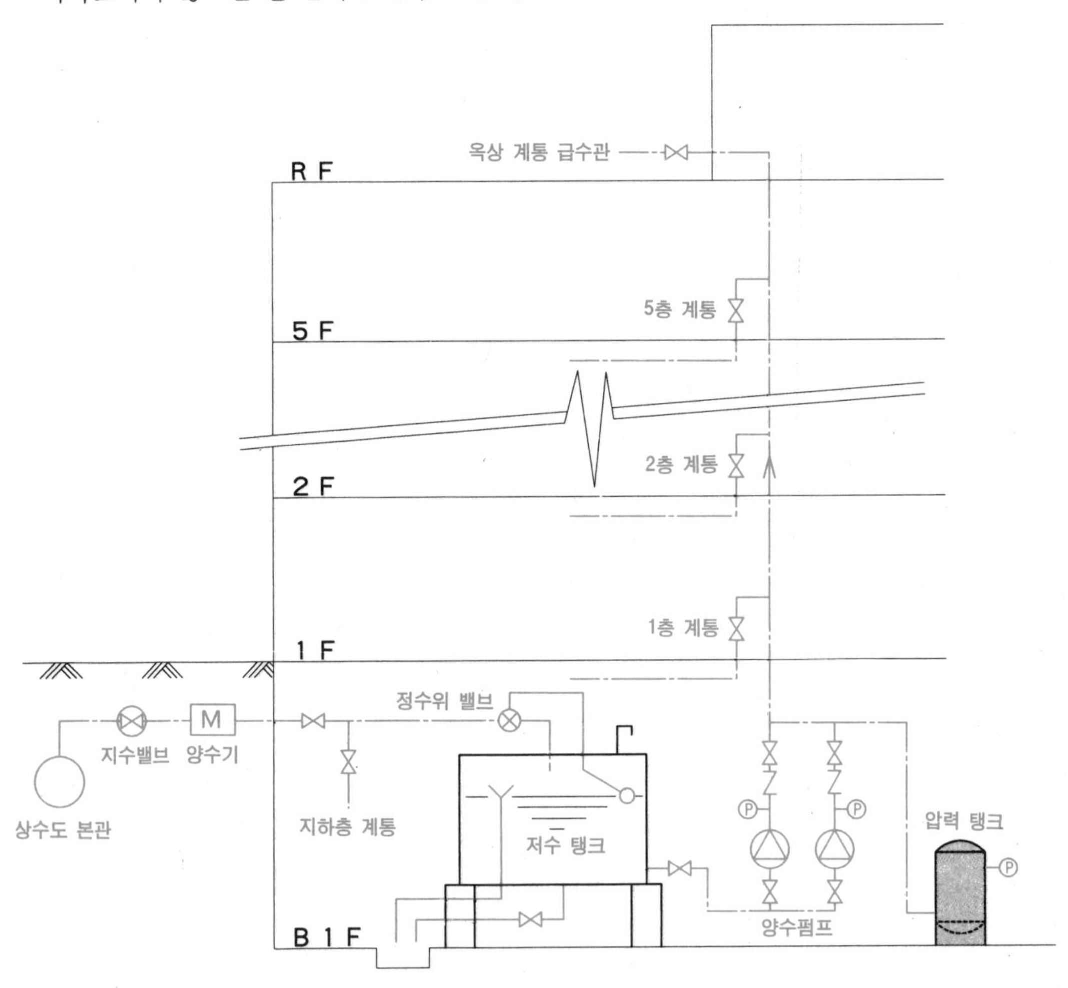

그림 3 · 3 압력탱크 방식

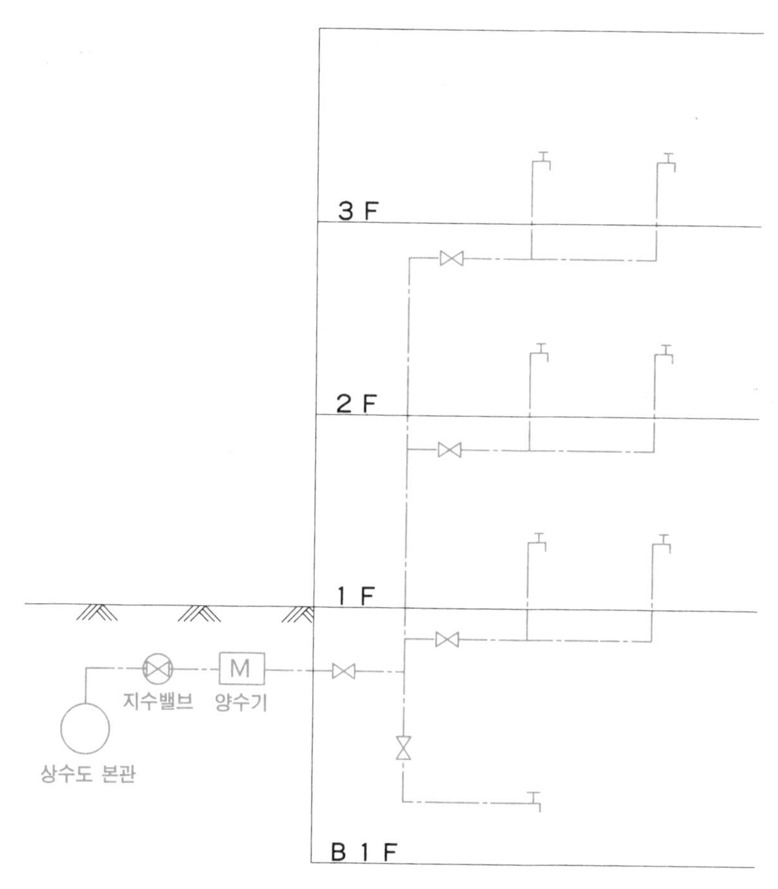

그림 3·4 수도 직결방식

그림 3·4는 수도 직결방식으로 수도 본관의 압력을 이용해 그대로 급수하는 것이다. 3층 이하의 건물에 채용되어 저수탱크를 필요로 하지 않으며, 설비비도 저렴하다는 이점은 있지만 수도 본관의 영향을 받기 쉽고, 사전에 본관의 압력 등을 조사, 확인해야 한다.

건물의 용도나 규모에 따라서 급수방식이 정해지면 그림 3·2~그림 3·4를 참고로 저수탱크나 펌프 등의 필요한 기기(機器)를 선정한다. 그리고 양수기(量水器)에서 이들 기기(機器)를 경유해서 급수전(給水栓)까지를 물의 흐름에 따라 계획하고 동시에 급수수직관의 위치나 용도에 따라 계통별 분류를 고려해야 한다.

각층의 화장실에서 기구로의 배관은 바로 아래층의 천장에서 수평으로 설치하고 다시 바닥을 통과하여 기구에 접속하는 것이 일반적인 것으로 급수관은 그 층에서 주관(主管)부터 분기(分岐)되어 밸브 설치로 바닥 아래로 입상·입하하는 것이 되기 때문에 도시(圖示)방법에 주의할 필요가 있다.

계통도에는 각층의 기구를 전부 숫자로 표시하기는 불가능하기 때문에 급수관의 분기(分岐)가 있다는 것을 도시(圖示)하는데 그친다.

(c) 중수(中水)의 도입

최근 대규모 건축물에 변기 세척을 목적으로 해서 중수(재생수)를 도입한 예도 있는데, 그 경우에 가장 유의해야 할 것은 상수의 수질오염이 발생해서는 안 된다는 것이다.

중수(中水)를 도입한 경우라도 상수의 고가탱크 방식의 경우와 마찬가지로 독립된 저수탱크가 있기 때문에 전용 양수(揚水)펌프, 고가탱크를 이용한 급수방식이 일반적이다. 또한, 중수 저수탱크는 상수 저수탱크와 달리 설치방법에 제약은 없지만 상수도의 중수 저수탱크로의 보급수관은 일단 개방해서 간접급수로 해야 한다. 물론 중수를 상수도 저수탱크로 보급하는 경우가 있어서는 안 된다.

또, 상수도 계통 배관과 중수도 계통 배관과는, 비록 체크밸브를 설치하더라도 절대로 접속해서는 안 된다. 특히 화장실 주변에서는 세면기에의 급수(상수)와 변기에의 급수(중수)와는 수질이 다르기 때문에 파이프샤프트 내의 수직관이나 화장실에서의 수평관에 착오가 있어서는 안 된다.

[2] 배수배관

(a) 배수방식

(1) 분류식 그림 3·5는 일반적으로 채용되고 있는 분류식을 나타낸 것으로 건물 내에서는 오수와 잡배수를 각각 오수관, 잡배수관으로 옥외의 배수맨홀까지 배관하여 거기에서 합류시키고 공설(公設)맨홀을 거쳐 하수 본관에 접속하고 있다. 이것은 오수관과 잡배수관을 구별하는 것은 뒤에 서술할 수봉(水封)트랩이 기능을 잃은 경우에라도 오수관의 악취가 잡배수관을 거쳐 세면기나 부엌 싱크로 역류하는 것을 방지하는 것이 목적이다.

공공하수도가 분류식인 경우는 배수관과 우수관이 분리되어 있기 때문에 건물에서의 배수도 오수배수와 우수배수의 2계통으로 하고 각각 배수맨홀에서 공설(公設)맨홀로 배관한다.

(2) 합류식 그림 3·6은 건물 내에서 오수와 잡배수를 하나의 배수관으로 한 합류식을 도시(圖示)한 것으로 소규모의 건물에 채용되며 악취발생에 있어서 약간의 문제는 있지만 설비비를 경감할 수 있다는 이점이 있다.

옥외배관의 합류식은 오수, 잡배수, 우수가 하나의 하수관인 배수처리시설로 송수하는 것으로 건물 내에서 배수관과 단독으로 배관된 우수관과 옥외의 배수맨홀로 합류해 공설(公設)맨홀을 거쳐 하수 본관에 방류하는 방식이다.

도면을 작성할 경우, 배수방식을 정해 일반적으로는 급수수직관의 위치(파이프샤프트 등)와 같은 위치에 배수수직관을 배치한다. 그리고 각층에서 기구로의 배관은 기구에서 바닥 아래로 내려 아래층의 천장에서 수평으로 배수수직관에 접속하기 때문에 배수관은 직하층으로 분기(分岐)하는 경우를 나타낸다.

(b) 직접방류와 펌프 배수

건물의 배수는 공공하수도의 매설위치보다 높은 곳에서 자연낙하하는 경우가 많은데, 그 경우는 배수관을 직접 옥외의 배수맨홀에 방류한다.

여기에 대해 지하층 계통은 직접 방류가 불가능하기 때문에 일단 지하층에 설치한 배수탱크에 모아 배수펌프로 배수하여야 한다. 따라서 옥외 하수도의 사전조사를 실시할 경우는 하수 본관의 매설 깊이도 조사할 필요가 있다.

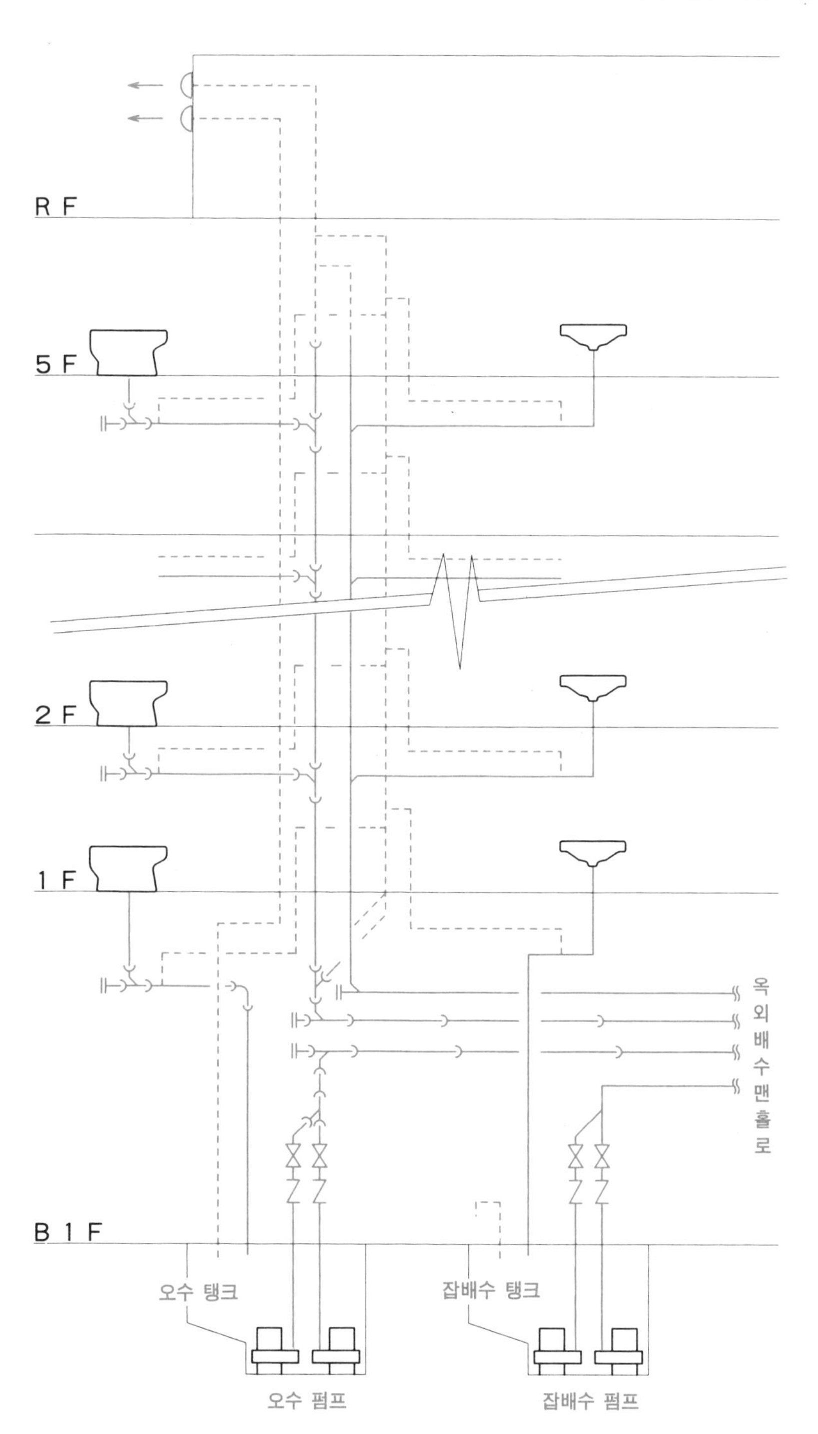

그림 3 · 5 분류식 배수방식

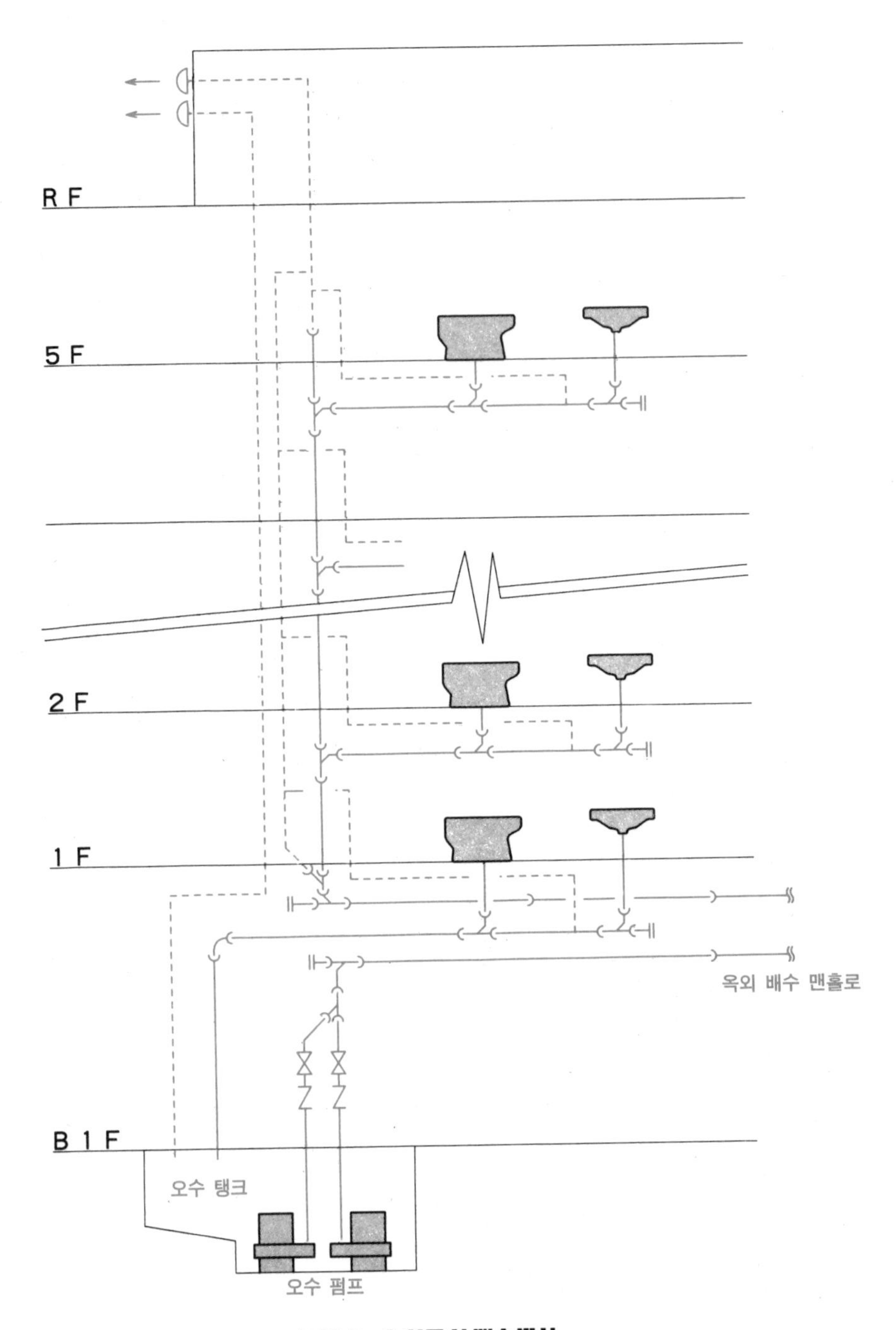

그림 3·6 합류식 배수방식

지하층에 설치한 배수탱크는 건물 내를 분류식으로 한 경우에는 오수탱크와 잡배수 탱크가 필요하지만 지하층에 있는 건물에서는 외부로부터의 침수에 대해 용수 배수 탱크도 필요하게 된다. 그리고 오수관은 오수탱크로, 잡배수관은 잡배수탱크로 도입해 각각 배수펌프를 2대 설치하여 지하층에서 배수관을 집합함으로써 옥외 배수배관까지의 배관을 도시(圖示)한다(그림 3 · 5 참조). 또한, 용수(湧水) 배수관은 우수배수와 같이 취급하여 우수맨홀로 배관한다.

[3] 통기배관

(a) 트랩

위생설비에 사용하는 위생기기류 등에는 봉수(封水)트랩을 설치한다. 이 트랩은 배수관이나 배수탱크에 가득한 악취가 실내로 역류하지 않도록 하기 위한 것이다. 이것은 관(管)을 50~100mm 깊이를 갖는 U자형으로 하여 그 사이에 물을 넣어 그 체류수(滯留水)에 의해 배수관 내와 실내공기를 차단하는 기능을 가지고 있는데, 그 종류로는 벽에 배수관이 있는 경우는 P형, 바닥에 배수관이 있는 경우는 S형이 많이 사용되고 있다. 상수 저수탱크의 오버플로관이나 배수관은 간접배수로서 일단 개방하지 않으면 안 되는데, 그것은 배수관의 악취가 수조 내로 역류함에 따른 수질오염을 예방하는 것이 목적이다.

(b) 통기관

배수관 안으로 일시적으로 물이 흐르면 물 아래쪽 배수관 내의 공기는 압축되어 물 위쪽 배수관 내가 흡인되는 현상이 발생한다. 이에 따라 악취의 역류방지를 위한 트랩의 봉수를 흡인해 트랩의 기능을 파손할 위험이 있다. 이와 같이 배수관의 공기압축, 흡인현상을 해소하기 위해 필요한 것이 통기관(通氣管)으로 트랩의 봉수를 보호하기 위해 배수관에 있어 없어서는 안될 배관이다.

이 통기관은 배수수직관의 최하부에서 통기수직관을 설치하고, 옥상에서 개방하는 것에 의해 압축공기를 유통시키는 반면, 배수수직관은 최상부를 신정통기관(伸頂通氣管)으로 해서 통기수직관에 접속함으로써, 공기를 흡인하는 기능을 갖고 있다. 한편, 각층에서는 여러 개의 기구(器具)마다 설치된 배수 수평지관에서 분기된 루프 통기관을 통기수직관에 연결함으로써 기구(器具)에서 배수에 의한 수평배관 내의 공기압축, 흡인현상은 통기수직관을 통해 해소시킬 수가 있다.

배수방식을 분류방식으로 오수관과 잡배수관이 단독인 경우는 각각에 통기수직관을 배관하는 것이 바람직하지만 일반적으로 통기수직관은 공통으로 하고, 그 관지름은 오수관을 기준으로 정하고 있다. 또한, 지하 바닥 아래 오수탱크의 통기관은 단독으로 옥상으로 올라가고 벤트캡을 부착하여 외기로 개방한다.

설계도에서 통기관은 배수관에 근접해서 설치되어 있고 도시(圖示)기호대로 점선으로 표시되어 있기 때문에 알아보기 쉽다. 그리고 배수수직관에서 45° 이내의 각도로 통기수직관이 분기되고, 루프 통기관과 통기수직관과의 접속위치, 그 위에다 통기수직관과 신정통기관(伸頂通氣管)과의 접속, 옥상에서의 개방이 주된 유의사항이다.

도면 작성 시의 유의사항은 각층의 배수 수평지관, 루프 통기관은 급수관, 배수관과 함께 바닥 아래 배관이 되는 부분이 많은데 관내에 오수, 잡배수가 유입하지 않도록 배수관의 상부에서 가능한 높은 위치로 통기수직관에 연결할 필요가 있다. 그리고 바닥 위에 설치된 기구의 물 넘침선으로부터 높은 위치에서 통기수직관에 접속시키기 때문에 급수관의 분기방식과 동일한 도시방법이 된다.

[4] 배관 관경의 기입

배관 관경은 각각의 배관에 대해 기입하는 것이 원칙이지만 계통도나 뒤에 서술할 각층 평면도, 파이프샤프트 등에 대해서는 인출선을 사용해서 표시한다. 그 경우의 배관 배열과 도시방법을 그림 3 · 7에 나타냈다.

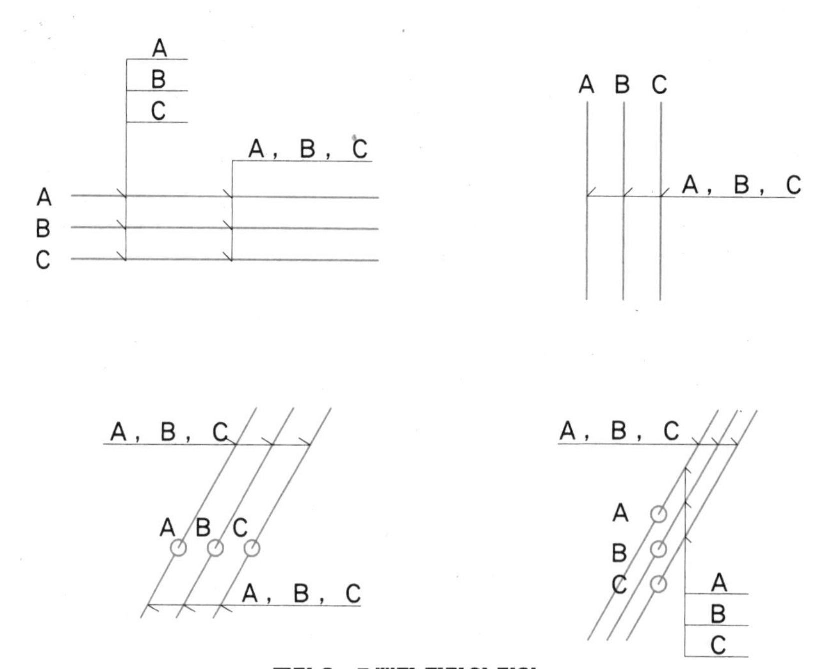

그림 3 · 7 배관 관경의 기입

[5] 계통도 보는 법

계통도를 검토하는 경우, 지금까지 서술한 내용을 기초로 다음 사항을 확인하면 급배수방식에 대하여 이해할 수 있다.

① 급수방식 : 고가탱크 방식, 압력탱크 방식, 수도 직결방식과 계통분리의 여부 및 급수수직관에서의 분기방법의 양호 여부

② 배수방식 : 건물 내부가 분류식인지 합류식인지, 펌프배수의 설치 내용

③ 통기방식 : 통기수직관, 신정통기관(伸頂通氣管), 지하 오수탱크의 통기관 옥상개방 여부, 각층의 루프 통기관과 통기수직관의 접속방법이 양호한지의 여부

[6] 모델빌딩의 설계조건과 계통도

(a) 급배수설비

그림 3·8에 제시한 것 같은 연바닥면적 : 2,624㎡, 층수 : 지상 5층, 지하 1층, 옥탑 1층의 자사 빌딩을 모델로 해서 건축도에서 다음과 같은 급배수설비를 계획한다.

① 급수방식은 고가탱크 방식으로 하고 급수관, 배수관 모두 남자화장실 계통과 여자화장실 계통의 2계통으로 한다.

② 저수탱크는 일반적으로 정기청소를 고려해 2조(槽)로 분할해서 1조(槽)씩 청소할 수 있도록 하는데 자사 빌딩이므로 동시 휴가가 있고 정기청소를 하기 위해 단수를 행할 수 있을 것, 건물규모도 그다지 크지 않을 것, 저수탱크 청소시에는 고가탱크의 남은 물을 이용함으로써 단수시간을 단축할 수 있다는 점을 감안, 분할 없이 1조의 저수탱크로 한다.

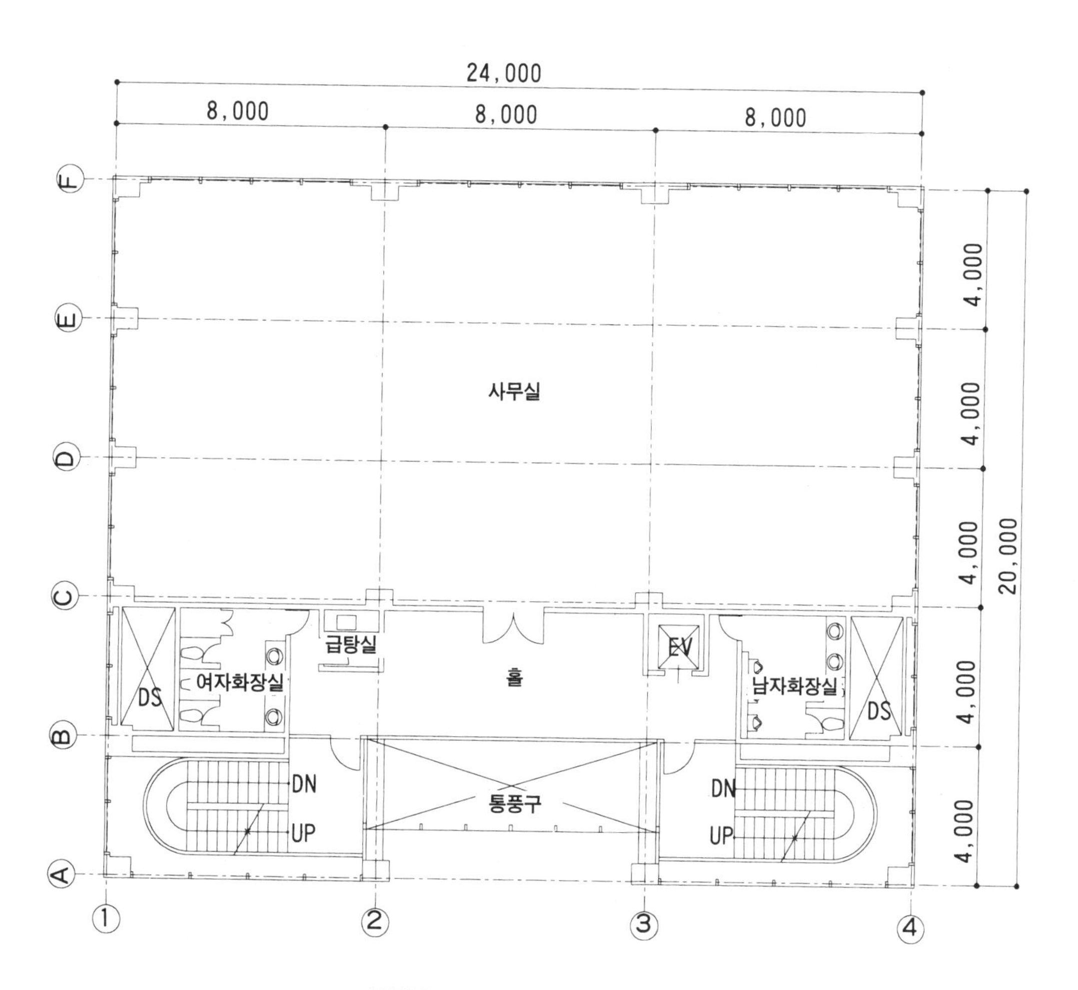

그림 3·8 모델빌딩 단위층 평면도

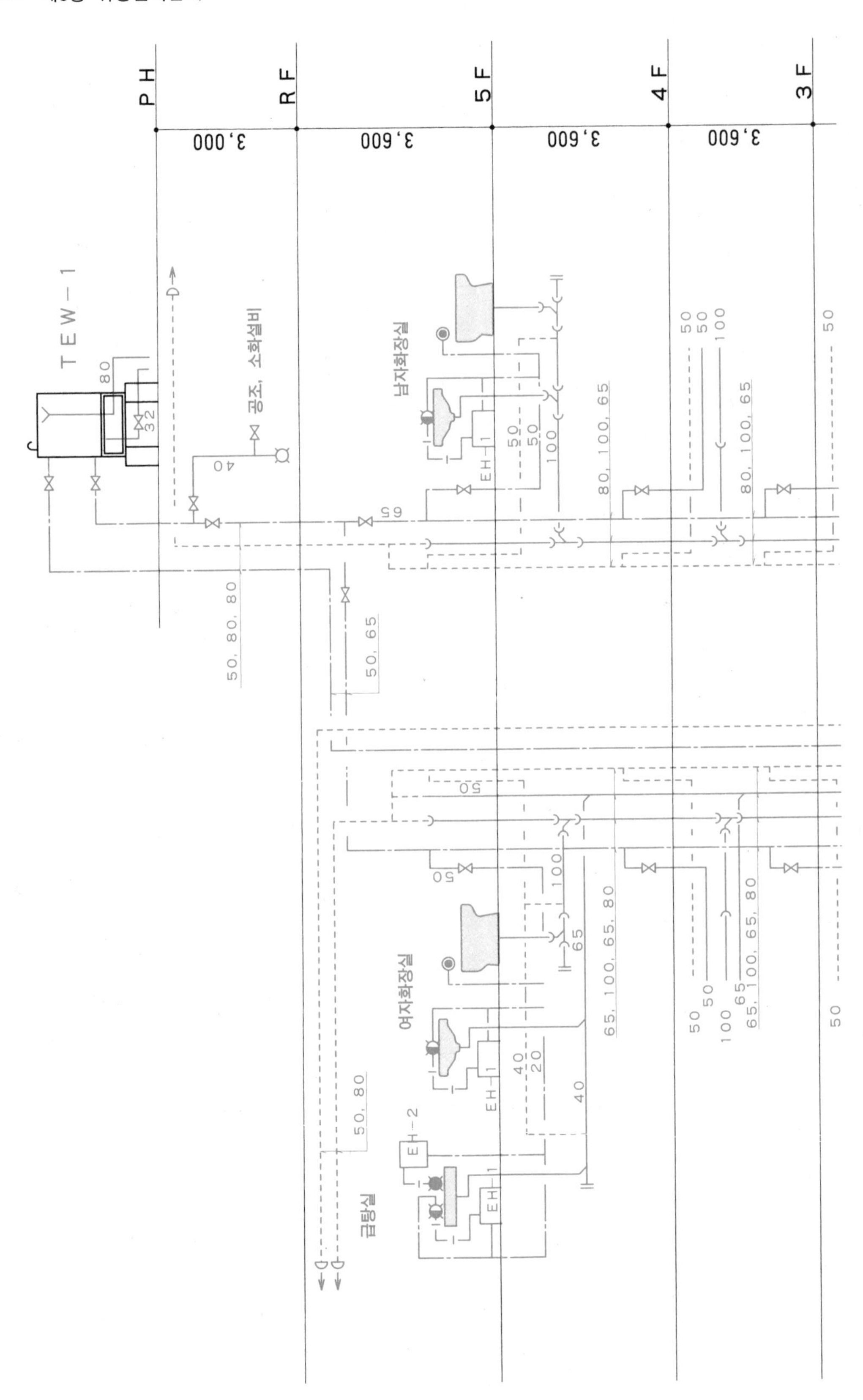
PH
RF
5F
4F
3F
3,000
3,600
3,600
3,600
TEW-1
공조, 소화설비
남자화장실
여자화장실
급탕실
EH-1
EH-2
50, 80, 80
50, 65
50, 80
80, 100, 65
65, 100, 65, 80

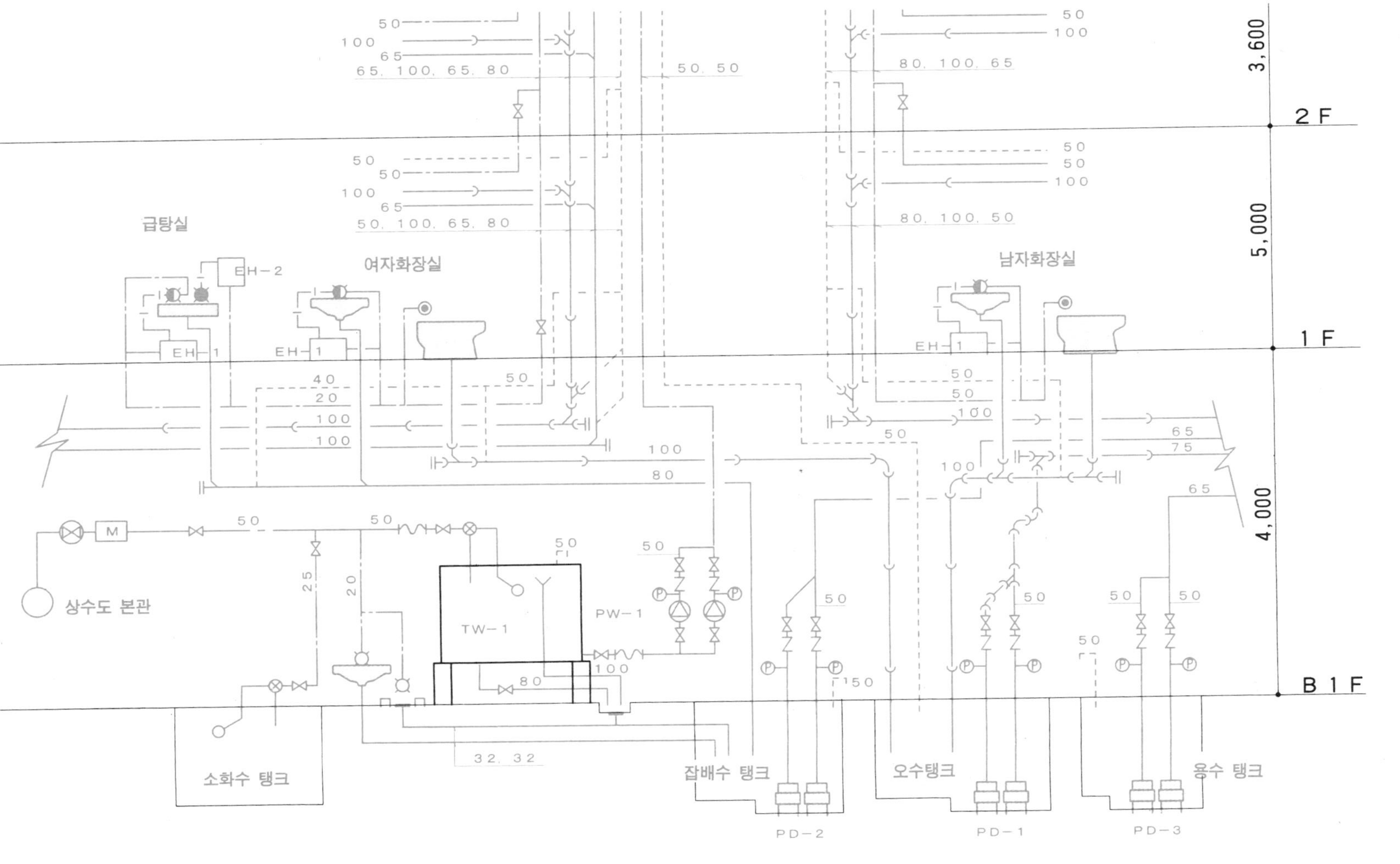

2F
1F
B1F
3,600
5,000
4,000
급탕실
여자화장실
남자화장실
EH-1
EH-2
상수도 본관
TW-1
PW-1
소화수 탱크
잡배수 탱크
오수탱크
용수 탱크
PD-2
PD-1
PD-3

그림 3·9 급배수 계통도

③ 5층 양변기의 세척밸브는 고가탱크와의 높이 차가 적고, 급수압력이 부족하기 때문에 로탱크 타입으로 한다.

④ 여자화장실 계통의 배수는 오수관과 잡배수관을 나눈 분류식을 채용하고 남자화장실 계통의 배수는 규모가 작기 때문에 합류식으로 한다.

⑤ 1층 남자, 여자화장실의 배수는 직접 방류할 수 없다고 가정하고 지하 1층 바닥 아래에 오수탱크, 지하기계실의 배수를 포함한 잡배수탱크를 설치해 펌프에 의한 배수를 계획한다. 그 외에 건물 내 지하수의 침입이 예상되기 때문에 용수배수탱크를 설치하여 펌프배수로 한다.

(b) 계통도

이들 조건과 표 3·1에 나타난 그림기호, 그림 3·2에 나타난 고가탱크 급수방식, 그림 3·5에 나타난 분류식 배수방식, 그림 3·6에 나타난 합류식 배수방식을 합쳐 보면 **그림 3·9**와 같은 계통도를 작성할 수 있다.

이후의 설계도는 이 계통도에 따라 작도(作圖)하기 때문에 그것이 어떤 평면도, 상세도로 도시(圖示)되어 있는가를 비교하면 이해하기가 쉬울 것이다.

3·3 각층 평면도

위생설비는 다른 전기·공기조화설비와는 달리 각층의 평면 전체에 설치되는 경우는 적고 지하기계실, 최상층, 옥상층에서 평면도에 도시(圖示)하는 수평관이 많지만 기준층에는 수평관이 적고 파이프샤프트 내의 급·배수관, 통기수직관의 도시(圖示)와 그것들의 관지름을 기재하는 정도이며 화장실, 급탕실 등은 별도로 상세도에 제시하는 것이 일반적이다.

따라서, 설계도면을 검토하는 경우와 도면을 작성하는 경우의 유의사항은 다음과 같다.

① 지하층 평면도 : 지하기계실에 바닥 밑 배수탱크와 바닥 위에는 저수탱크, 양수(揚水)펌프를 배치하게 되는데, 기기(機器)배치는 후일 보수관리가 쉽게 이루어질 수 있도록 필요한 통로나 공간을 확보해서 위생설비만이 아니라 전기·공기조화설비를 포함해서 기계실 전체의 배치를 조정해야 한다. 이 점은 건물이 완성된 시점에서 설비공사 전체의 시공품질이 평가대상이 되기 때문에 충분한 배려가 필요하다.

기기(機器)배치가 정해진 시점에서 상수인입구(上水引入口)에서 저수탱크나 소화수탱크, 그밖에 급수전(給水栓)에의 배관을 도시(圖示)하고 계통도에 있는 밸브 등도 가능한 한 기입한다. 양수(揚水)펌프의 토출구(吐出口)부터 양수관은 예정된 파이프샤프트 내에 설치하고 파이프샤프트 내의 배수관은 옥외 배수맨홀로의 연결을 도면상에 나타낸다(그림 3 · 10 참조).

배수의 수평관은 가능한 한 짧고 방향 전환이 적은 것이 바람직하지만 부득이한 경우(관지름 120배 이상)나 90° 벤드의 방향 전환 위치에는 청소구를 설치하도록 한다.

지하층은 다시 지층 하부 배관도로서 바닥 아래 저수탱크의 배치와 맨홀, 바닥 위의 배관을 도시하는 경우가 많다. 즉, 소화수탱크나 펌프배수를 필요로 하는 오수탱크, 잡배수탱크, 용수배수탱크를 배치하여 각각의 배수탱크에는 예비용을 포함해서 2대의 배수펌프를 설치한다. 그리고 각 펌프의 토출구로부터 입상기호 중에 밸브나 기계를 도시하고 그 외 바닥에 가까운 부분의 배관도 도시한다(그림 3 · 11 참조).

② 기준층 평면도 : 모델빌딩의 경우, 1~4층은 용도가 같고 화장실, 급탕실, 파이프샤프트도 같은 위치이기 때문에 수평관이 없어 1장에서 정리한 기준층 평면도로 하고 화장실, 급탕실은 별도로 상세도에 나타내는 것으로 하면 파이프샤프트 내의 올림 · 내림의 배관 표시만이 도면이 된다(그림 3 · 12 참조).

③ 5층 평면도 : 모델빌딩에서의 급배수 계통은 그림 3 · 9에 있는 것처럼 남자화장실 계통과 여자화장실 계통으로 2분되어 있다.

④ 옥상 · 옥탑 평면도 : 옥상층에는 계통도에 있는 것처럼 옥상에 설치하는 소화보조수탱크, 냉각탑, 팽창탱크 등의 공기조화기구에의 급수, 청소용수전으로의 급수관 분기(分岐)가 있으며 남자화장실 계통의 통기수직관의 대기개방이 있다(그림 3 · 14 참조).

건물 최상부에 있는 옥탑에는 고가탱크를 설치한다. 축척이 작은 평면도에서는 수조(水槽) 주변의 모든 배관을 도시(圖示)하기가 어렵기 때문에 별도로 상세도를 작성하는 경우가 많다(그림 3 · 15 참조).

그림 3 · 10 지하1층 상부배수관 S = 1/100

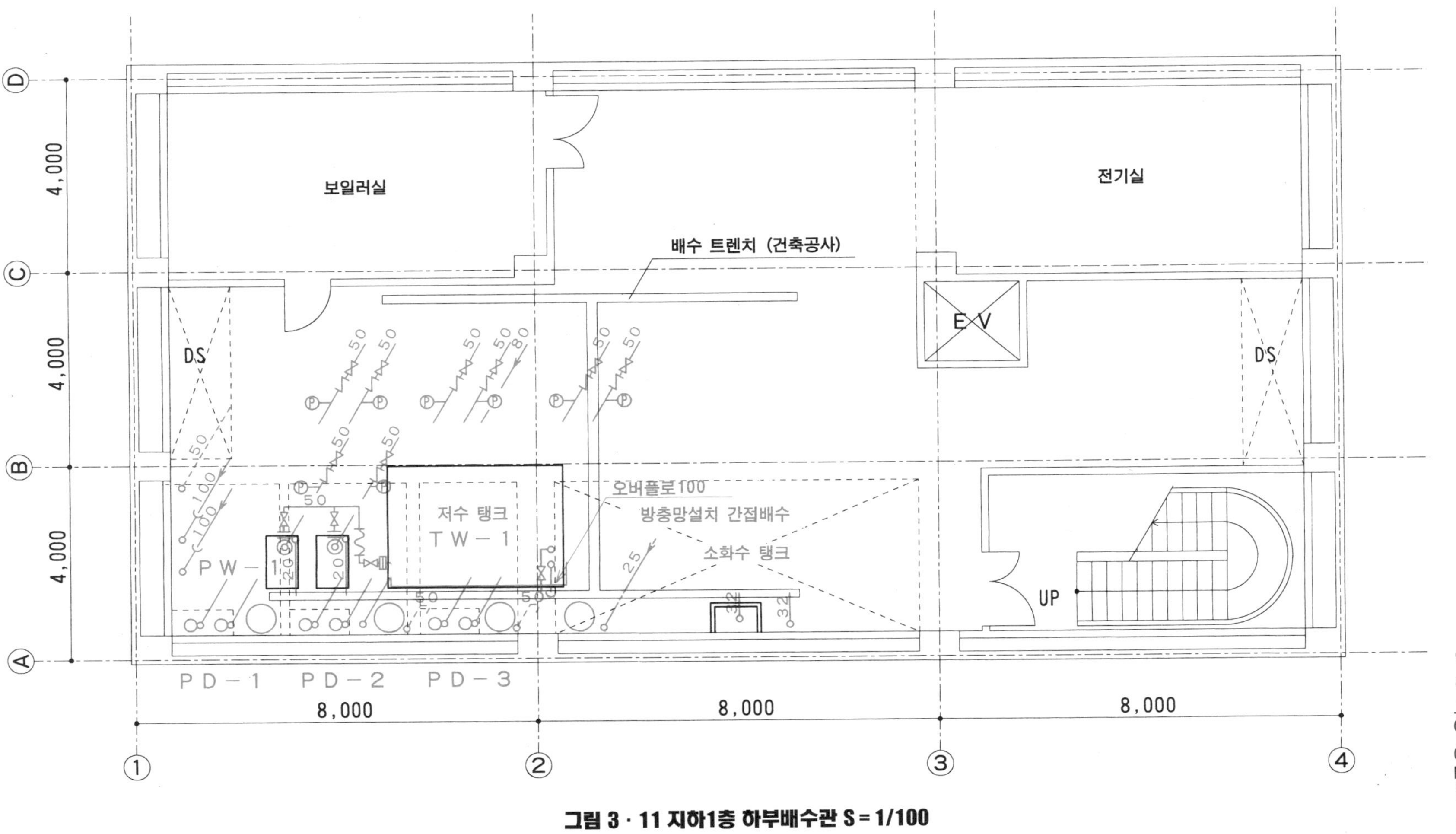

그림 3·11 지하1층 하부배수관 S=1/100

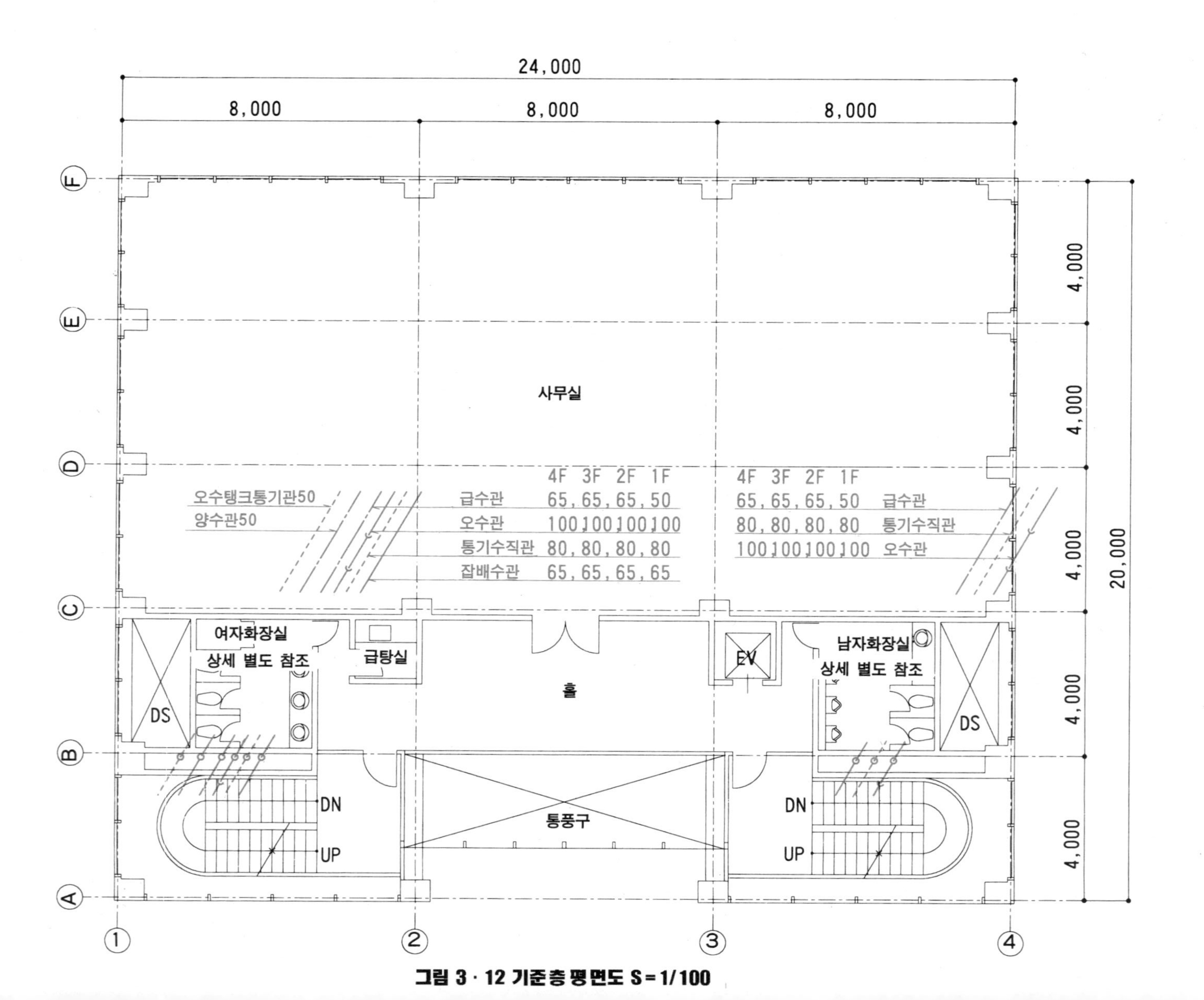

그림 3 · 12 기준층 평면도 S=1/100

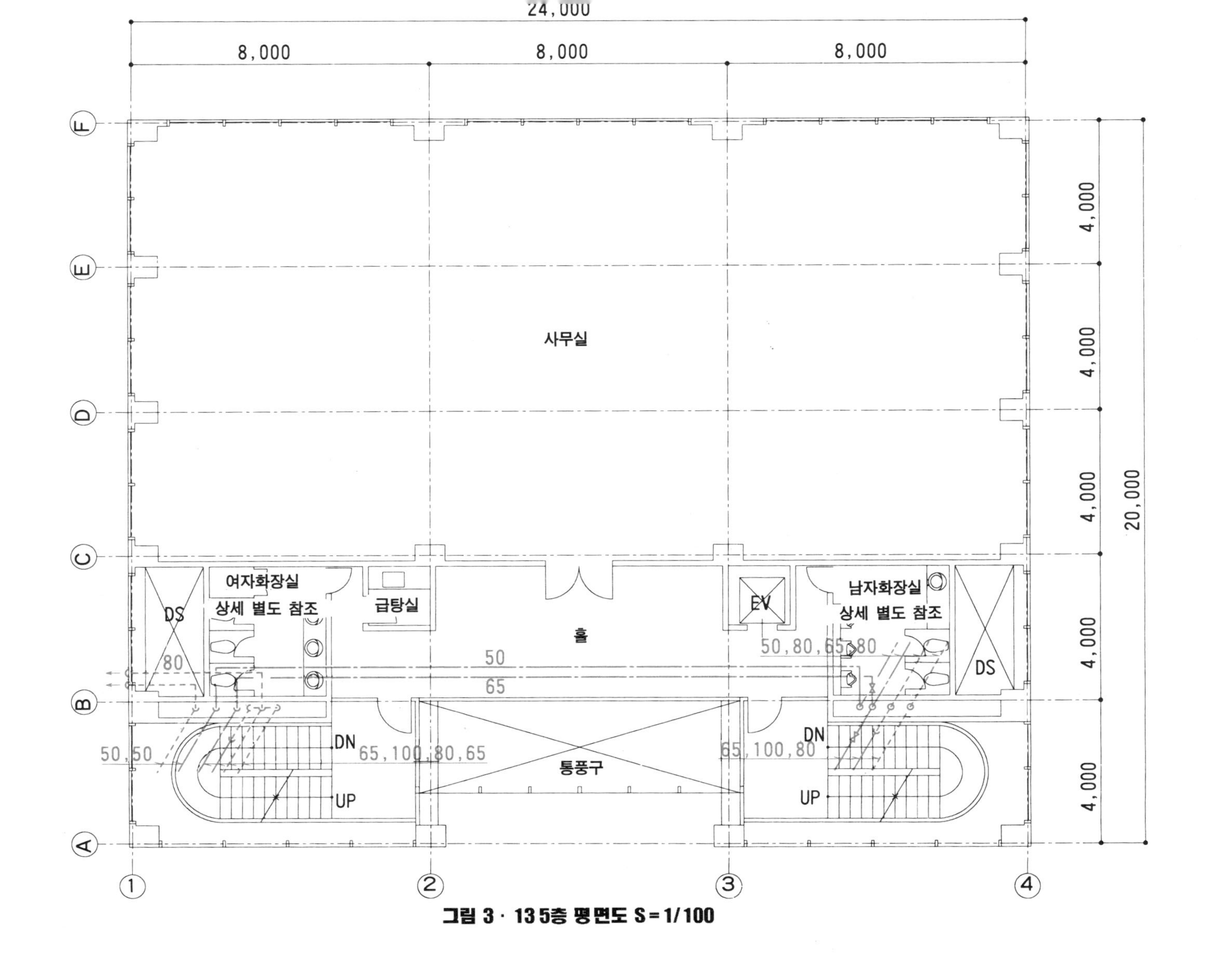

그림 3·13 5층 평면도 S=1/100

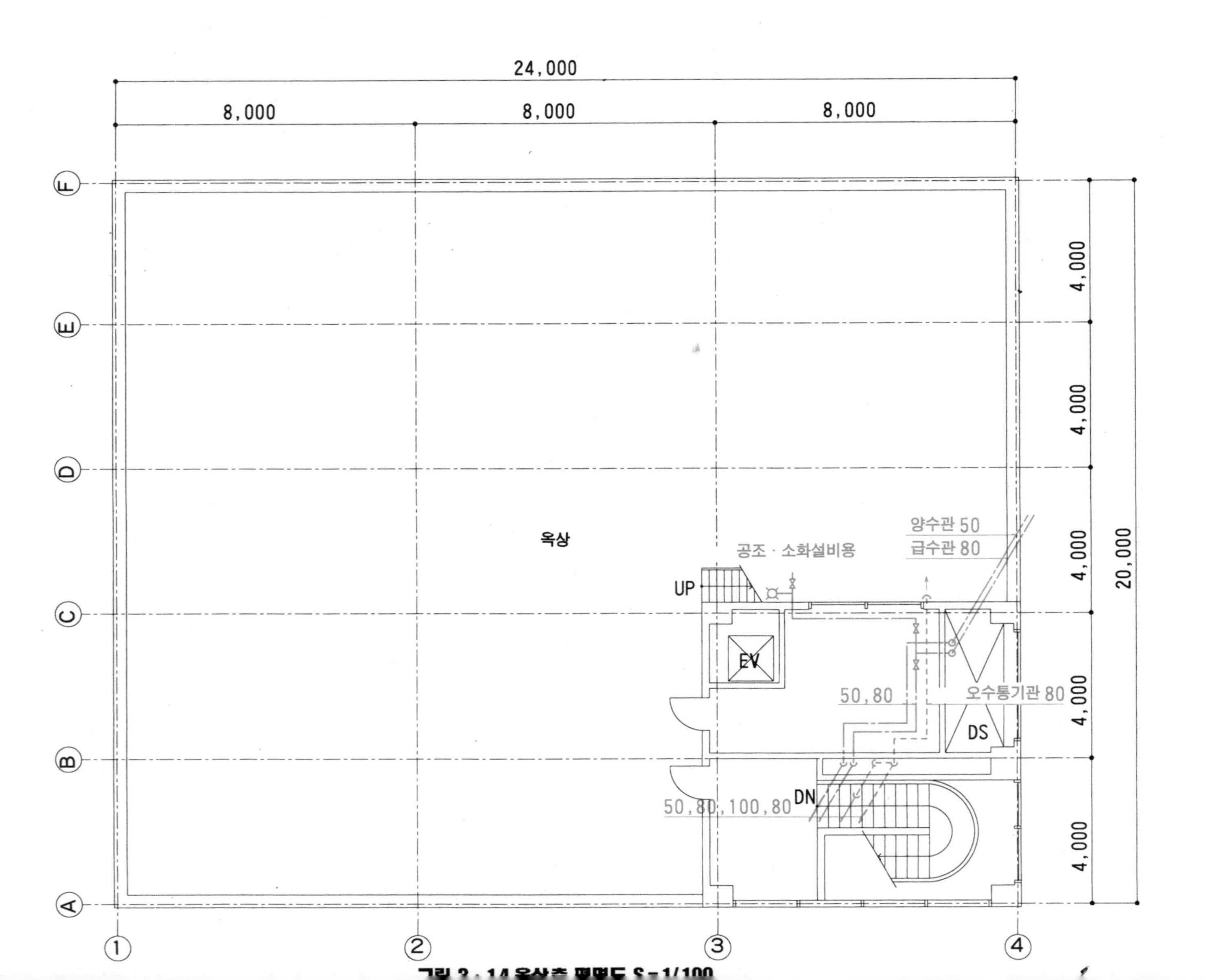

그림 3.14 옥상층 평면도 S=1/100

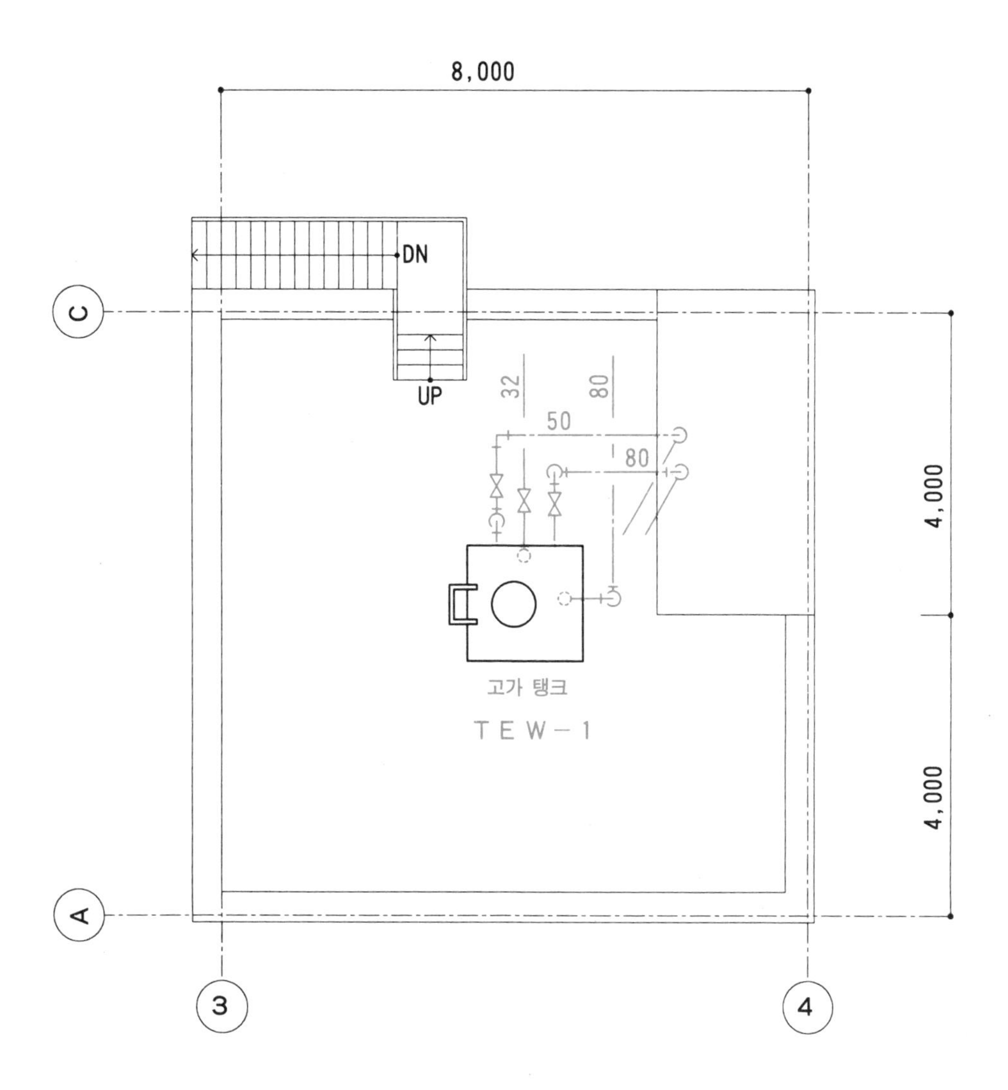

그림 3·15 옥탑(塔屋) 평면도 S=1/100

3 · 4 옥외 배관도

[1] 개 요

급수관은 부지 내에 설치된 양수기 이후부터가 위생설비로, 저수탱크로 통하는 적당한 위치에서 외벽을 관통해 건물 안에 설치한다. 수도 본관에서 분기해 양수기까지의 공사는 수도사업자가 지정하는 지정 공사업체가 계획한다.

마찬가지로 배수관은 공로(公路)내에 있는 배수공설(排水公設)맨홀 부근에 배수맨홀을 설치하고 건물 안에서의 오수관, 잡배수관을 접속한다. 마지막 맨홀부터 공설(公設)맨홀까지의 배관은 하수도 관리자의 지정 공사업체가 계획한다.

또한, 우수배수관은 분류식인 경우 단독으로 옥외배관이나 배수맨홀을 설치해서 우수배수관으로, 합류식의 경우는 오수배수맨홀로 연결해서 하수도 본관에 방류시키게 된다. 그림 3 · 16은 모델빌딩의 옥외 배관도이다.

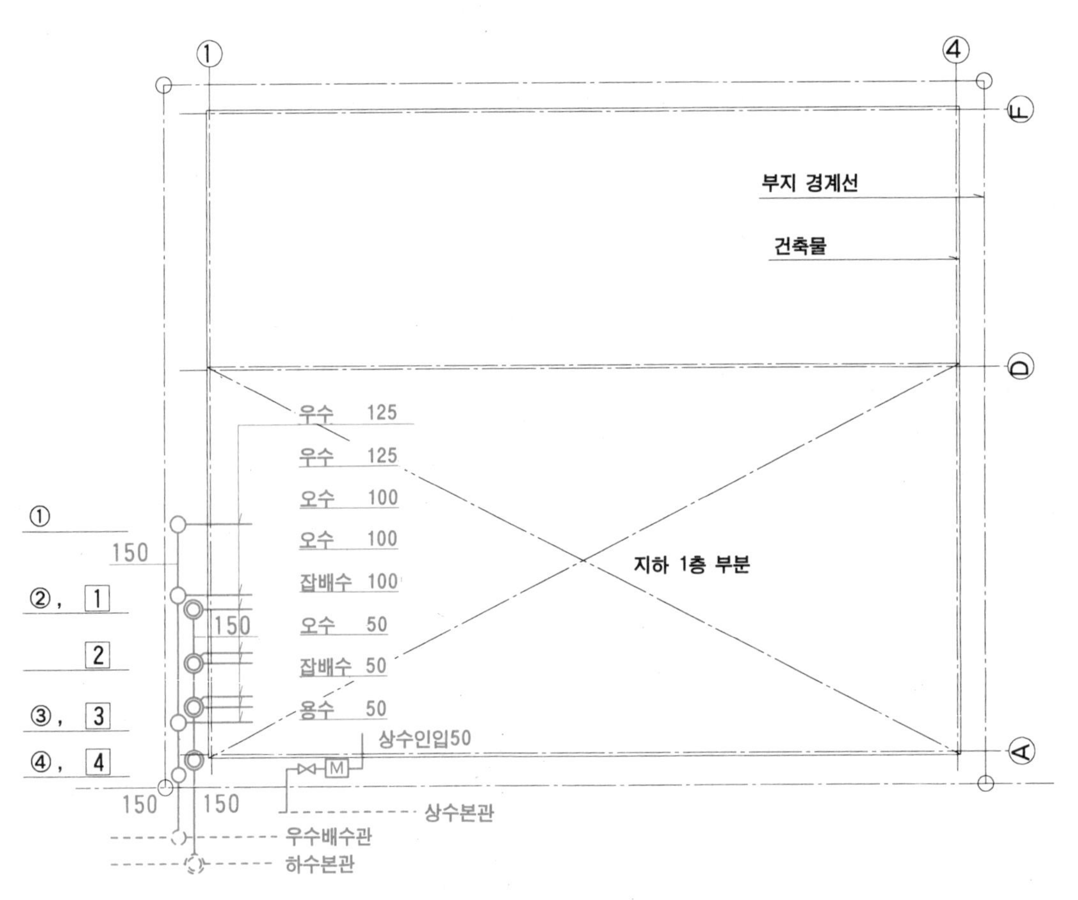

그림 3 · 16 옥외 배관도 S = 1/200

[2] 배수 구배

배수관은 물 흐름방향이 하향 구배를 취함으로써 물과 함께 오물을 떠내려보내는 것이 원칙이다. 특히 오수관의 경우, 구배가 크면 오물이 남아 물만이 흘러버리고, 역으로 구배가 완만하면 세정수의 유속(流速)이 느려져서 오물을 떠내려보내는 힘이 약해져 이것 역시 오물을 관 내에 남기는 결과가 된다.

이러한 점에서 일본 공기조화·위생공학회에서는 배수관의 적정 구배로서 표 3·4를 기준으로 하고 있다.

표 3·4 배수 구배

관 경	구 배
65A 이하	1/50
80~100A	1/100
125A	1/150
150A 이상	1/200

배수관을 계획할 경우에, 우선 주변 배수관의 상태를 조사하는 것은 기본으로 하고, 부지 내 건물 주위의 매몰깊이는 옥내에서 배수 수평지관의 높이는 만족하기 때문에, 건축구조에 지장을 주지 않는 깊이로 하며 순차 지하로의 구배를 유지하면서 흘려보낸다. 배수관에는 긴 배관의 도중이나 벤드부, 합류부에 배수맨홀을 설치하여 배수관의 막힘을 조절하는 등 배수관의 구배만으로는 매몰깊이를 조절할 수 없는 경우에 이용한다. 모델빌딩의 경우, 기존 공설맨홀에서 구배를 취하고, 부지 내의 최종 맨홀까지 높이를 조정한다.

[3] 종단면도

배수관이 긴 경우나 지반(地盤)이 복잡한 경우는 그 매몰깊이를 확인할 목적으로 종단면도를 그리는 경우가 있다. 그 경우는 옥외 배관도에 있는 배수맨홀에 번호를 기재해 (그림 3·16 참조), 그림 3·17과 같이 개개의 배수맨홀과의 거리, 배관관지름이나 구배 외에 일정 기준에서의 지반의 높이, 배수관의 매몰깊이(관저 높이 : 배수관 하부의 높이, 피복깊이 : 배수관 상부에서 지반까지의 깊이)를 기재한다.

3·5 상세도

상세도(詳細圖)는 각층 평면도에서 표현할 수 없는 부분을 1/50 정도로 확대해 작도(作圖)한 것으로 일반적으로는 저수탱크·양수(揚水)펌프 주변, 화장실·급탕실 주변, 거기에 부속된 파이프샤프트 등이 있고, 경우에 따라서는 평면도뿐만 아니라 입면도도 병기(併記)하는 경우가 있다. 그림이 확대된 것으로 배관의 엘보도 상세하게 표현할 수 있게 되는데 그 경우는 **그림 3 · 18**에 제시한 것과 같은 도시(圖示)방법을 사용하여 설계도를 보는 경우와 작도(作圖)하는 경우에 응용한다.

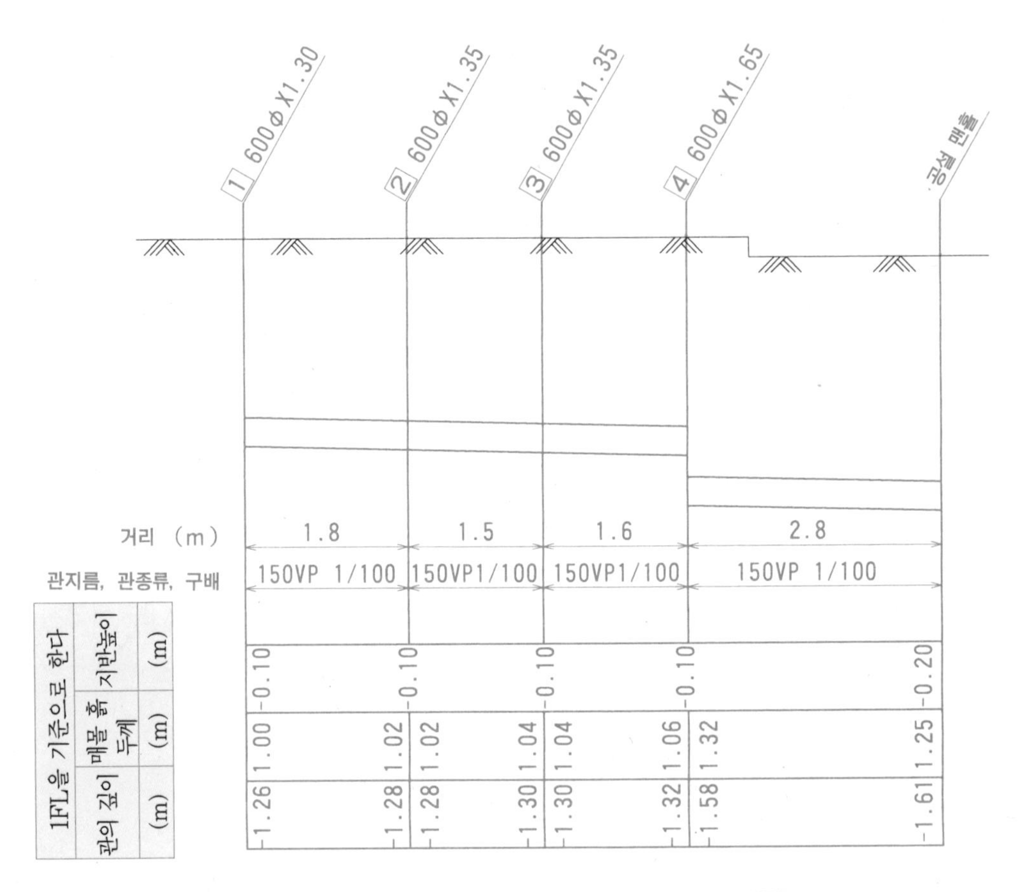

그림 3 · 17 오수관 종단면도 S=1/60(가로), 1/30(세로)

[1] 저수탱크 주변 배관도

(a) 상수도의 수질

우리들의 가정까지 연결되는 상수도로는 정수시설에서 정화 · 소독되어 수도법에 규정된 수질기준에 적합한 것이 송수되고 있다.

건물로 들어가 건축설비를 통해 급수전(給水栓)에서 나오는 상수에도 수질기준이 있어 건물에 따라서는 염소소독의 효과를 말단 급수전(給水栓)에서 매일 측정하고 확인해서 기록하도록 지도되고 있다.

그러나 상수를 장시간 탱크 안에 방치해 두면 소독에 의한 염소가스가 방산(放散)해서 그 효과가 없어지기 때문에 저수탱크, 고가탱크의 크기는 1일 사용량으로부터 적절하게 선정하지 않으면 안 된다. 또한 물탱크는 1년에 1번의 청소와 1년에 2번의 수질검사가 요구되고 있다.

그림 3·18 배관의 웰보표시

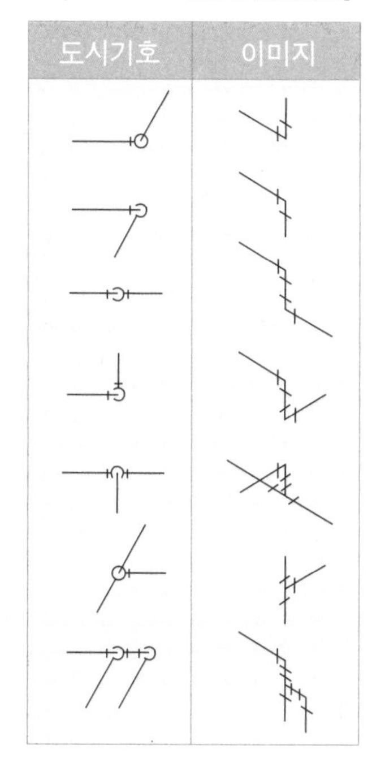

(b) 저수탱크의 설치

저수탱크의 설치에 관해서는 법령에 따라 탱크의 일부(一部)로 건축물의 일부분(벽, 마루 등)을 이용하는 것을 금지하고 있고, 탱크의 천장, 바닥, 주변 벽의 점검(6면 점검)이 가능한 것으로 규정되고 있다. 그것을 위한 기술기준으로서 **그림 3·19**와 같은 것이 있기 때문에 기기(機器)의 배치도를 작성할 때에 유의하지 않으면 안 된다.

또한 법령에서는 저수탱크 상부에 음료수를 오염시킬 위험이 있는 것(덕트, 전선, 배관 등)을 설치해서는 안 된다고 규정하고 있기 때문에 다른 설비계획과 조정할 필요가 있다.

저수탱크는 1년에 1회의 내부점검·청소를 실시하기 때문에 그것을 위해 필요한 맨홀, 사다리 등을 설치하여 그 위치를 도시(圖示)한다.

(c) 태핑

저수탱크에는 계통도에 나타낸 것처럼 많은 태핑(배관 접속구)을 필요로 한다.

즉, 탱크에 급수구 (정수위(淨水位)밸브의 경우는 주(主)밸브와 부(副)밸브), 펌프 흡수구는 물론, 탱크의 통기관(通氣管), 오버플로관, 탱크의 배수관이 있어 필요에

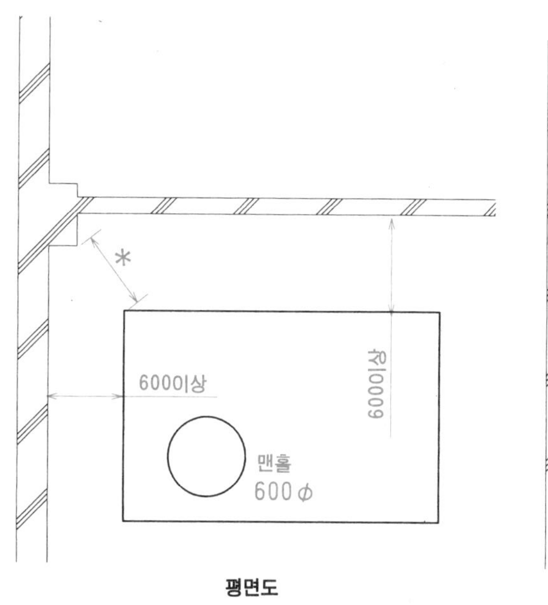

평면도

*: 보수 점검에 지장이 없는 거리

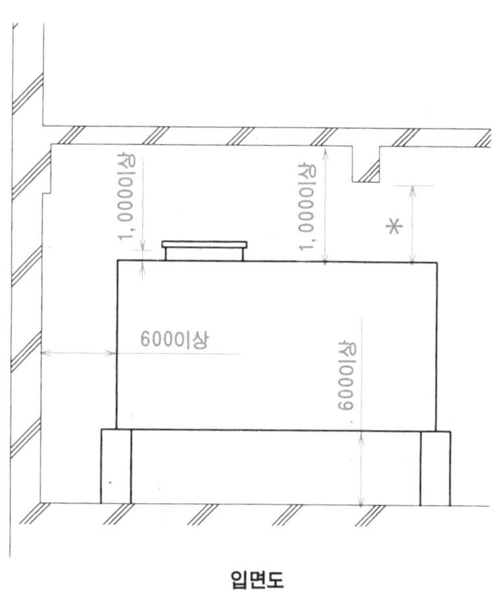

입면도

*: 보수 점검에 지장이 없는 거리

그림 3·19 저수탱크의 설치 기준

따라 수위 검지기 설치구가 필요하게 된다.

통기관, 오버플로관은 관(管) 끝이 저수탱크 내부에 개방되어 있기 때문에 상수오염방지 측면에서 개방 끝 부분은 방충망을 설치하도록 한다. 또, 오버플로관, 배수관은 악취의 역류를 막기 위해 개방해서 배수하며 간접배수로 하는 것으로 도시(圖示)한다.

(d) 배관도

저수탱크로의 급수는 볼 탭과 수동급속 급수밸브에 의한 방법을 주로 사용하였으나 최근에는 정수위(定水位)밸브에 의한 급수방법이 많이 사용되고 있다. 이 정수위밸브에는 상수인입관에서 플렉시블 이음을 끼워 관에 설치하고, 급수관의 진동이 탱크에 전달되지 않도록 한다.

저수탱크의 펌프 접속구 배관에는 주(主)밸브와 플렉시블 이음을 설치하여 펌프 흡입구에 접속한다. 이것도 펌프의 진동이 물탱크로 전달되지 않게 하기 위한 것이다. 펌프 흡입구, 토출구에는 각각 체크밸브를 설치해 그 밸브의 폐쇄에 의해 양수관에 지장을 주지 않고 펌프를 분리할 수 있도록 한다. 특히 펌프 토출구와 토출구 밸브와의 사이에는 역류방지 밸브를 설치함으로써 양수관 내의 물이 저수탱크로 역류하는 것을 방지해야만 한다.

양수(揚水)펌프는 예비용을 포함해서 2대 설치하고, 토출밸브를 지나서 토출배관을 모아 양수관으로 하고 예정된 파이프샤프트 내를 옥탑 고가탱크까지 배관한다. 또한 압력계는 펌프 토출구에서 체크밸브와의 사이에 설치함에 따라 펌프 성능곡선에서 펌프의 운전상태를 추정할 수가 있다.

이상(以上)의 내용에 유의하여 작성한 것이 그림 3·20이다.

[2] 고가탱크 주변 배관도

(a) 고가탱크

고가탱크 급수방식은 건물 최고부에 설계된 고가탱크에서 급수관을 통해 각층에 중력으로 급수하는 시스템으로 필요한 급수압력을 확보하기 위해서 콘크리트 기초만이 아니라 강제 가대(鋼製架臺)도 병용해서 탱크의 높이를 올리는 조치(措置)를 취하는 경우도 많은데 탱크가 높아짐에 따라 지진에 대한 충분한 배려도 필요해진다.

또한, 고가탱크는 옥상에 노출돼 설치된 경우가 많아, 겨울철 동결에 대한 배려가 요구되며 탱크의 보온이나 동결방지 히터를 설치하기도 한다.

(b) 배관계획

양수(揚水)펌프는 고가탱크의 수위를 검지(檢知)하고 운전·정지를 실시하는 것이 원칙으로 양수관은 볼 탭에 의한 급수가 아니라 직접급수로 한다.

통기관, 오버플로관에는 방충망을 설치하고 탱크배수관, 오버플로관은 간접배수로 하여 그 끝은 옥상의 우수배수구 부근으로 배관한다(그림 3·21 참조).

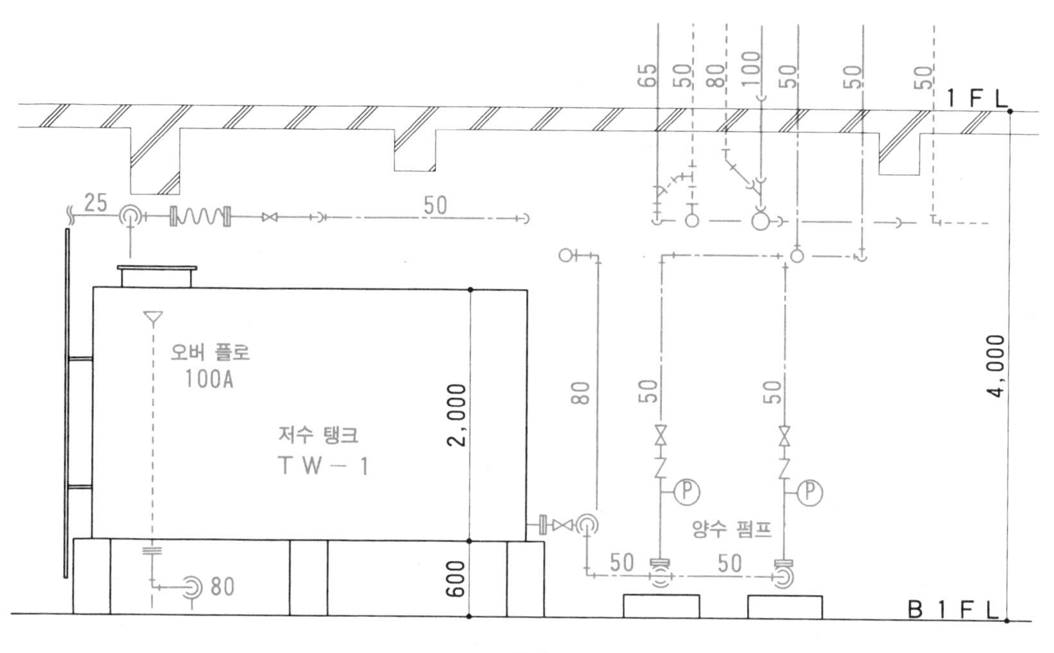

입면도

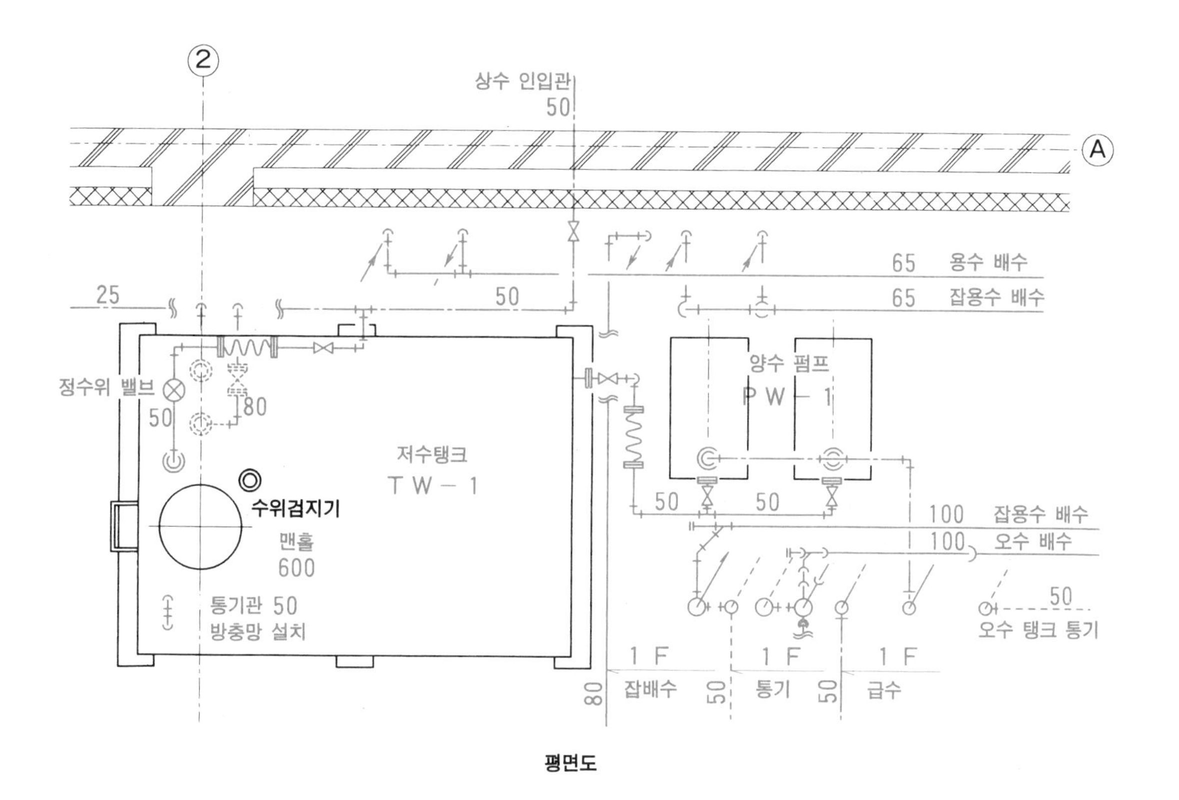

평면도

그림 3·20 저수탱크 주변 배관도 S=1/50

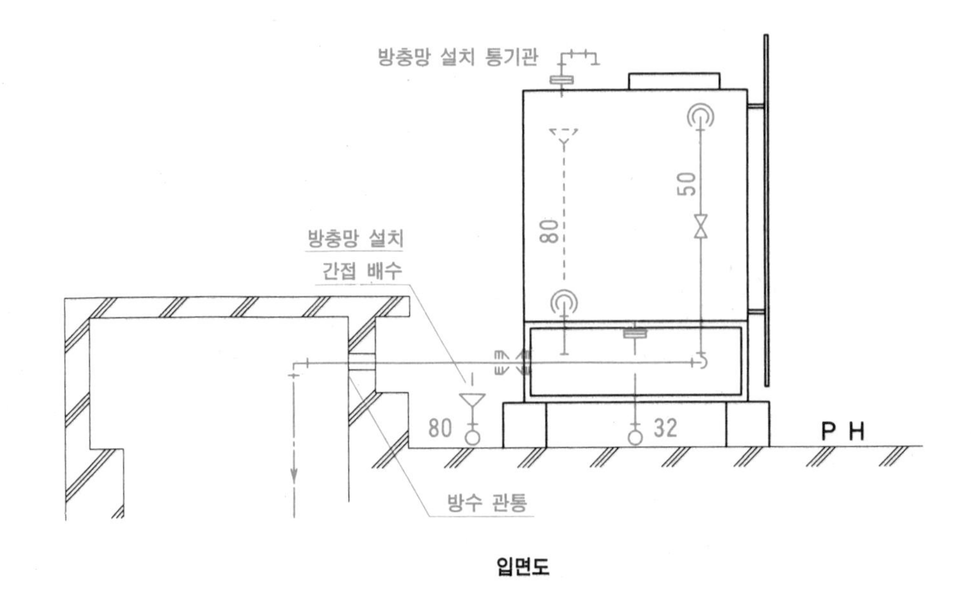

입면도

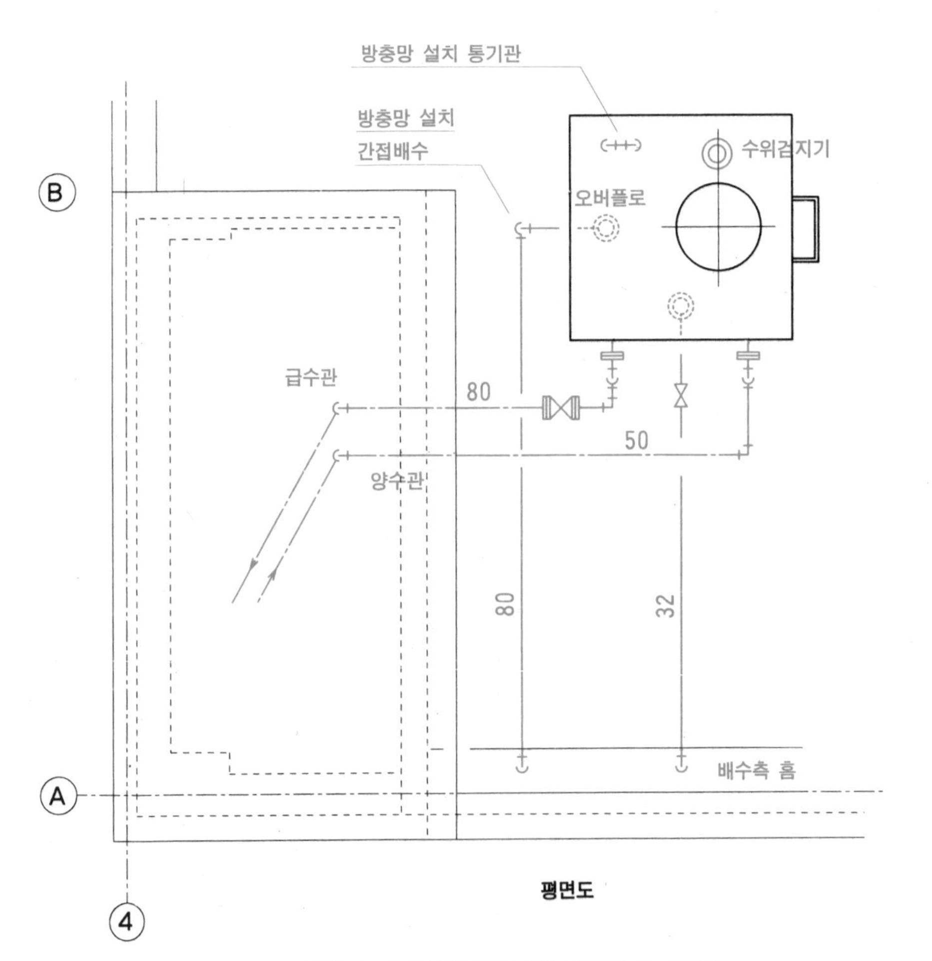

평면도

그림 3 · 21 고가탱크 주변 상세도 S=1/50

급수관의 설치는 보통, 1개소인데 화장실 계통과 다른 계통(냉각탑, 소화 보조물탱크, 팽창탱크 등의 급수)과 분할하는 경우도 있다.

[3] 화장실·급탕실 주변 배관도

(a) 기구(器具)의 배치

건축계획에 있는 위생기기 등의 배치는 표3·3의 기구 일람표에 기재돼 있는 모델번호를 제조회사에서 제시한 템플릿(型板)을 이용해서 그린다. 이것에 의해 급수전(給水栓), 배수구의 위치가 정해진다.

(b) 파이프샤프트

건축계획에서는 화장실에 근접한 위치에 파이프샤프트를 설치, 소위 물 주변의 배관을 수납하도록 계획된 것이 일반적이다. 이 파이프샤프트 안에는 다른 설비를 위한 배관이 설치되는 경우도 많아 위생설비 수직관의 위치에 대해서는 사전조사가 필요하다. 특히 급수관은 분기(分岐)밸브의 조작이 필요하므로 점검구에 가까운 곳이 바람직하다.

위생설비 배관은 계통도에 있는 것처럼 급수, 오수, 잡배수, 통기의 각 지관(枝管)을 파이프샤프트 내에서 분기하여 각각의 위생기구 등으로 배관해야 하기 때문에 파이프샤프트에서 위생기구에의 수평배관 공간도 배려하여야 한다.

(c) 배관도

최근의 화장실 배관은 위생기구와 벽 사이에 카운터를 만들어 카운터 안에 급·배수관을 설치하는 경우가 많아지고 있다. 이에 따라 바닥 관통부가 적어지고 방수처리가 용이해진다. 게다가 카운터 내부는 마루 위 배관이 되기 때문에 소정(所定)의 접속구로 배관을 쉽게 할 수 있다는 이점이 있다.

여자화장실 계통의 배관도는 분류식을 채용하고 있기 때문에 오수관과 잡배수관을 각각 배관한다. 배수관의 접속방법은 오물 등의 막힘을 방지하고, 적절한 수류(水流)를 유지하도록 주관의 축에 대해서 45° 이내의 각도로 접속하지 않으면 안 된다. 그 때문에 주관(主管)에서의 분기(分岐)로는 45° Y자관, 또는 90° Y자관 (TY관)을 사용하는 것을 도시(圖示)한다(표 3·1 참조).

통기관(通氣管)도 오수관, 잡배수관 각각의 최상류부 위생기구에서의 배수관 직하류부의 상부에서 분기하고, 분지부를 연결하여 루프 통기관으로 해서 배수 수평지관보다 가능한 높은 곳에서 통기수평관에 접속한다. 또 오수, 잡배수 수평관의 최상류부에는 관내의 막힘을 예상해서 바닥 위 청소구 또는 바닥 아래 청소구를 설치하도록 한다(그림 3·22 참조).

남자화장실 계통은 합류식으로 하고 있기 때문에 오수관에 잡배수도 접속한다. 통기관(通氣管)을 분기하고, 통기 수직관에의 접속방법은 여자화장실 계통과 마찬가지이다(그림 3·23 참조).

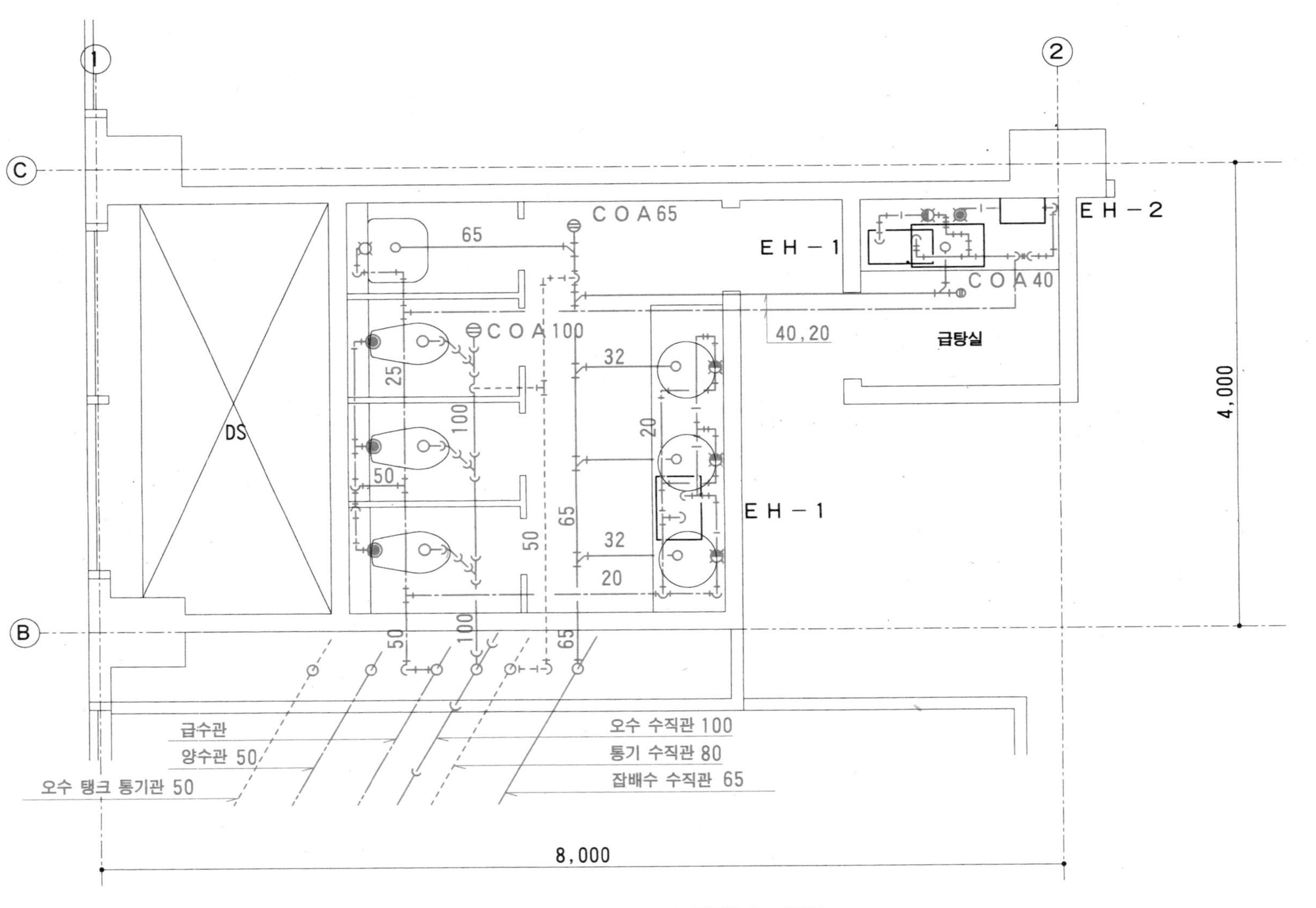

그림 3 · 22 여자화장실 상세도 S = 1/50

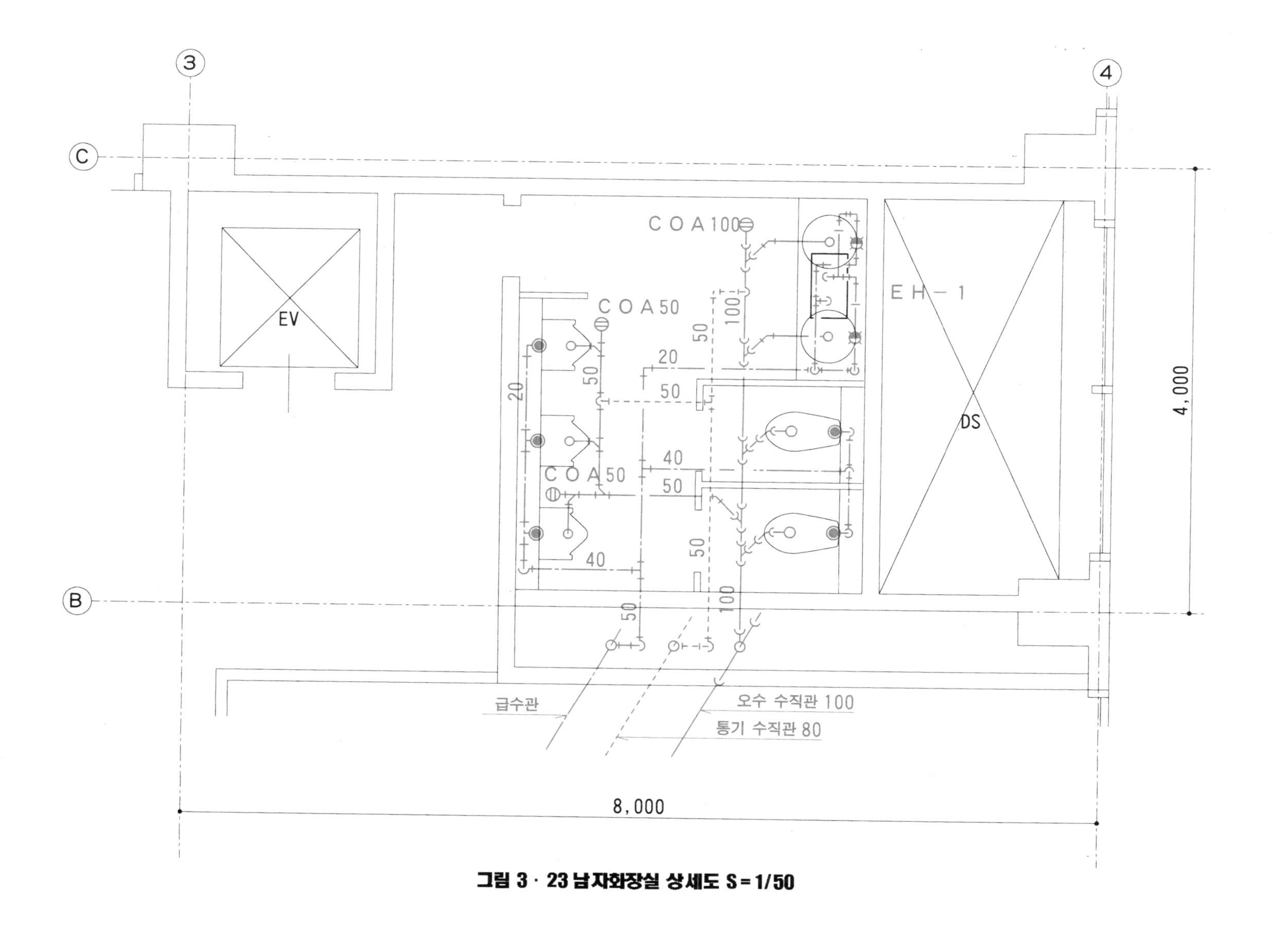

그림 3 · 23 남자화장실 상세도 S=1/50

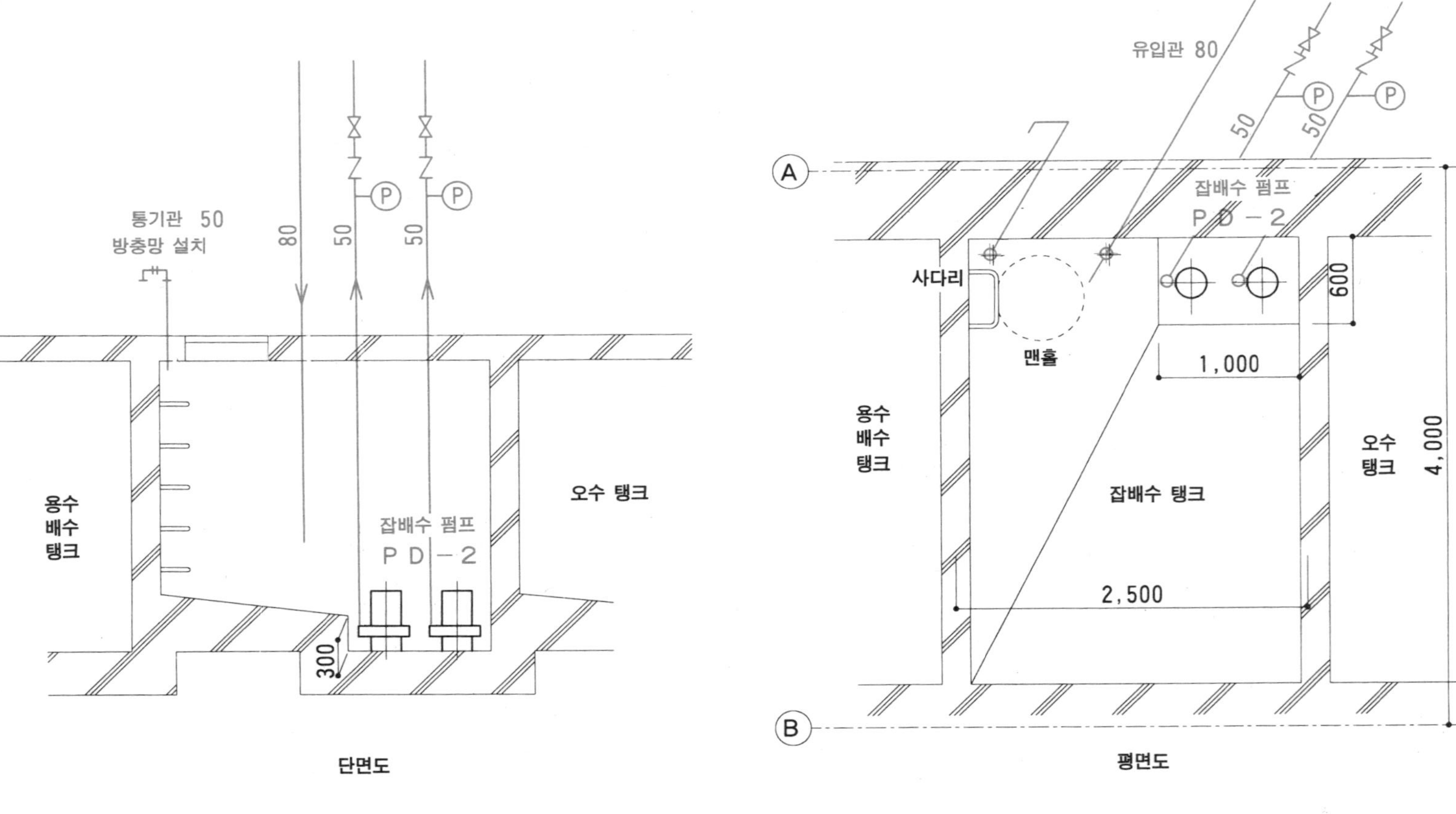

그림 3·24 잡배수탱크 상세도 S=1/50

[4] 배수탱크 주변 배관도

(a) 배수탱크

중력(重力)으로 직접 배수할 수 없는 부분의 오수, 잡배수는 일단 지하 최하층의 바닥 아래에 설계한 오수탱크, 잡배수탱크에 모아서 배수펌프에 의해 배수한다.

물탱크에는 오수나 잡배수를 1군데에 모아 펌프흡입이 간단하게 되도록 밑 바닥면(底床面)보다 더 내려간 흡입 피트를 설계하고, 그 위에 오물 등의 이물이 유입(流入)하므로 저부(底部)에는 피트를 향해 구배를 만든다. 또 법령에 기준한 정기청소나 배수펌프의 보수점검을 고려해 물탱크에는 방취형(防臭型) 맨홀을 설계해 물탱크 아래로 내려가는 사다리도 사전에 설치해 두도록 계획한다.

이것들은 건축계획 범위이기 때문에 사전에 건축공사와 조정하여야 한다.

(b) 배관도

배수펌프는 수중펌프가 사용되고 있고 흡입 피트 내에 같은 용량의 것을 2대 설치해 레벨스위치에 의한 자동교환운전을 실시한다.

펌프 토출구(吐出口)에는 계통도에 있는 것처럼 밸브를 설치한 뒤에 오수관, 잡배수관 모두 각각 하나로 모아 옥외 배수맨홀까지 배관한다. 한편, 각각의 배수탱크에는 오수관이나 잡배수관으로부터의 공기나 탱크 안에 충만한 악취를 배출하기 위해 통기관을 설치하여 직접 외기(外氣)로 개방한다. 특히 오수탱크의 통기관은 악취가 강하므로 단독으로 옥상까지 연결하여 개방한다(그림 3 · 24 참조).

[5] 급탕설비 배관도

모델빌딩의 급탕설비는 국소급탕방식(局所給湯方式)을 채용하는 것으로 하고 각 화장실에 상치형 전기온수기(床置型電氣溫水機)를 설치해 탕수혼합수전(湯水混合水栓)에서 온수를 공급시킨다. 급탕실에는 별도로 열탕용 벽걸이형 전기온수기를 병설(倂設)해서 고온음용(高溫飮用)에 이용한다.

배관도는 화장실 주변 상세도(그림 3 · 22, 그림 3 · 23 참조)에 나타냈다.

3 · 6 우수 배수설비

우수 배수설비는 일반적으로 소화설비와 함께 급배수설비와는 구별되고 있는 것이 많다. 그리고 우수관은 일부가 건축공사 범위로 계획되고 있기 때문에 공사구분을 명확하게 구분하는 것이 필요하고 수직관의 위치, 관경 등도 사전에 조사해 두지 않으면 안 된다. 그리고 위생설비에서의 우수배수설비는 급배수설비와는 별도로 계통도, 평면도를 작성한다.

우수 배수관을 계획할 경우, 관내(管內)에는 특히 먼지나 이물이 들어가는 경우가 많기 때문에 수평관은 짧게 하고 부득이 긴 경우(구경의 120배 이상)는 청소구를 설치할 필요가 있다.

설계도를 검토할 경우, 계통도에서는 우수 수직관의 수(數)를 알 수 있으며, 평면도(平面圖)에서는 우수 이외의 배수관이 접속되어 있지 않음을 확인할 필요가 있다. 한편, 도면 작성시에는 우수 수직관의 위치를 확인하는 것부터 시작하여 급배수설비와 함께 분류식인지 합류식인지, 계통도에 따라 옥외 배수맨홀에 접속한다.

모델빌딩의 경우, 수직관이 두 군데로 분류된 점에서 그림 3·25와 같은 평면도를 작도할 수 있다(옥외 배관은 그림 3·10 참조).

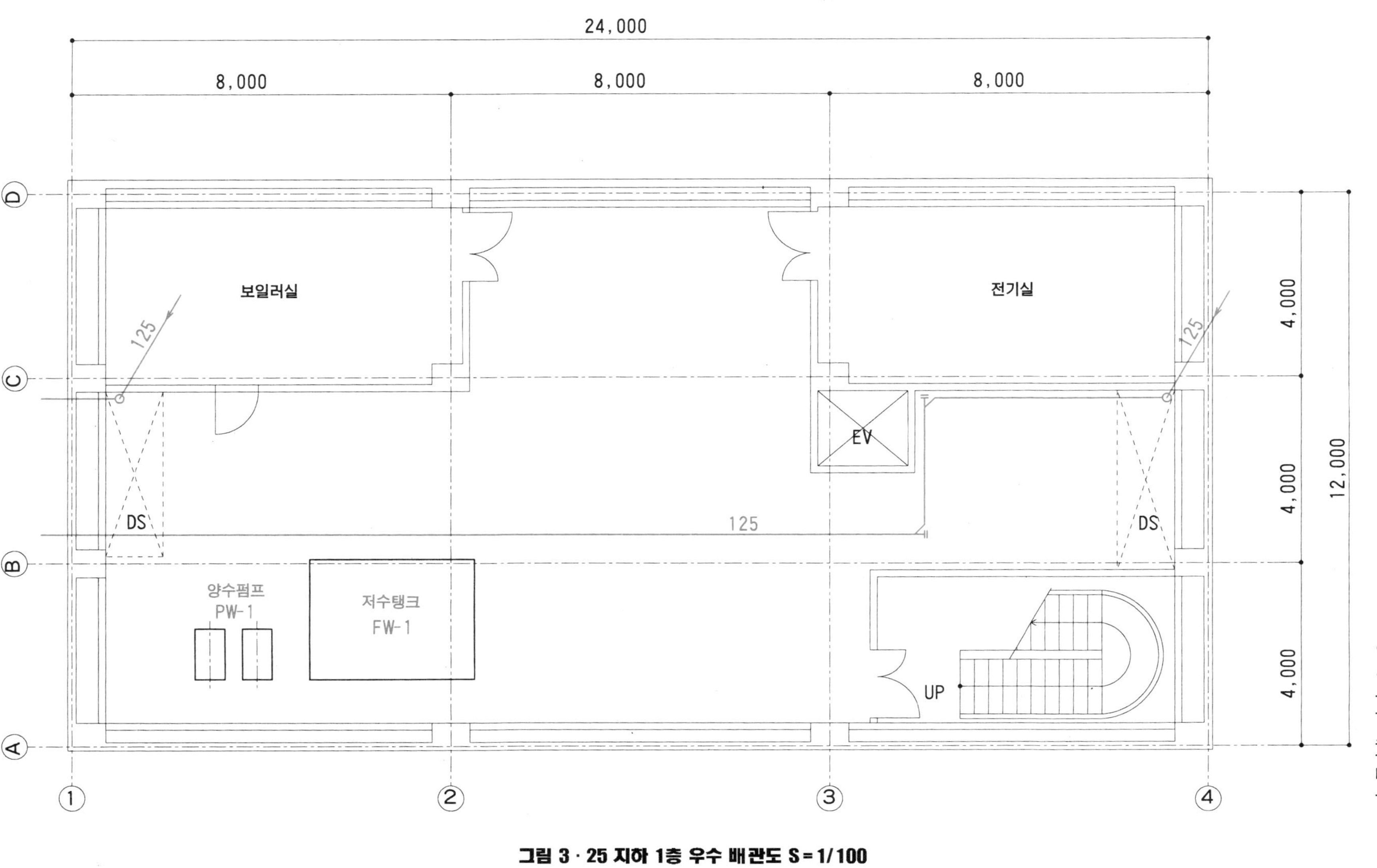

그림 3·25 지하 1층 우수 배관도 S=1/100

제
4
장

공기조화 설비설계

본 장에서는 공기조화설비의 개요(槪要)를 소개하고 기준층 덕트 평면도, 덕트 · 배관 계통도, 기계실 덕트 평면도, 기계실 배관도 및 시공도의 도면 보는 방법 · 작성방법에 대해 설명하였다. 공기조화방식은 중앙방식으로 단일 덕트방식으로 했다. 계획절차는 냉난방부하 계산을 한 후 냉동기, 보일러, 공기조화기 등의 기기(機器)를 선정해 풍량(風量)의 수치에서 덕트의 크기를 결정하였으며 냉온수 수량, 냉각수량의 값으로부터 배관의 크기를 결정하고 이들 조건이 정해지면 건축도면 상에 설계도면을 작성한다.

4 · 1 공기조화설비의 개요

[1] 공기조화 시스템의 구성

공기조화설비는 주택, 사무용 빌딩 등 보통의 생활이나 작업에 종사하고 있는 사람이 쾌적하게 생활할 수 있도록 주거공간의 온습도(溫濕度)를 유지하는 것을 목적으로 하는 쾌적공간 또는 보건공조라고 불리는 것과 공장에서 각종 제품을 제조하는데 이용되는 산업용 공기조화가 있다.

이들 공기조화설비는 모두 기본적으로 다음 4개의 주요설비로 구성되어 있다.

① 열원설비(熱源設備) : 냉동기, 냉각기, 보일러 등
② 공기조화기설비 : 에어필터, 공기냉각기, 공기가열기, 공기가습기 등
③ 열반송설비(熱搬送設備) : 송풍기, 덕트, 펌프, 배관 등
④ 자동제어설비 : 온도제어기(thermostat), 습도조절기, 제어밸브, 제어장치 등

이상의 설비는 대규모 공기조화설비에서는 각각의 장비 등이 기계실 등에 설치되고 또 덕트나 배관에 의해 공기조화를 해야 할 실내에 공기나 냉온수로 공급되고 있지만 소규모의 것으로는 패키지형 에어컨디셔너나 룸 에어컨디셔너처럼 열원기기(熱源機器)와 공기조화기를 하나의 케이싱(casing)에 수납시킨 것이 있다.

[2] 대표적인 공기조화방식

(a) 정풍량 단일(定風量單一)덕트 방식

그림 4 · 1에 나타난 것처럼 기계실에 설치한 1대의 공기조화기에서 공기조화를 해야 할 각 공간에 냉풍이나 온풍을 덕트에 의해 보내는 것으로 실내 열부하(室內熱負荷)의 변동에 대해 송풍온도를 변화시킴으로써 대응하고 송풍량은 변하지 않도록 하고 있기 때문에 정풍량방식(定風量方式)이라고도 하며 영어의 첫글자를 따서 CAV(Constant Air Volume)방식이라고도 한다.

시스템이 간단하고 설비비도 저렴하며 보수가 간단하기 때문에 일반 사무용 빌딩, 극장, 백화점, 공장 등에서 예전부터 널리 채용해 오고 있는데 에너지를 절약하기 위해서 최근에는 점차 변풍량방식(變風量方式)으로 바뀌어 가고 있다.

(b) 변풍량 단일(變風量單一)덕트 방식

실내 열부하(室內熱負河)의 변동에 대해 급기(給氣)의 온습도상태를 변화시키지 않고 송풍량을 변화시켜 대응하는 것으로 열부하(熱負荷)가 감소하면 송풍량이 줄기 때문에 송풍기의 동력도 줄고 에너지절약 운전을 할 수 있다는 이점도 있다. 영어의 머리글자를 따서 VAV(Variable Air Volume)방식이라고 한다.

송풍량의 조절은 그림 4 · 2에 보이는 바와 같이 덕트의 각 존(zone) 분기부 등에

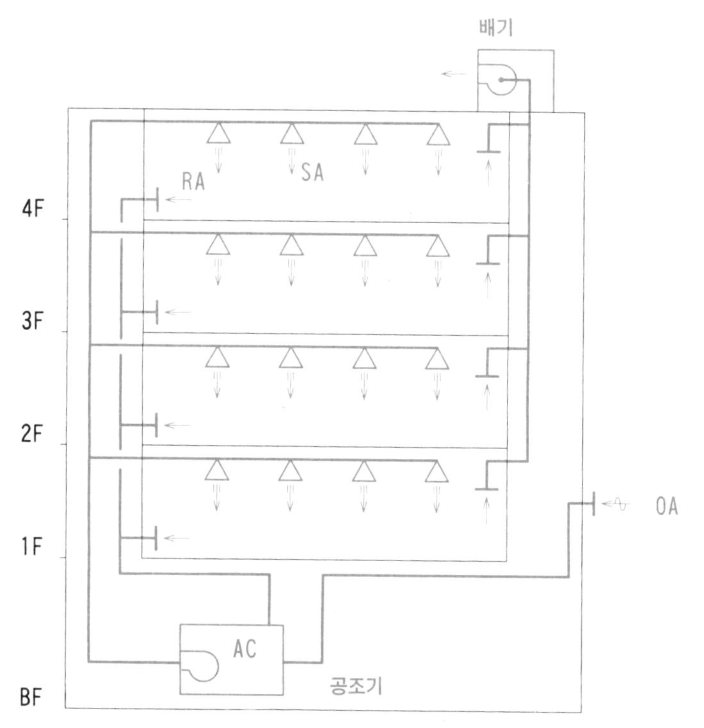

그림 4 · 1 정풍량 단일(定風量單一)덕트 방식

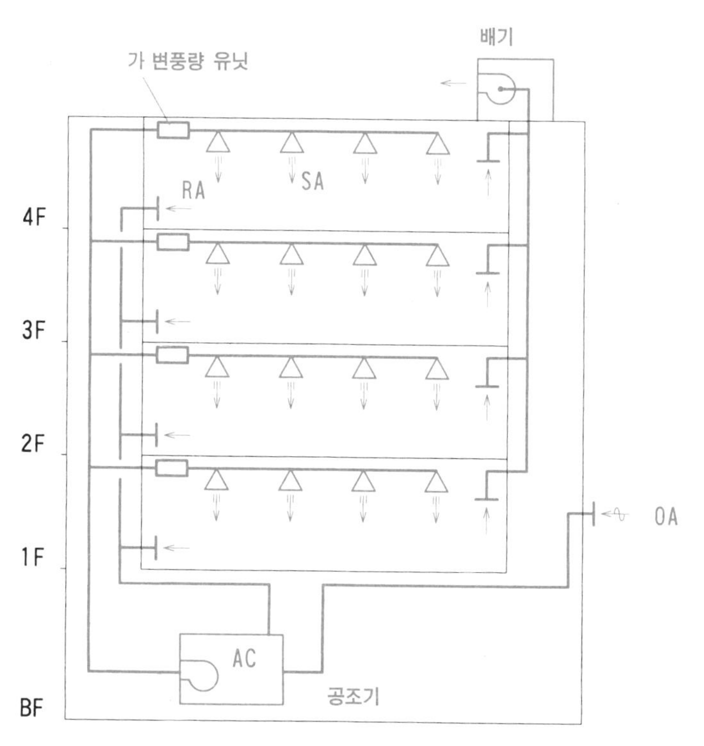

그림 4 · 2 변풍량 단일(變風量單一)덕트 방식

설치된 변풍량 유닛(VAV unit)으로 실시한다.

이 방식은 정풍량(定風量)방식과 비교해 설비비는 조금 높아지지만 에너지 절약이 크고 송풍기의 운전동력비가 적어져 존(zone)제어를 간단하게 할 수 있다는 등의 이점이 있기 때문에 중·대규모의 건물에 널리 채용되고 있다.

(c) 각층 유닛 방식

각층에서 취급하는 상품이 다르기 때문에 실내인원이나 열부하(熱負荷)에 큰 차(差)가 있는 대규모 백화점의 공기조화용으로서 제작된 것으로 각층에 공기조화 부하를 처리하는 것을 목적으로 하여 공기조화기를 설치한 것이다. 최근에는 백화점뿐만 아니라 대규모 오피스빌딩이나 복합건물 등에도 널리 채용되고 있다. 설비비는 비싸지만 층마다 제어성이 좋아진다는 등의 이점이 있다.

이러한 방식으로 **그림 4·3**에 나타난 것처럼 건물의 옥상 등에 각 층에서의 환기를 처리하는 외기공조기를 설치해 외기를 1차 처리한 후 각층에 설치되어 있는 공기조화기에 보냄으로써 그 층의 열부하에 따라 2차 처리한 후에 공급하도록 한 것과 옥상에 설치한 공기조화기에서 외기(外氣)만 1차 처리하고 각층의 공기조화기로는 그 층의 환기와 처리 외기를 혼합해서 2차 처리하는 방법이 있다.

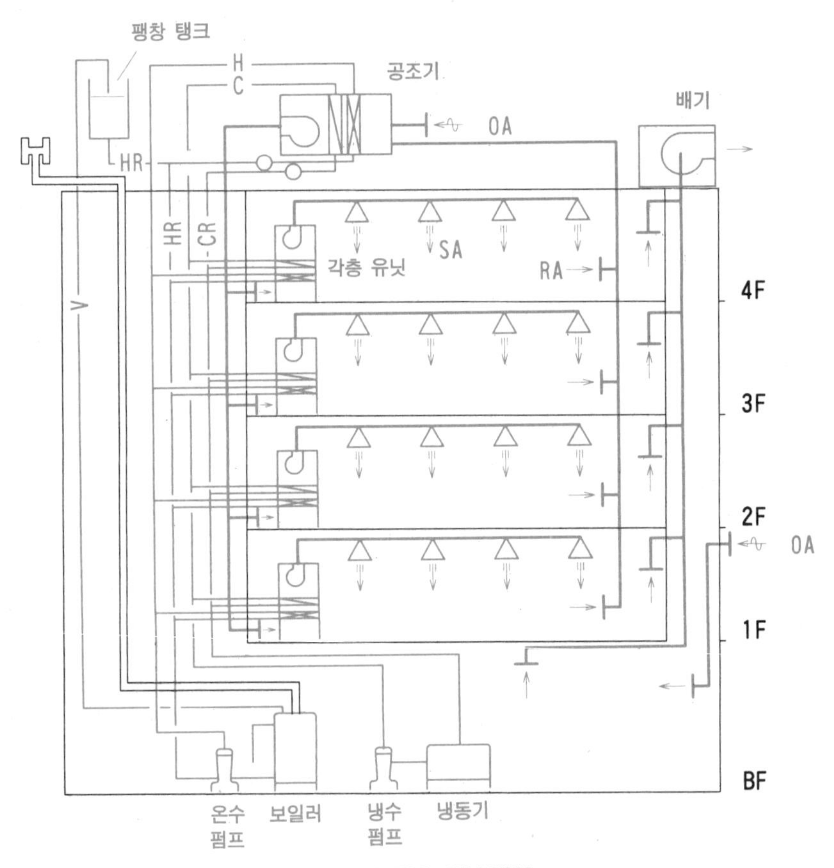

그림 4·3 각층 유닛 방식

(d) 덕트 병용 팬코일 유닛 방식

물은 같은 체적(體積), 같은 온도차의 공기와 비교하면 운반할 수 있는 열량(熱量)은 약 3500배나 된다. 따라서 냉열(冷熱)이나 온열(溫熱)을 공기조화 해야 할 공간에 보내는데 공기와 덕트를 이용하기보다는 물과 배관을 이용하는 편이 설비비와 운전비가 저렴하다.

따라서 실내에 송풍기와 공기코일, 간단한 에어필터만을 내장한 팬코일 유닛이라고 하는 소형의 공기조화기를 설치, 여기에 여름에는 냉수, 겨울에는 온수를 공급하여 실내공기를 순환시켜 조화하는 방식을 팬코일 유닛 방식이라 한다. 그러나 이것만으로는 환기용 외기를 취입할 수 없기 때문에 별도로 외기처리 공기조화기를 기계실 등에 설치하여 덕트로 각 방에 공급하도록 한 것이 **그림 4·4**의 덕트 병용 팬코일 유닛 방식이다.

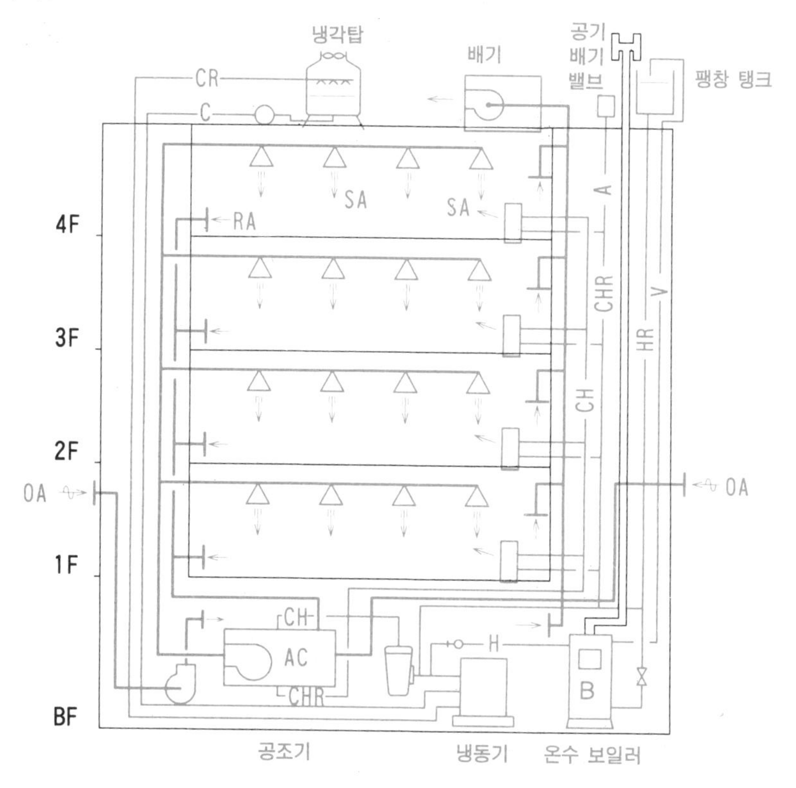

그림 4·4 덕트 병용 팬코일 유닛 방식

우리 나라에서는 초기에는 호텔 객실에 채용되었는데, 그 후 사무용 빌딩을 비롯해 각종 건물에 채용하게 되었다.

(e) 패키지형 공기조화방식

패키지형 공기조화방식은 **그림 4·5**와 같이 냉동기를 내장한 공기조화기로 공기조화를 필요로 하는 공간에 직접 설치하거나 덕트를 접속해서 다수의 방을 공기조화하는 방식이다.

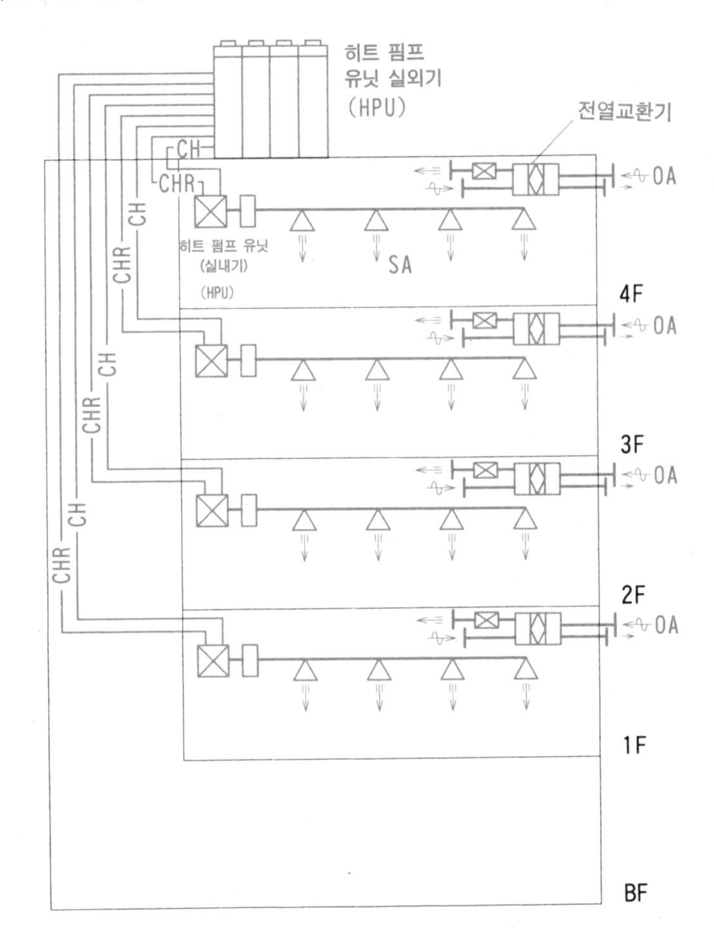

그림 4 · 5 패키지형 공기조화방식

공기조화기 안에 가열코일을 별도로 설치하여 보일러에서 증기나 온수로 난방하는 방식과 냉동기를 겨울에는 히트펌프로 이용하는 방식도 있다. 최근에는 후자가 일반적이다.

냉동기의 응축기(凝縮機)는 냉각탑에서 냉각수를 공급하는 것이 기본형이지만 최근에는 공랭식 열교환기를 응축기나 증발기로 한 것이 널리 사용되고 있다.

설비가 간단하고 설비비도 저렴하여 점포, 레스토랑, 중 · 소규모 건물이나 공장의 공기조화설비로 이용되고 있다.

(f) 공기열원 멀티형 유닛방식

그림 4 · 6과 같이 건물의 옥상 등에 공기열원의 히트펌프 유닛을 설치하여 냉방시는 여기에서 만들어진 액냉매(液冷媒)를 실내에 설치된 공기조화 유닛에 냉매배관에 의해 공급하고, 난방시에는 마찬가지로 고온 냉매가스를 공기조화 유닛에 공급하는 것으로 빌딩 멀티방식을 채택하고 있다. 최근에는 다수의 실내유닛에 대해 액냉매(液冷媒)와 가스냉매 모두 공급함으로써 각각의 유닛으로 냉 · 난방을 자유롭게 바꿀 수 있게 되었다.

설비가 단순하고 실내유닛의 개별 운전제어를 쉽게 할 수 있어 최근에는 중·소규모 빌딩을 중심으로 확산 보급되고 있다. 단, 환기용 외기의 처리·공급, 실내먼지의 처리와 겨울철 가습(加濕)에 다소 문제가 있다.

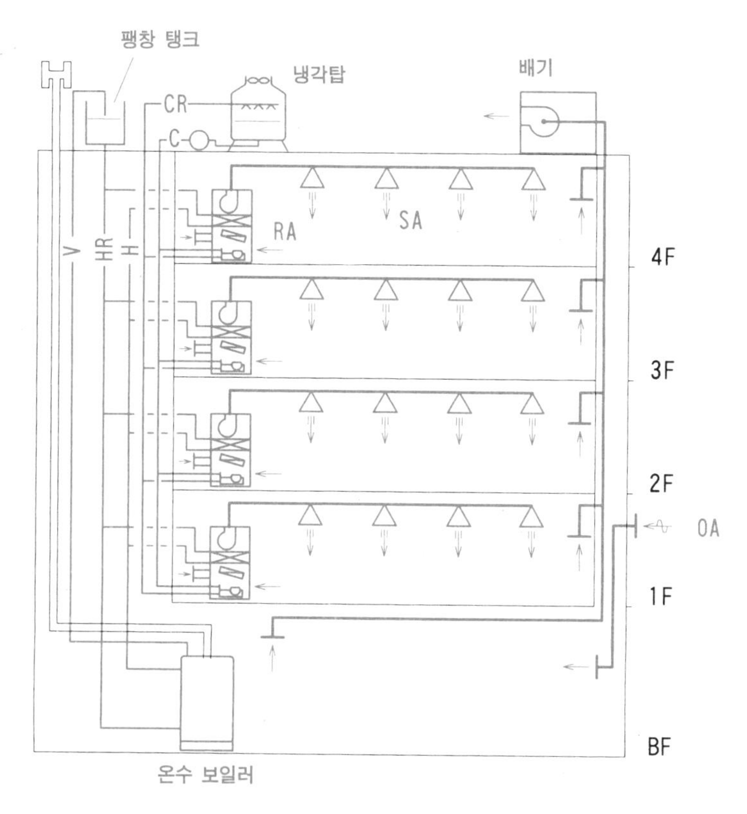

그림 4·6 공기열원 멀티형 유닛 방식

4 · 2 기준층 덕트 평면도

표 4 · 1에 덕트 · 부속품의 도시기호(圖示記號)를 제시하였다.

표 4 · 1 덕트 · 부속품의 도시기호

종 별	도시 기 호	종 별	도시 기 호
환기(換氣) 덕트	—RA—	캔버스 이음	
급기(給氣) 덕트	—SA—	소음기	
외기(外氣) 덕트	—OA—	플렉시블 덕트	
배기(排氣) 덕트	—EA—	점검구	AD
배연(排煙) 덕트	—SM—	흡기 그릴	
각형 덕트	H X W	배기 그릴	
원형 덕트	ϕ 直徑		
각형⇔원형 덕트		벽설치 취출구	
각형 덕트 확대		벽설치 흡입구	
각형 덕트 축소		천장설치 취출구	
댐퍼		천장설치 흡입구	
전동 댐퍼	M	벽설치 배연구	
스플리트 댐퍼		천장설치 배연구	
		급기구(給氣口)	

그림 4 · 7에 기준층 덕트 평면도를 나타냈다.

◆ 도면 보는 방법

① 동측 계통도와 서측 계통도의 두 계통으로 한다.

② 급기량을 구해 덕트 사이즈를 결정하고 샤프트에 급기덕트를 배치한다.
③ 급기덕트는 벽체 내부에 설치한다.
④ 1스팬(span) 취출구(VHS)를 2개 설치한다.
⑤ 환기는 홀에서 RA로서 환기덕트에 흡입되어 공기조화기로 돌아간다.
⑥ 덕트용 샤프트(DS)에 화장실 배기덕트와 기계실의 배기덕트를 설치한다.
⑦ 냉각수 배관의 공급관(CST)과 리턴관(CTR)을 배치한다.

◆ 평면 작성방법

① 건축 평면도를 0.3mm의 가는 선으로 그린다.
② 설비도면은 0.5~0.8mm의 굵은 선으로 그린다.
③ 동측과 서측에 급기덕트를 그린다.
④ VSH의 도달거리를 12m로 하고 VSH의 사이즈를 정한다.
⑤ VSH를 각 계통에 6개씩 설치한 덕트를 그린다.
⑥ 덕트 샤프트(DS)에 급기덕트, 환기덕트, 배기덕트, 냉각수관을 그린다.
⑦ 급기(給氣)덕트에 방화댐퍼(FVD)를 설치한 그림을 그린다.

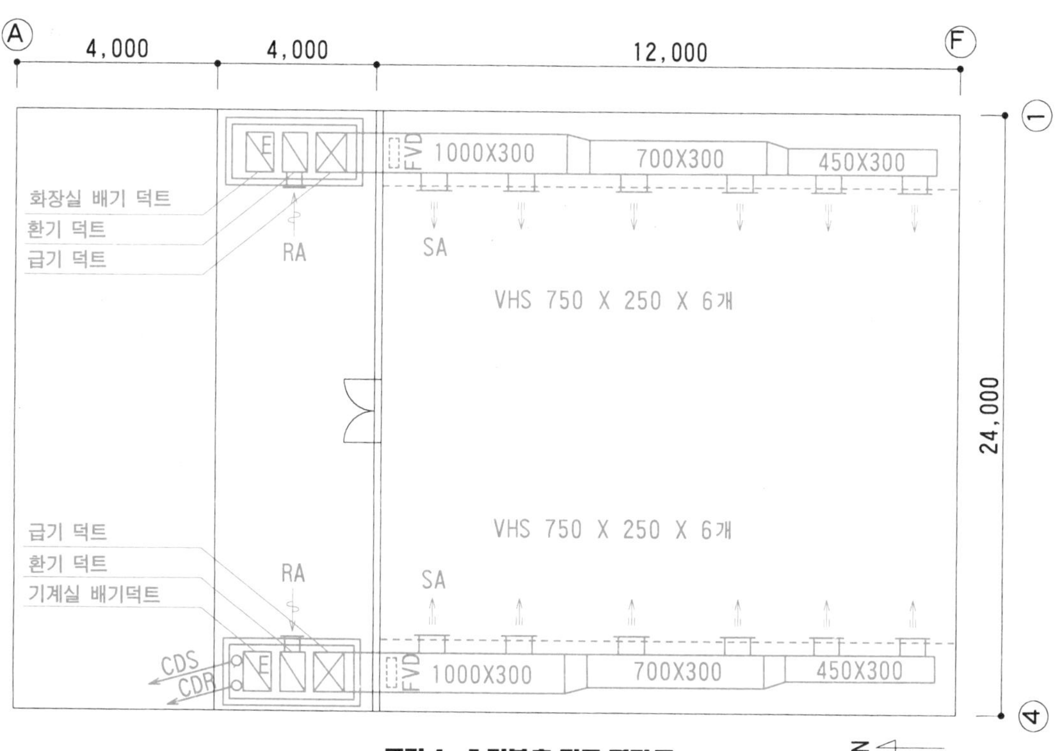

그림 4 · 7 기본층 덕트 평면도

4·3 덕트 계통도

그림 4·8에 덕트 계통도를 나타냈다.

◆ 도면 보는 방법

① 기계실에 섹셔널 보일러, 냉동기, 공기조화기, 송풍기 등을 설치한다.
② 외기를 1F에서 흡인하여 기계실은 외기를 송풍한다.
③ 1~5F은 급기덕트(SA)를 배치하여 각층의 공기조화를 한다.
④ 환기(RA)는 환기덕트를 지나 지하 공기조화기에 흡인된다.
⑤ 외기(OA)와 환기(RA)를 혼합해 공기조화기로 온습도를 조정하고 다시 급기덕트 (SA덕트)로 각층을 공기조화한다.
⑥ 화장실의 배기는 배기덕트를 통해서 옥탑의 배풍기(排風機)로 옥외에 배기된다.
⑦ 기계실의 환기는 기계실 배풍기에 의해 외기로 배기된다.

◆ 도면 작성 방법

① 건축도면은 0.3mm의 가는 선으로 그린다.
② 이하의 설비도면은 0.5~0.8mm의 굵은 선으로 그린다.
③ 기계실에 보일러, 냉동기, 공기조화기, 송풍기의 외형도를 그린다.
④ 외기 흡입구와 지하의 송풍기와 접속하는 배기덕트 (1000×700)를 그린다.
⑤ 송풍기 출구에서 기계실에 송풍하는 덕트를 그린다.
⑥ 공기조화기를 나온 공기는 송풍기에서 급기덕트 (1000×300)를 경유하여 각층의 출구까지 그린다.
⑦ 환기덕트 (1000×700)를 그리고, 덕트 샤프트(DS)를 통과해서 공기조화기의 흡인 측으로 접속한다.
⑧ 화장실 배기덕트 (500×300)를 그리고, 옥탑 내에 배풍기를 그려 옥외에 배기시킨다.
⑨ 옥탑의 배풍기를 그리고 이것과 기계실의 환기팬을 접속시키는 환기덕트 (1000×300)를 그린다.

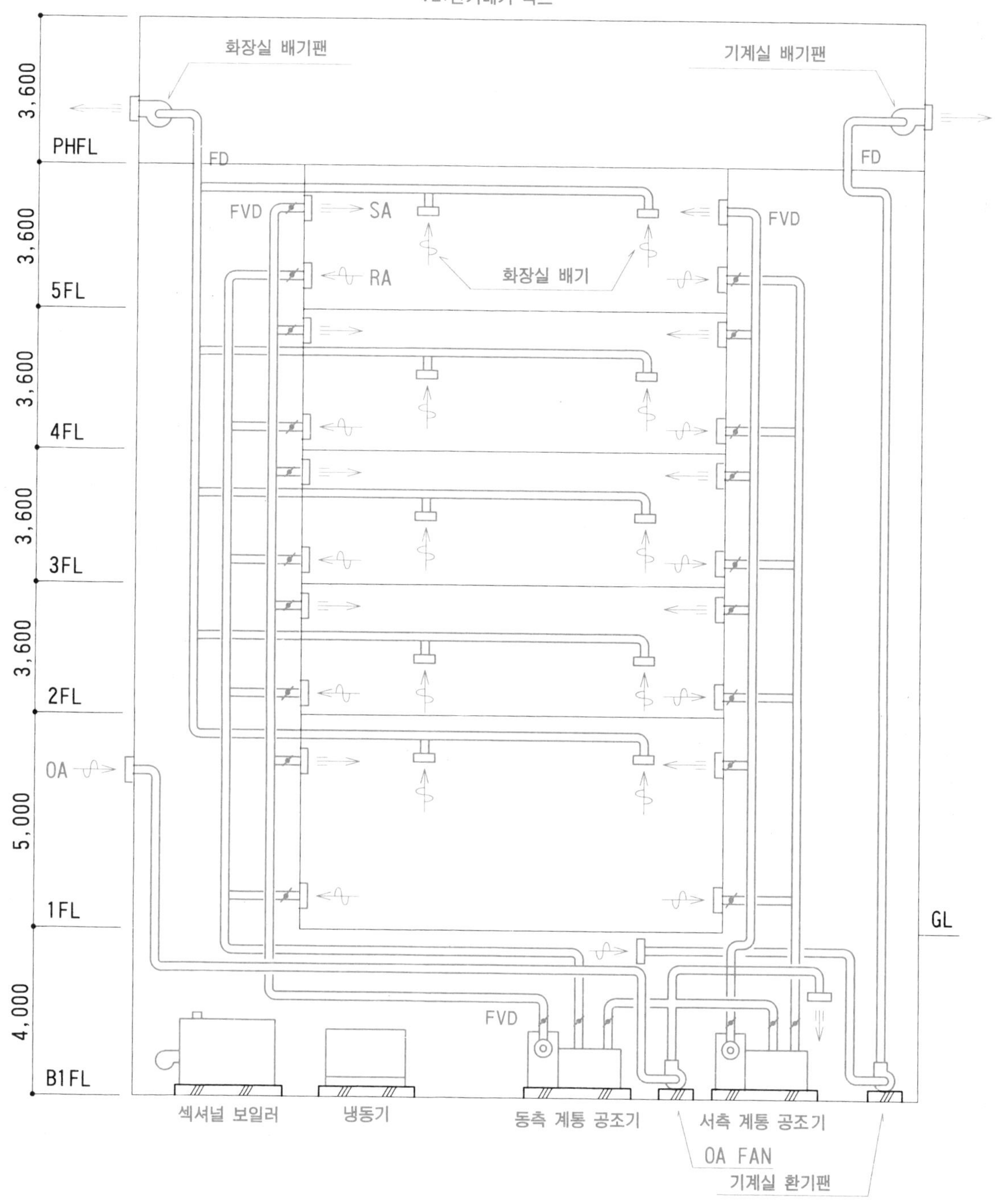
OA:외기 덕트
SA:급기 덕트
RA:환기 덕트
VE:환기배기 덕트
화장실 배기팬
기계실 배기팬
3,600
PHFL
FD
FD
FVD
SA
FVD
RA
화장실 배기
3,600
5FL
3,600
4FL
3,600
3FL
3,600
2FL
OA
5,000
1FL
GL
4,000
FVD
B1FL
섹셔널 보일러
냉동기
동측 계통 공조기
서측 계통 공조기
OA FAN
기계실 환기팬

그림 4 · 8 덕트 계통도

4 · 4 배관 계통도

표 4 · 2에 공기조화 배관 도시기호를 나타내었다.

표 4 · 2 공기조화 배관 도시기호

종 별	도시기호	종 별	도시기호	종 별	도시기호
경유 공급관	——O——	급수관 (市水)	—·—·—W—·—·—	냉온수 공급관	——CH——
경유 리턴관	——OR——	급수관 (井水)	—··—·· W—··—··	냉온수 환수관	——CHR——
경유 통기관	——OV——	공기 통풍관	—··—··AV—··—··	냉각수관	——CD——
온수 공급관	——H——	고온수 공급관	——HH——	냉각수 환수관	——CDR——
온수 리턴관	——HR——	고온수 환수관	——HHR——	냉매 토출관	——RD——
환기수관	----SR----	통기관	——V——	냉매 흡입관	——RS——
급탕 공급관	——I——	냉수 공급관	——C——	증기관	——S——
환탕관	——II——	냉수 환수관	——CR——	팽창관	——E——

[1] 배관 계통도

그림 4 · 9에 배관 계통도를 나타내었다.

◆ 도면 보는 방법

① B1의 기계실에 보일러(용량 320000kcal/h)와 냉동기(100톤), 수직형 공기조화기 2대, 송풍기, 펌프를 설치한다.

② 옥상에 냉각탑(100RT), 팽창탱크를 설치한다.

③ 냉동기 냉각수관의 공급(CDS 100A)은 냉각탑에서 DS(덕트 샤프트)를 경유하여 B1의 냉각수 펌프로 연결되어 냉동기의 응축기를 지나 리턴관(CDR 100A)으로 통과해 옥상의 냉각탑으로 돌아간다.

④ 냉온수는 옥상의 팽창탱크에서 급수되어 겨울철에는 섹셔널 보일러에서 온수를 만들고 각각의 공기조화기로 공급되어 온풍을 각층으로 공급함으로써 난방을 한다. 여름철에는 냉동기에서 냉수를 만들어 각각의 공기조화기로 공급되어 냉풍을 각층으로 공급함으로써 냉방을 한다.

⑤ 냉온수관에는 전동 삼방밸브(⊠)를 설치하고 부하(負荷)의 변동에 따라서 냉온수온도를 제어한다.

◆ 도면 작성방법

① 건축도면의 단면을 그린다(0.3mm 선으로 그린다. 연필은 H를 사용한다).

② 옥상에 냉각탑, 팽창탱크를 그린다(기기류는 HB, F 연필로 0.5mm 선으로 그린다).

③ B1의 기계실에 보일러, 냉동기, 공기조화기, 송풍기, 펌프를 그린다.
④ 냉각수관(CDS, CDR)을 DS를 통해서 냉각수 펌프, 냉동기를 연결하는 배관 계통도를 그린다(배관은 HB, F 연필로 0.5 mm선으로 그린다).
⑤ 보일러에서의 온수와 냉동기에서의 냉수를 냉온수관(CHS 100A)으로 해서 각 공기조화기로 연결한다.
⑥ 공기조화기를 나온 냉온수관의 리턴관(CHR 100A)은 냉온수 펌프를 거쳐 보일러와 냉동기에 연결한다.

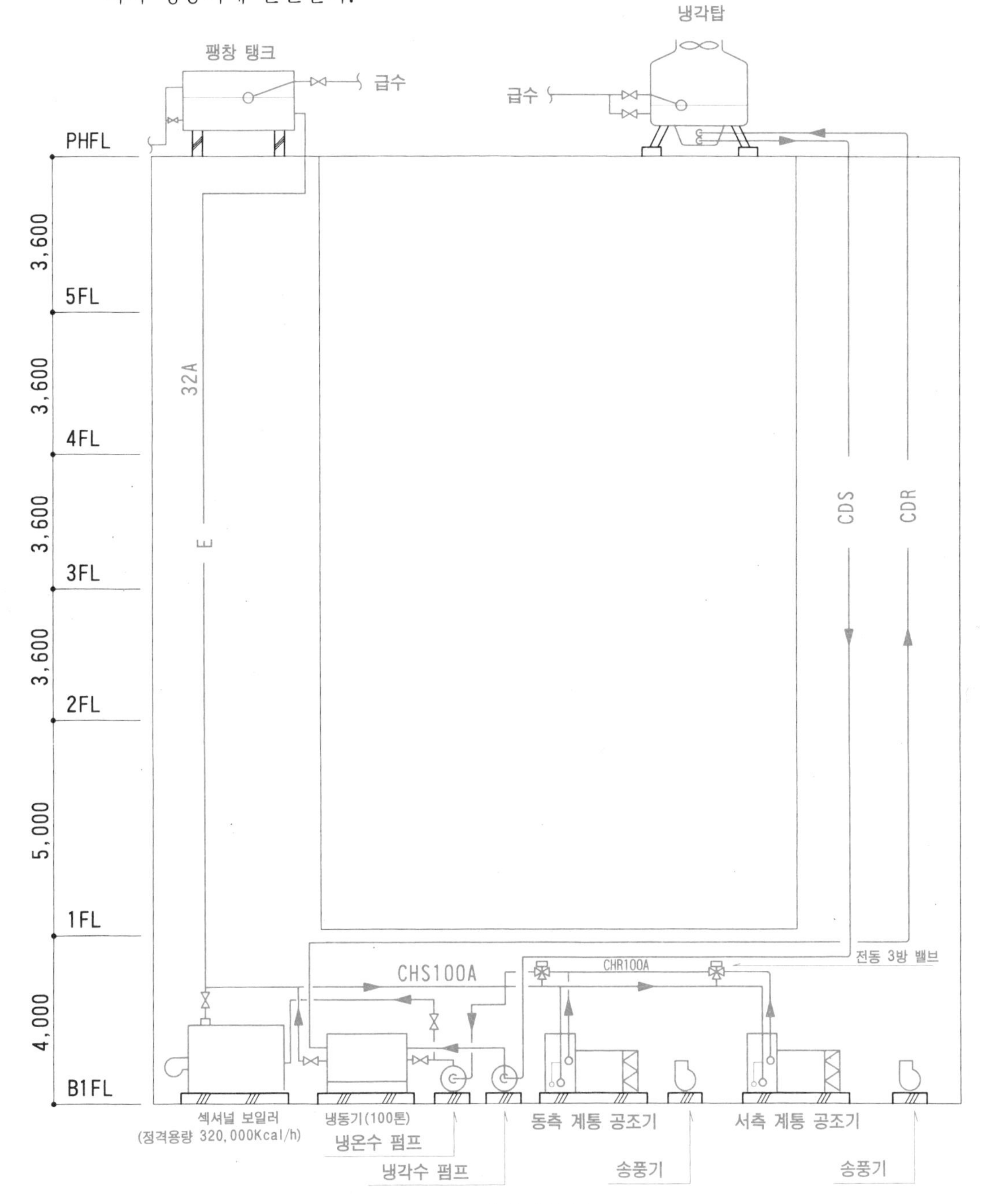

그림 4·9 배관 계통도

⑦ 냉온수관에 밸브를 설치하여 난방, 냉방이 별개로 될 수 있도록 한다.
⑧ 보일러는 섹셔널 보일러를 사용하고 용량 320000kcal/h의 것을 설치한다.
⑨ 냉동기는 수랭식(水冷式) 밀폐형의 것을 사용하고, 냉각능력 100RT를 설치한다.
⑩ 공기조화기는 수직형을 2대 사용하고 동측 계통, 서측 계통으로 나누어 공기조화 한다. 공기조화기의 용량은 각각 36000m³/h의 것을 설치한다.
⑪ 배관 사이즈는 압력손실을 50mmAq/m로 하여 설계하고 있다.
⑫ 배관 계통도는 NO SCALE로 하고, 배관의 계통을 한눈에 알 수 있게 작도(作圖)하고, 배관의 종류, 유체의 흐름방향, 배관 사이즈를 기입한다.
⑬ 보일러와 팽창탱크 사이를 팽창관 E로 연결한다.

[2] 냉각탑 주변 배관도

그림 4 · 10에 냉각탑(쿨링타워) 주변 배관도를 나타냈다. 냉동기의 냉각수를 냉각하는 것으로 냉각수 공급관(CDS)은 32℃로 냉동기의 응축기로 들어가 열을 취하고, 냉각수 환수관(CDR)은 37℃로 다시 냉각탑으로 돌아온다. 냉각수량은 13 l/minRT이다.

냉각능력	390,000(kcal/h)
표준수량	1,300(l/min)
냉각수 출입구	100A
드레인	50A

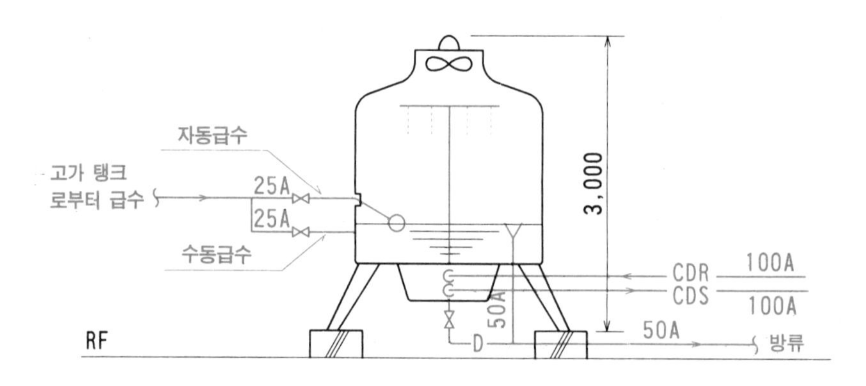

그림 4 · 10 냉각탑

◆ 도면 보는 방법

① 냉각수 환수관(CDR)은 냉각탑의 하부에 연결되어 냉각탑 내의 파이프를 통해서 살수관(散水管) 구멍으로부터 낙하한다.
② 냉각탑 내의 충진재 부근에서 하부로부터 유입하는 공기와 접촉해서 물의 일부가 증발하여 냉각수를 냉각하고 수조에 모인다.
③ 냉각수 공급관(CDS)은 수조를 나와 DS(덕트 샤프트)를 경유해서 B1의 냉각수 펌프로 연결된다.
④ 급수는 고가탱크로부터 급수하고 자동급수와 수동급수의 2관(管)을 설치한다.

⑤ 드레인 된 물과 오버플로 된 물은 옥상에 방류하고 바닥의 배수관으로 배수한다.

◆ 도면 작성방법

① 냉각탑은 메이커 도면을 보고 척도(1/50)로 그린다(연필은 HB, F를 사용해 0.5 mm의 선으로 그린다).
② 냉각수 공급관(CDS 100A)과 환수관(CDR 100A)을 그리고 흐름방향을 화살표로 표시한다.
③ 자동급수관과 수동급수관을 그리고 인출선(引出線)으로 설명문을 기입한다(인출선은 0.3 mm의 선으로 그린다).
④ 오버플로관과 드레인관을 그린다.
⑤ 각각의 관에는 관(管)의 지름을 기입한다(관의 지름은 3~4 mm의 크기로 그린다).

[3] 공기조화기 주변 배관도

그림 4·11에 공기조화기 주변 배관도를 그린다. 공기조화기는 필터, 냉온수코일, 가습기, 송풍기를 내장하고 소정(所定)의 공기를 만들어 각 방으로 송풍한다.

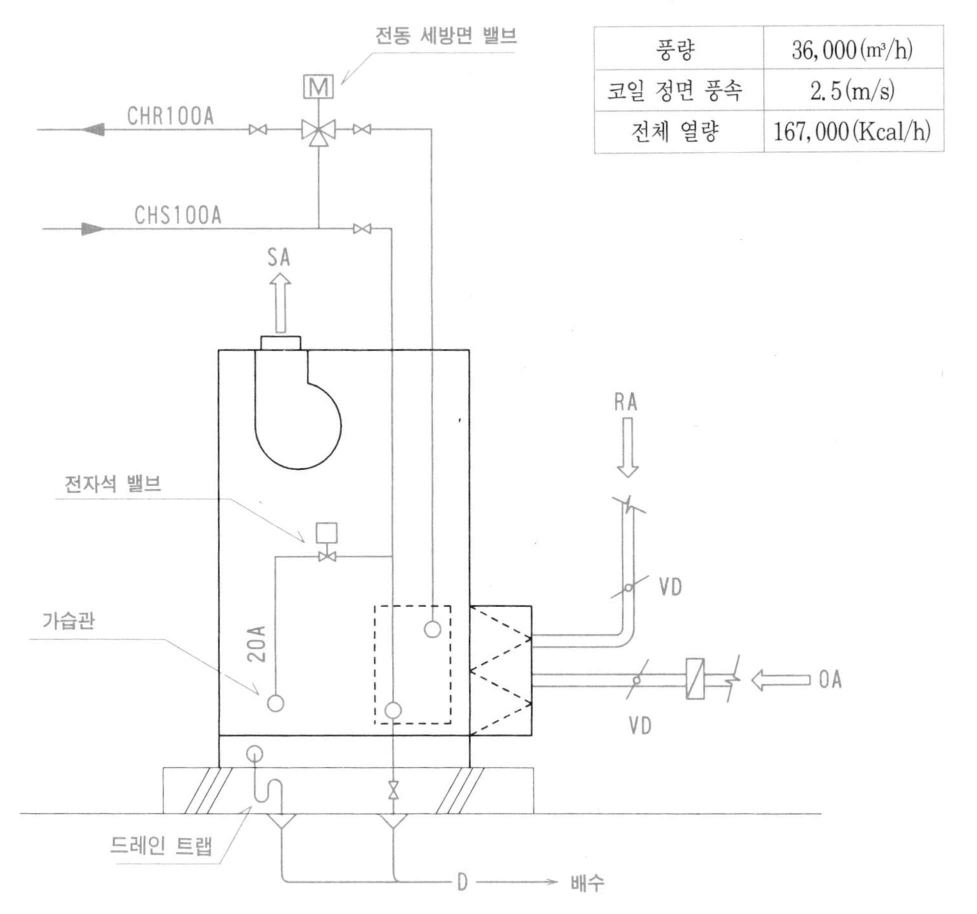

풍량	36,000(㎥/h)
코일 정면 풍속	2.5(m/s)
전체 열량	167,000(Kcal/h)

그림 4·11 수직형 공기조화기

◆ 도면 보는 방법

① 공기조화기 입구에는 환기(RA)와 외기(OA)가 들어간다.
② 필터로 공기중의 먼지를 제거한다.
③ 냉온수코일에 냉온수관을 접속하여 향류가 되도록 배관한다.
④ 가습기에 수배관(水配管)을 접속하여 수가습(水加濕)한다.
⑤ 공기조화된 공기는 상부 송풍기로부터 각 층으로 송풍시킨다.
⑥ 공기조화기의 드레인 팬에 모인 응축된 물은 드레인 배관으로부터 배수한다.

◆ 도면 작성방법

① 냉난방부하 계산으로부터 소요풍량을 산출해서 제조회사 카탈로그를 참고하여 공기조화기를 선정한다. 코일 정면풍속 2~3 m/s가 되도록 기종을 선정한다.
② 기초 위에 공기조화기의 외형도를 그린다(연필은 HB, F로 0.5mm의 선으로 그린다).
③ 냉온수코일에 냉온수관의 공급관(CHS)과 환수관(CHR)을 접속한다(배관은 0.5 mm의 선으로 그린다).
④ 냉온수관에는 전동 삼방밸브를 설치하여 부하(負荷)의 변동에 대한 유량을 제어한다.
⑤ 가습기 배관에 냉온수관으로부터 분기하여 접속하고 전자밸브를 설치한다.
⑥ 배수관은 **그림 4 · 11**과 같이 드레인 트랩으로 배관한다.

4 · 5 기계실 덕트 평면도

그림 4 · 12에 기계실 덕트 평면도를 나타내었다.

◆ 도면 보는 방법

① 도면은 1/100의 척도로 되어 있다.
② 동측 계통과 서측 계통에 각 1대씩 입형 공기조화기를 설치한다.
③ 보일러실과 전기실은 도면과 같이 설치되어 있다.
④ 덕트 샤프트(DS)에 급기(給氣)덕트, 환기덕트, 외기 도입덕트, 기계실 배기덕트가 배치되어 있다.
⑤ 기계실, 보일러실, 전기실의 급기(給氣)는 급기송풍기로부터 외기를 각 장소로 송풍한다.
⑥ 배기는 배기팬으로부터 배기덕트에 접속하여 옥상의 배풍기(排風機)를 거쳐 밖으로 배기한다.
⑦ 공기조화기에는 환기(RA)와 외기(OA)를 공급하여 공기조화를 하고 급기구에서부터 급기덕트로 접속해서 각 층으로 송풍한다.

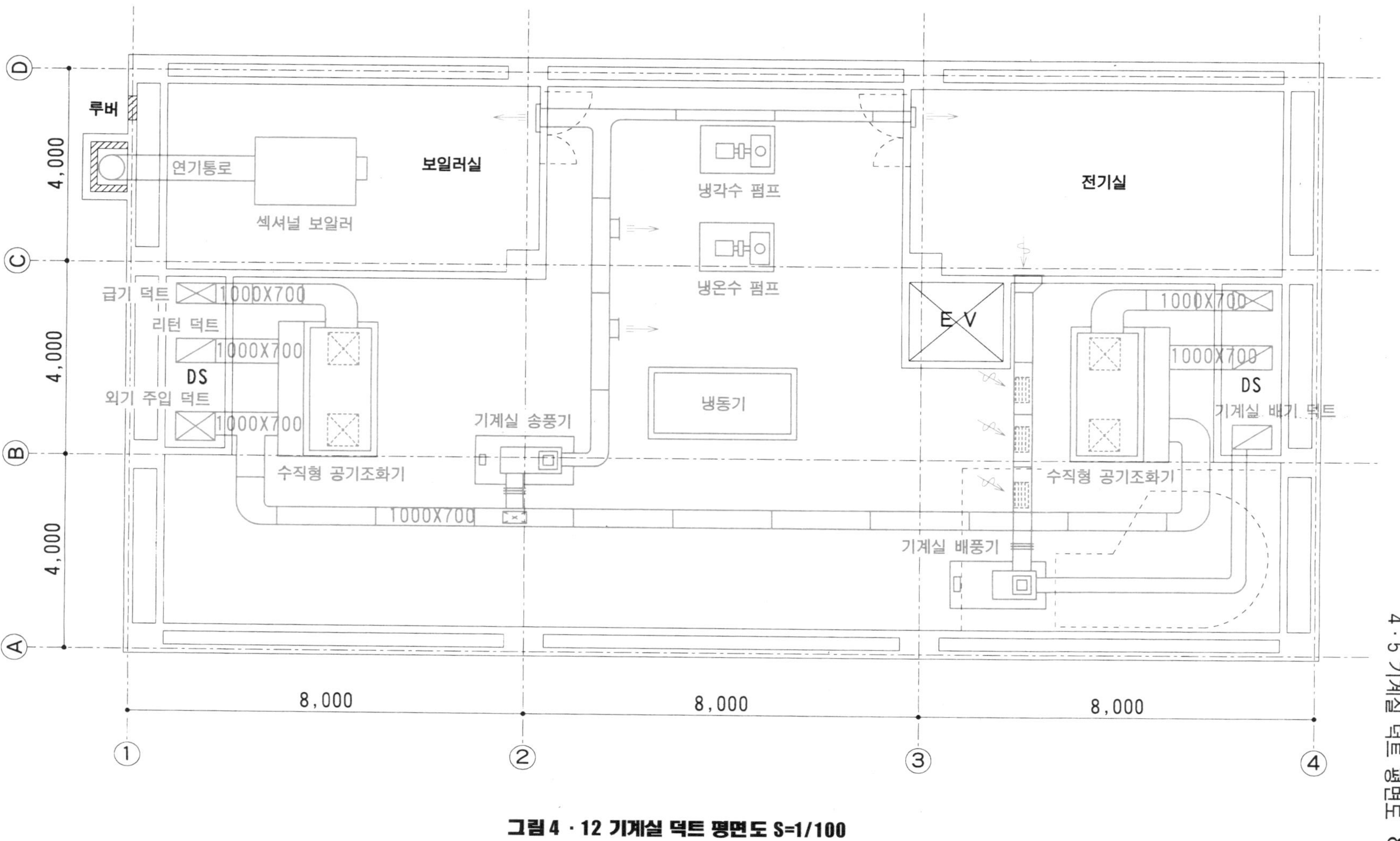

그림 4·12 기계실 덕트 평면도 S=1/100

⑧ 공기조화기, 송풍기, 펌프, 냉동기 등은 진동에 주의한다.

◆ 도면 작성방법

① 건축도면을 0.3mm로 1/100으로 그린다(연필은 H사용).
② 보일러실, 전기실, 덕트 샤프트를 도면 크기로 그린다.
③ 공기조화기, 펌프, 송풍기, 냉동기, 보일러를 약도(略圖) 그리기를 참고로 해서 배치도를 그린다(각 기기는 연필 HB, F로 0.5mm의 선으로 그린다).
④ 공기조화기의 필터가 있는 흡입구에 환기덕트(RA)와 외기덕트(OA)를 직접 접속한다(덕트는 연필 HB, F 0.5mm 선으로 그린다).
⑤ 공기조화기 상부의 급기구(2개)에 챔버를 설치하고 챔버에서부터 급기덕트에 접속해서 샤프트 내의 급기덕트에 접속한다.
⑥ 외기를 기계실 등에 급기(給氣)하는 송풍기를 그리고, 급기덕트를 그려서 기계실로 송풍, 보일러실과 전기실에 급기(給氣)한다.
⑦ 기계실과 전기실의 배기는 배풍기(排風機)에 의해 덕트로 흡입구로부터 흡입하여 배기덕트를 샤프트 내의 배기덕트에 접속하여 배기한다.
⑧ 보일러실은 제2종 환기방식으로 하기 때문에 보일러실의 배기는 루버를 통하여 자연배기로 한다.
⑨ 설비도면은 0.5mm의 굵기로 그리며 기기도(機器圖)나 덕트도는 알기 쉽도록 진하게 그린다.
⑩ 덕트에는 덕트치수를 기입한다.

4 · 6 기계실 배관도

그림 4 · 13에 기계실의 배관평면도를 제시하였다.

◆ 도면 보는 방법

① 파이프 샤프트(PS)에서 냉각수관이 냉각수 펌프로 연결되어, 냉동기를 냉각한 후 옥상의 냉각탑에 연결된다(CDR).
② 보일러와 냉동기에서의 냉온수(CH)는 공기조화기에 연결되어 냉풍, 온풍을 만든다.
③ 냉온수의 리턴관(CHR)은 냉온수 펌프에 연결되어 펌프로 압송되어 보일러 또는 냉동기에 들어가고 여름에는 냉수를, 겨울에는 온수를 만들어 냉난방을 한다.

◆ 도면 작성방법

① 건축도면을 0.3mm의 가는 선으로 그린다(연필은 H를 사용한다).
② 보일러, 냉동기, 공기조화기, 펌프를 약도(略圖) 그리기를 참고로 해서 외형도를 소정의 위치에 그린다(기기는 연필 HB, F 0.5mm의 선으로 그린다).

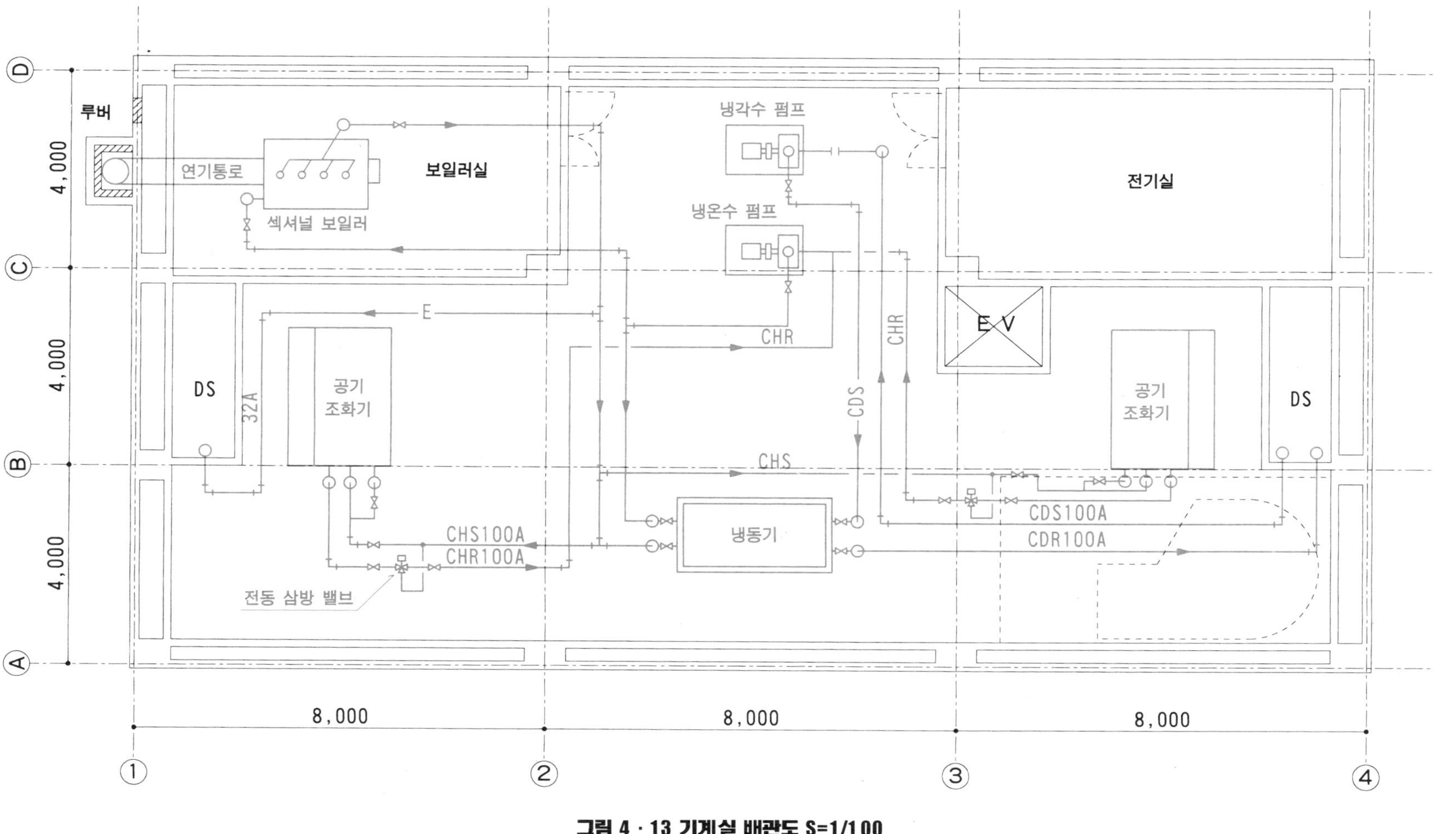

그림 4·13 기계실 배관도 S=1/100

③ 냉각수배관(CDS) (CDR) 또는 냉온수관(CHS) (CHR)을 그림처럼 그리고 필요에 따라 밸브를 기입한다.
④ 배관에는 물의 흐름방향을 도시하고 배관기호와 배관 사이즈를 기입한다(기호나 치수문자는 3~4mm로 그린다).

4 · 7 시공도

그림 4 · 14에 시공도를 제시하였다. 시공도는 1/20~1/100으로 그리며 그림 4 · 15에 지하 1층 평면도를 나타내었다.

◆ 도면 보는 방법

① 공기조화기의 시공도를 나타내었다. 공기조화기의 콘크리트 기초(4000×2000×150) 위에 공기조화기를 고정시킨다.
② 공기조화기의 흡입구 쪽에 OA덕트, RA덕트를 접속한다.
③ 공기조화기 상부의 챔버에서 SA덕트를 샤프트 내의 덕트와 접속한다.
④ 공기조화기에 냉온수 공급관, 환수관, 가습관, 드레인관을 도면과 같이 접속한다.

◆ 도면 작성방법

① 상세도를 도면과 같이 그린다.
② OA덕트, RA덕트, SA덕트를 공기조화기와 덕트 샤프트 사이에 접속한다.
③ 천장에서 100mm 아래의 냉온수관에서 공기조화기 하부로 연결하여 상부에서 환수관을 접속한다.
④ A-A 확대도를 도면과 같이 작도하고 공기조화기 상부에 챔버를 그린다.

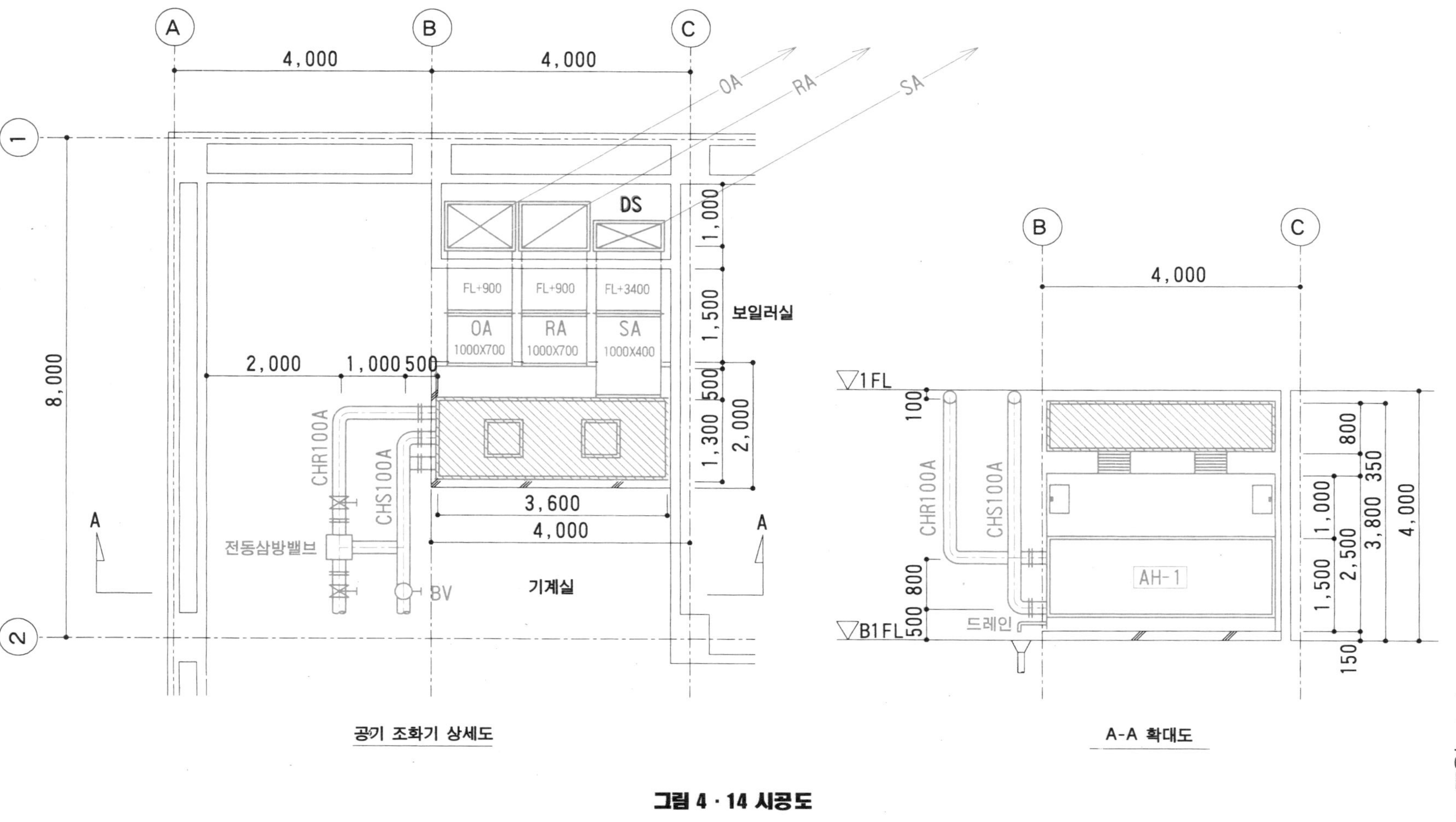
A
B
C
1
2
4,000
4,000
8,000
OA
RA
SA
DS
FL+900
FL+900
FL+3400
OA 1000X700
RA 1000X700
SA 1000X400
보일러실
1,000
1,500
500
1,300
2,000
2,000
1,000
500
CHR100A
CHS100A
전동삼방밸브
BV
3,600
4,000
기계실
공기 조화기 상세도
1FL
B1FL
100
800
500
드레인
AH-1
800
350
1,000
1,500
2,500
3,800
4,000
150
A-A 확대도

그림 4 · 14 시공도

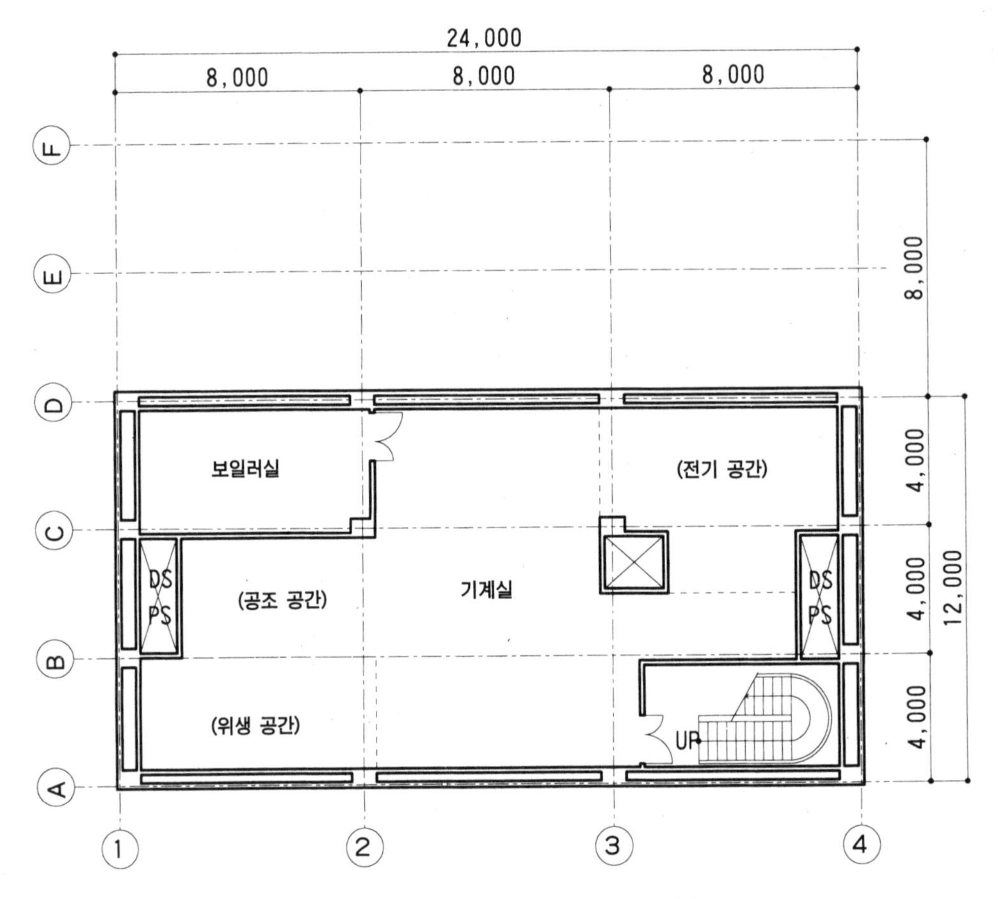

그림 4 · 15 지하 1층 평면도 S=1/200

제 5 장

전기설비설계

본 장에서는 주로 사무용 건축물을 대상으로 한 전기설비설계를 다루고 있다.

우선, 사무용 건축물의 전기설비 개요에 대해서 설명하고 각종 전기설비 도면을 보는 방법 · 작성방법을 설명한다.

구체적인 도면으로서는 자가용 전기설비의 단선결선도(單線結線圖) · 분전반 계통도(分電盤系統圖), 기준층의 조명 콘센트용 실내 배선도의 설계도 · 분전반 접속도(分電盤接續圖), 기계실 동력 배선도, 기동전류가 큰 송풍기나 냉동기의 기동에 사용되는 스타델타 기동방식의 결선도, 패키지형 공기조화기의 시퀀스(sequence)에 대해서 각각 도면작성에 사용되는 기호의 해설도 포함하여 설명하였다.

5 · 1 전기설비의 개요

[1] 전기설비의 종류

전기설비는 크게는 건축전기설비, 산업전기설비, 공공시설 전기설비의 3종류로 나뉘어진다. 그 중에서 전기 에너지 공급에 의해 건축물에 가동(稼動)하고 또 응용, 이용되고 있는 장치를 건축전기설비라 부르고 있다.

건축전기설비는 다음과 같은 설비들로 구성되어 있다.

① 전원설비 : 수변전(受變電)설비, 발전기설비, 축전지(蓄電池)설비 등
② 전력설비 : 간선(幹線)설비, 동력설비, 전등조명설비, 콘센트설비 등
③ 정보설비 : 전화설비, 인터폰 · 방송설비, 전기시계설비, 표시설비 등
④ 방재설비 : 화재감지설비, 피뢰(避雷)설비, 방재센터설비 등

건축설비의 설계나 공사를 행하는 데는 전기사업법, 전기용품 안전관리법, 전기공사업법, 건축법 등 그 외 각종 법률에 의한 규제가 있는데, 특히 전기설비에 관한 기술기준에 관한 규칙 등에 의한 상세한 규정에 따르지 않으면 안 되는 사항이 많다.

[2] 전원설비

건축물 내부에는 전등 · 조명기구나 공기조화 · 위생설비 등 전력을 이용하여 소비하는 설비가 여러 종류 있지만, 그 전력은 자가발전설비를 갖고 있는 것을 제외하고는 전력 회사에서 공급되고 있다.

이와 같이 외부에서 공급되는 전기는 일반주택에서는 「단상교류(單相交流) · 2선식(線式) · 100V」 또는 「단상교류(單相交流) · 3선식(線式) · 100/200V」로 그 옥내배선을 「전등회로」라고 하는 조명, 콘센트에 배선되어 있다.

한편, 사무용 빌딩이나 공장 등에서는 표 5 · 1에 나타낸 고압 또는, 특별고압의 전압이 공급되고 있다.

건물 내에서는 이 수전전압(受電電壓)을 전기설비의 종류나 용량에 대해서 적절한 전압으로 변환해서 이용한다. 그 때문에 수변전설비(受變電設備)가 필요한 것이다.

표 5 · 1 전압의 종류

	직 류	교 류
저압	750 이하	600 V 이하
고압	750 V 이상 7000 V 이하	600 V 이상 7000 V 이하
특별고압	7000 V 이상	7000 V 이상

또 비상용 엘리베이터, 대형 컴퓨터 등은 전기의 공급이 중단되었을 때라도 전력을 공급할 수 있도록 축전지(蓄電池)설비나 비상용 발전설비를 갖추는 경우도 있다.

[3] 전력설비

전력회사로부터의 수전(受電)이나 자가용 발전설비에서 발생한 전력은 건물 내의 변압기로 변환되고 주배전반(主配電盤)에서 분전반(分電盤), 동력반(動力盤)에서 동력제어반(動力制御盤) 등까지의 배선을 간선(幹線)이라고 한다.

이 분전반에서 실내의 조명 · 콘센트, 동력반에서 공기조화기 등의 전동기로 배전(配電)되어 각각의 전기설비가 가동(稼動)하게 된다.

[4] 정보설비

건물 내에는 전화, 인터폰, 전기시계, 텔레비전, 라디오, 표시설비 등 각종 정보를 시청각으로 전달하는 정보 · 통신설비가 설치되어 있고 정보화의 발전과 함께 그 중요성이 점점 높아지고 있다.

이들 설비는 전압 · 전류가 낮기 때문에 약전설비(弱電設備)라고도 한다.

[5] 도시기호

지금까지 서술해 온 전기설비의 도면을 읽고 그리기 위한 도시기호로는 전기용 도면기호(JIS C 0301), 옥내 배선용 도시기호(JIS C 0303)가 있다.

일반 전기 배선도는 위의 도시기호를 사용해서 작도(作圖)하지만 이것만으로는 설명이 불충분할 경우에는 부속설명을 하는 의미에서 그 기기 · 부품의 약호(略號)를 병기하는 경우가 많은데, 이것은 일본전기공업협회표준규격(JEM-1115)에 의해 제정되어 있다. 또 약호(略號) · 기호 대신 제어기기 번호(JEM-1090)를 기입하는 표현방법도 널리 사용되고 있다. 번호는 1~99번까지 있다.

표 5 · 2는 구(舊)JIS C 0301 전기용 도시기호에서 발췌한 것이다.

표 5 · 2 전기용 도시기호(JIS C 0301 발췌)

a. 전력용 개폐기

명 칭	도시기호		개 요
	계열1	계열2	
개폐기(開閉器) (일 반)	(a)  07-02-01 (b)  07-02-02		

단로기(斷路器) (일 반)	 07-13-06	(a) (b) 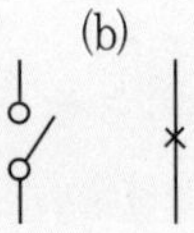	1. 계열2(b)는 단선도에서 특히 간단하게 나타낼 필요가 있는 경우에 사용한다.
기중차단기 (氣中遮斷器)	(a)  07-13-06 (b) 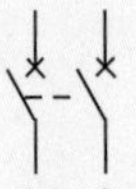 (IEC)	(a)  (b) 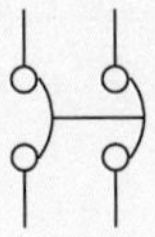	1. 배선용 차단기를 포함한다. 2. (b)는 복선도(2극의 경우)를 나타낸다. 3. 계열2에 두고 외부에 코일이 붙은 것을 표현할 경우는 다음과 같이 나타낸다. 직렬 외부코일 붙임 
교류차단기 (일 반)	(a) 	(a) 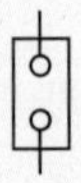	1. 차단기의 종류를 나타내는 경우는 다음의 문자기호를 기입한다. OCB - 오일차단기 GCB - 가스차단기 ABB - 공기차단기 VCB - 진공차단기

b. 변압기

명 칭	도시기호		개 요
	단선도용(單線圖用)	복선도용(複線圖用)	
변압기(變壓器) (일 반)	 (IEC)	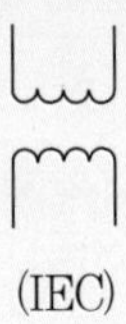 (IEC)	단선도에서 도체수(導體數)를 나타내는 경우와 상수를 나타내는 경우는 다음과 같이 나타낸다. 도체수 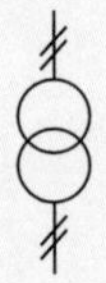 (IEC)
3상변압기 (三相變壓器) (2卷線)	 Y △ (06-10-07)	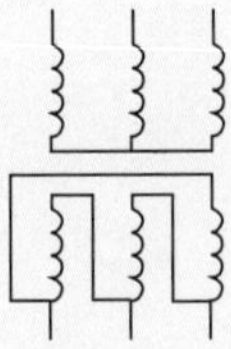 (06-10-07)	1. 3상변압기(三相變壓器)의 Y△접속인 경우를 나타낸다. 2. 단상변압기(單相變壓器)로 Y△접속인 경우는 다음과 같다.  Y △

			3. 횡렬로 나타낼 경우는 원칙으로서 단상(單相)의 경우이지만 복선도에 있어서는 횡렬표시를 사용해도 좋다. 이 경우, 단상(單相) 3대와의 구별을 할 필요가 없을 때는 ┆┄┄┆의 울타리를 생략해도 좋다.

c. 계기(計器)

명 칭	도시기호	개 요
지시계(指示計)(일반)	○ 08-01-01	1. 도면기호는 e. 계측기 참조. 2. ○ 안에 종류를 나타내는 문자기호 또는 도면기호를 기입한다. 3. 직류·교류의 구별을 필요로 하는 경우는 다음에 따른다. 직류 교류 4. 지침이 어긋남을 나타내는 경우는 다음에 따른다. 한쪽이 어긋난 경우 양쪽이 어긋난 경우
전 압 계	V 08-02-01	
전 류 계	A (IEC)	
전 력 계	W (IEC)	

명 칭	도시기호		개 요
	단선도용	복선도용	
전력용 콘덴서(전력용 커패시터)			1. 단선도의 도면상으로 접속되어 있지 않은 경우는 다음 예를 고려해서 콘덴서 아래 부분의 선을 생략해도 좋다.

d. 보호장치

명 칭	도시기호	개 요
피뢰기(避雷器)	07-22-03	1. 도시기호는 (피뢰기) 참조. 2. 방전갭이 있는 경우는 다음과 같이 나타낸다.

e. 계측기

명 칭	도시기호	개 요
계기(計器)	○ 08-01-01	1. ○ 안에 종류를 나타내는 문자기호 또는 도시기호를 기입한다. 예) V - 전압계 A - 전류계 W - 전력계 2. 특히 직류, 교류의 구별을 할 경우는 다음과 같이 나타낸다. 직류 교류 (IEC) (IEC)
적산계(積算計)	08-01-03	□ 안에 종류를 나타내는 문자기호 또는 도시기호를 기입한다. 예) Wh-전력량계
회전기(回轉機)	○ 06-04-01	○ 안에 종류를 나타내는 문자기호를 기입한다. C - 동기(同期) 변환기 G - 발전기 GS - 동기(同期) 발전기 M - 전동기 MG - 전동발전기 MS - 동기(同期) 전동기 MGS - 동기(同期) 발전전동기

f. 각종 계전기(各種繼電氣)

명 칭	도시기호		개 요
	계열1	계열2	
계전기(일반)	□ 07-16-01	□	□ 안에 문자기호 또는 도면기호를 기입하고 계전기(繼電器)를 나타낸다.

전류계전기	I (IEC)	C	계열2에서 한류계전기(限流繼電器)는 다음과 같이 나타내도 좋다. 한류계전기 CL
과전류계전기	I> (IEC)	(a) OC (b) ○	계열2는 다음처럼 나타내도 좋다. 단로(短路)계전기 S 브릿지오버계전기 FO
과부하계전기	ↄ (IEC)	OL	계열1은 전자형(電磁形)을 나타낸다.
지락과전류계전기	I⏚> (IEC)	OCG ●	
부족전류계전기	I< (IEC)	UC	
지락과전압계전기	U⏚> (IEC)	(a) OVG (b) (↑)	

표 5·3은 JEM-1115 배전반(配電盤)·제어반·제어장치의 용어 및 문자기호를 발췌한 것이다.

표 5·3 배전반·제어반·제어장치의 용어 및 문자기호(JEM-1115$_{-1989}$ 발췌)

용 어	문자기호	외국어(참고)	용어의 의미
스위치개폐기	S	Switch	전기회로의 개폐 또는 접속의 변경을 실시하는 기기.
나이프스위치	KS	Knife switch	날과 날받침에 의해 개폐를 하는 스위치.
단로기(斷路器)	DS	Disconnector	단순히 충전한 전로(電路)를 개폐하기 위해 사용하는 것으로 부하전류(負荷電流)의 개폐를 원칙으로 하지 않는 기기.
부하(負荷)개폐기	LBS	Load-break switch	소정의 전로전류(電路電流)를 개폐 및 통전(通電)하고 한편으로는 그 전로(電路)의 단락(短絡)상태에 있어서의 이상전류도 투입하여 규정한 시간, 통전(通電)할 수 있는 기구.
퓨즈	F	Fuse	회로에 과전류(過電流), 특히 단락(短絡)전류가 흘렀을 때, 퓨즈 엘리먼트가 용단(溶斷)해서 회로를 개방하는 기기.
전력퓨즈	PF	Power fuse	전력회로에 사용하는 퓨즈.
오일개폐기(오일스위치)	OS	Oil switch	전로(電路)의 개폐를 오일 중에서 행하는 개폐기.
주상 기중개폐기	PAS	Pole air-break switch	기둥 위에 설치할 수 있도록 설치를 고려한 기중(氣中)개폐기.

용 어	문자기호	외국어(참고)	용어의 의미
진공개폐기 (진공스위치)	VCS	Vacuum switch	전로(電路)의 개폐를 진공중에서 행하는 개폐기.
차단기	CB	Circuit-breaker	통상상태의 전로(電路) 외에 이상상태, 특히 단락상태에서도 전로(電路)를 개폐할 수 있는 기기.
유입차단기	OCB	Oil circuit-breaker	전로(電路)의 개폐를 유(油)중에서 실시하는 차단기.
공기차단기	ABB	Air-blast circuit-breaker	개로(開路)를 압축공기를 분사하여 실시하는 차단기.
자기(磁氣)차단기	MBB	Magnetic blow-out circuit-breaker	개로(開路)를 자계(磁界)중에서 실시하는 기중(氣中)차단기.
기중차단기(氣中遮斷器)	ACB	Air circuit-breaker	전로(電路)의 개폐를 대기중에서 하는 차단기.
가스차단기	GCB	Gas circuit-breaker	전로(電路)의 개폐를 육불화황(SF_6) 등의 비활성가스 중에서 행하는 차단기.
진공차단기	VCB	Vacuum circuit-breaker	전로(電路)의 개폐를 진공중에서 하는 차단기.
배선용 차단기	MCCB	Molded-case circuit-breaker	개폐기구, 외부연결장치 등에 절연물(絶緣物)의 용기내에 일체로 조립한 기중차단기.
누전(漏電)차단기	ELCB	Earth leakage circuit-breaker(영) Ground fault circuit-interrupter(미)	지락검출장치, 외부연결장치, 개폐기구 등을 절연물(絶緣物)의 용기내에 일체로 조립한 것으로 지락전류가 소정의 조건이 되었을 때 자동차단시키는 기중차단기.
전자접촉기	MC	Electromagnetic contactor	전자석의 작동에 의해 부하전로(負荷電路)를 빈번하게 개폐하는 접촉기.
전자개폐기	MS	Electromagnetic switch, Electromagnetic starter	과전류계전기(過電流繼電氣)를 갖춘 전자접촉기의 총칭.
전환스위치 (실렉터스위치)	COS	Change-over switch, (Selector switch)	2개 이상의 회로 전환을 행하는 제어스위치.
전류회로 교체스위치	AS	Ammeter change-over switch	-
전압회로 교체스위치	VS	Voltmeter change-over switch	-
유도(誘導)전동기	IM	Induction motor	교류전력에 의해 기계동력을 발생시켜 정상상태에서 어떤 슬라이딩을 가진 속도로 회전하는 교류전동기.
변압기(變壓器)	T	Transformer	철심(鐵心)과 둘 또는 셋 이상의 전선 위치를 옮기지 않는 기기로 하나 또는 두 개 이상의 회로(回路)로부터 교류전력을 받아 전자유도 작용에 의해 전압 및 전류를 변성(變成)하여 다른 하나 또는 두 개 이상의 회로에 동일 주파수의 교류전력을 공급하는 기기.
변류기(變流器)	CT	Current transformer	어떤 전류값을 이것과 비례하는 전류값으로 변성하는 계기용 변성기.

용 어	문자기호	외국어(참고)	용어의 의미
영상변류기(零相變流器)	ZCT	Zero-phase-sequence current transformer	선로전류(線路電流) 중에 포함되는 영상(零相) 전류를 변성하는 변류기.
계기용 변압변류기	VCT (PCT)	Combined voltage and current transformer, (Potential current transformer)	변류기와 계기용 변압기를 하나로 연결하여 상자 등에 넣어 결선(結線)돼 있는 계기용 변성기.
시험용 단자	TT	Testing terminal	기기, 회로의 시험 및 측정을 목적으로 하는 단자.
접지단자	ET	Earthing terminal	기기, 장치의 접지(接地)를 목적으로 하는 단자.
케이블 헤드	CH	Cable head(영), Pot head(미)	-

5 · 2 수변전(受變電)설비

건축물이 안전하고 쾌적하게 기능을 수행하기 위해서는 각종 시설이 필요로 하는 전력을 공급할 수 있어야 한다.

빌딩에서는 그 규모의 차이도 있지만 일반가정보다 대단히 많은 용량의 전력을 사용하기 때문에 전용설비인 「자가용 수변전설비(自家用受變電設備)」를 필요로 하게 되는데, 전력회사에서 공급되는 전압은 본 서에서 서술하고 있는 모델건물 정도의 규모로는 6,600V 수전(受電)이 일반적이다.

[1] 단선 결선도(單線結線圖)

빌딩이나 공장 등에서 전력회사로부터 수전(受電)하여 이용하는 수용가를 자가용 수용가(自家用需要家)라고 하며, 그 구내(構內)에서 공기조화기 등의 부하(負荷)를 필요로 하는 전압으로 낮춰(강압(降壓)이라고 한다) 공급하는 시설을 자가용 변전소라 한다.

이 자가용 변전소로부터 각종 전기설비까지의 간선(幹線) 계통도를 자가용 수변전설비 단선결선도(自家用受變電設備 單線結線圖)라고 한다.

그림 5 · 1에 모델건물의 단선결선도 예를 나타내었다.

그림 5 · 2에 자가용 변전소의 동력반, 전등반에서 각 층의 분전반까지의 계통도 예를 나타내었다.

◆ 요 점

① 그림 5 · 1은 3상(三相) 3선(線), 50Hz, 6,600V 고압수전의 수변전설비도이다.

② 고압의 전압은 변압기(트랜스 폼)를 사용해서 동력 회로용 3상부하(三相負荷)나 조명 · 콘센트의 부하(負荷)에 공급된다.

③ 수변전설비는 고전압을 취급하기 때문에 일반 사람이 용이하게 출입할 수 없도록 전용 전기실에 설치되어 있는데 모델건물의 경우는 지하 기계실 내에 있다. 또 설치 공간 면에서 옥상 등에 큐비클식의 수변전설비를 설치하는 경우도 있다.

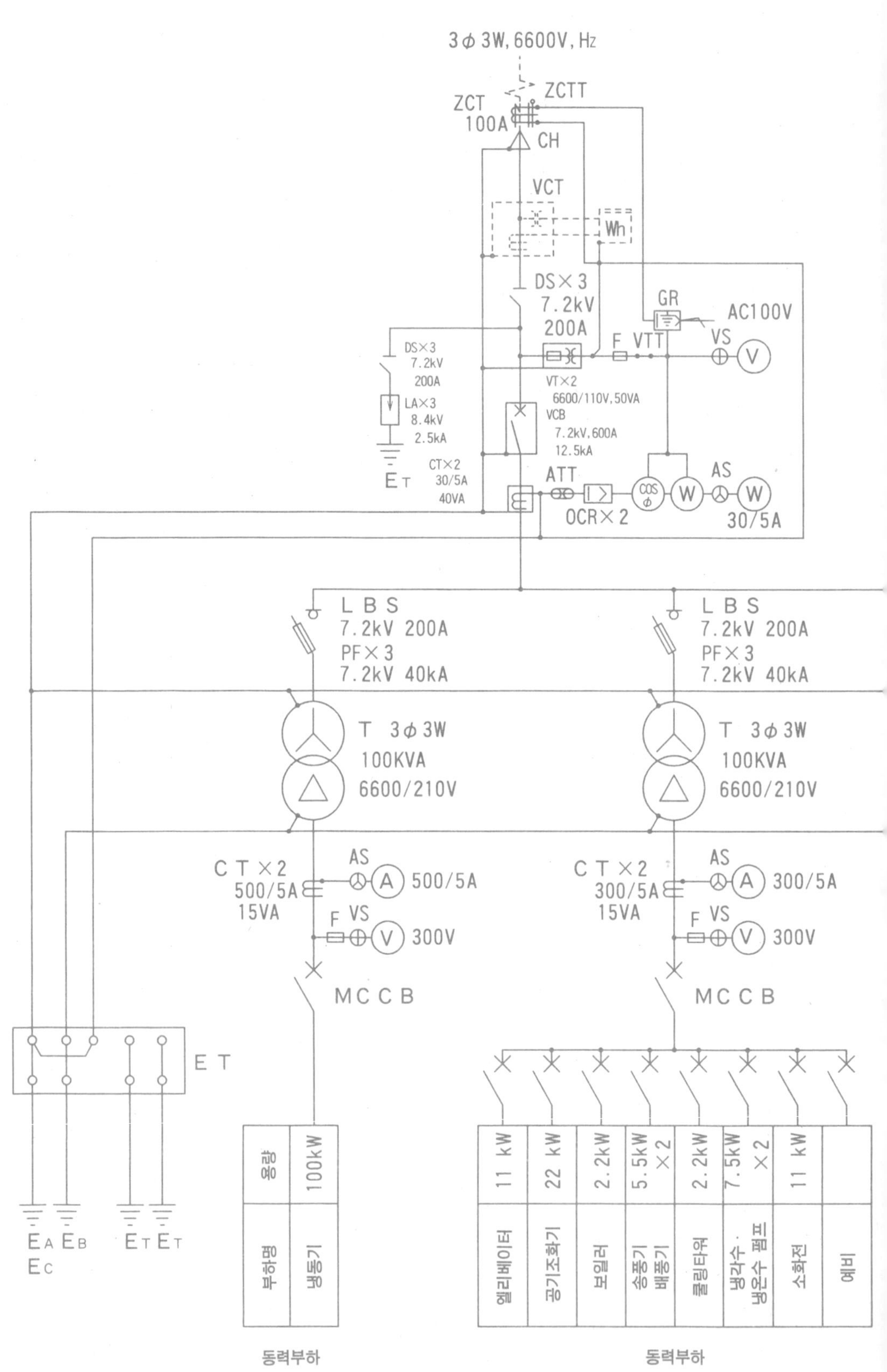

도시 5 · 1 수변전설비 단선 결선도

범	례		
A	전류계	CH	케이블 헤드
V	전압계	VCT	연결용 변성기 상자
AS	전류회로 교체스위치	Wh	전력량계(電力量計)
VC	전압회로 교체스위치	DS	단로기(斷路器)
T	변압기	ZCT	영상(零相)변류기
SC	진상(進相)콘덴서	GR	접지계전기(接地繼電氣)
ATT	전류회로용 테스트 터미널	LA	피뢰기(避雷器)
VTT	전압회로용 테스트 터미널	VCB	진공차단기
ZCTT	영상(零相)회로용 테스트 터미널	TC	트립 코일
MCCB	배선용 차단기	OC	과전류계전기
E	접지(接地 : 1, 2, 3 종)	RL	VCB 표시등(점등시 - ON)
F	퓨즈	PT	계기용 변압기
PF	파워퓨즈	CT	변류기
SR	직렬 리액터	LBS	고압교류부하 개폐기

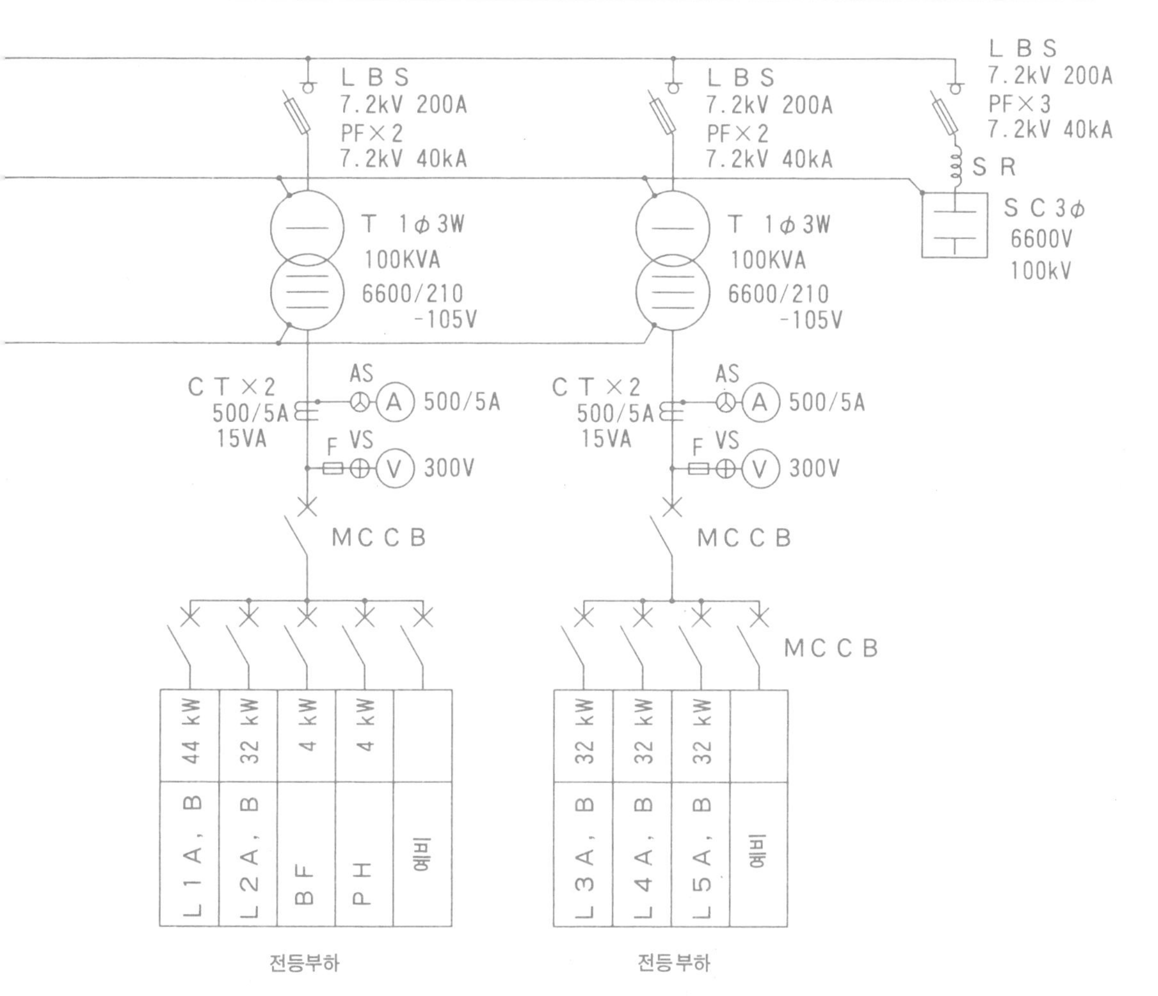

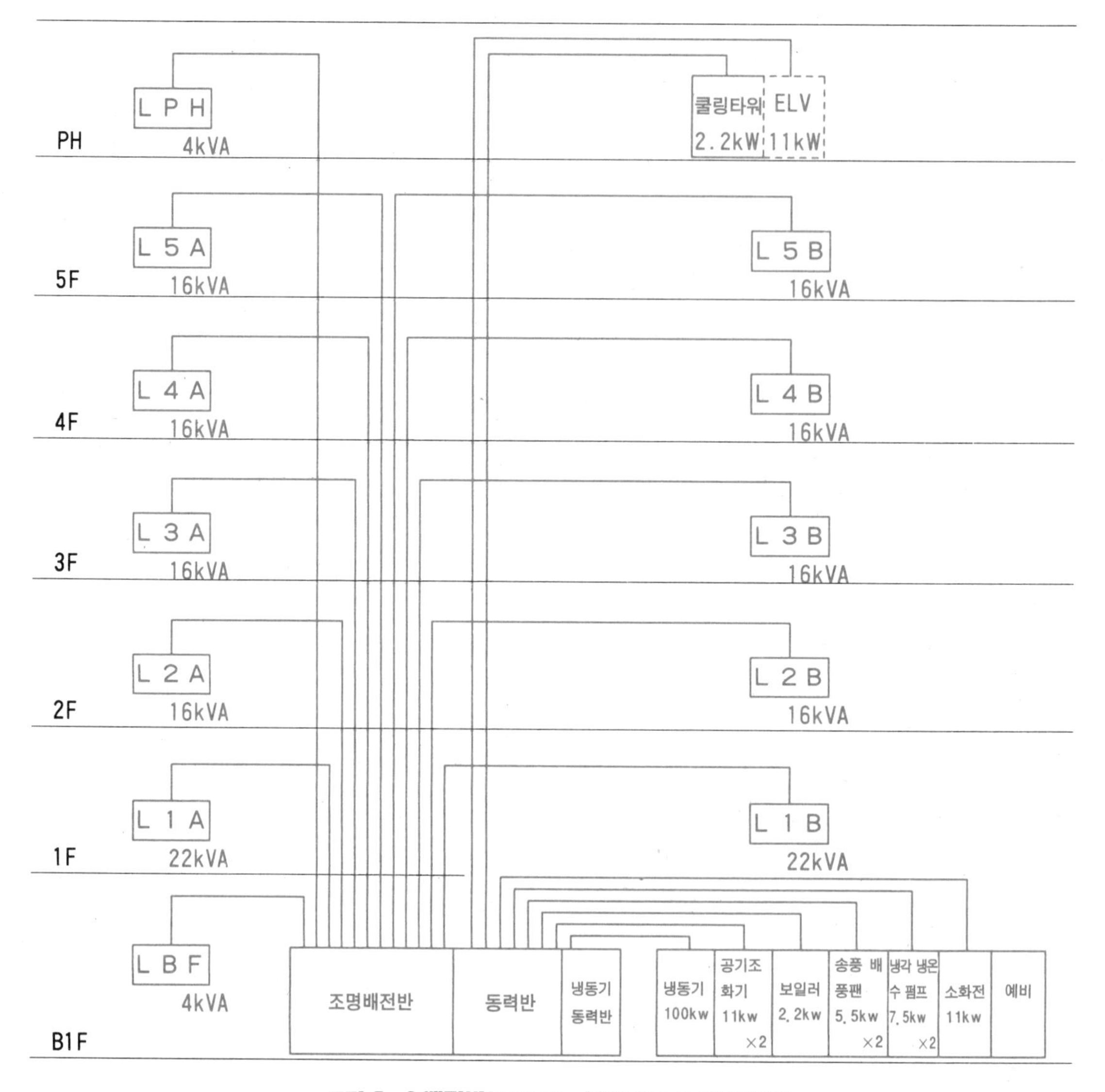

그림 5·2 배전반(配電盤)·분전반(分電盤) 계통도

◆ 보는 방법

① 수전전력(受電電力)은 그림 중, 최상단의 점선에서 공급되어 ZCTT~VCT~DS를 지나 VCB에 이르는데 Wh는 일반가정의 적산전력량계(積算電力量計)에 상당하고 VCB는 브레이커에 상당한다.

② 그림 중 가운데의 T는 변압기의 도시기호이고 왼쪽 2대는 저압동력용, 오른쪽의 2대는 단상(單相) 3선식 200/100 V의 전등부하용 변압기이다.

③ 그림 중, 왼쪽 아래의 E_A, E_B, E_C는 접지(어스)의 종류를 의미한다.

④ 문자기호와 의미는 그림 중 범례 및 표 5·3을 참조한다.

◆ 작성 방법과 기호

① 단선결선도를 그릴 경우에는 표 5·2에 표시한 「JIS C 0301 전기용 도시기호」를 사용한다.

② 기호는 전체적인 균형을 고려해서 통일된 크기로 그리는 것이 중요하다.

5 · 3 옥내 배선도

전등 배선도는 건물내의 조명 · 스위치, 콘센트 등의 기구를 JIS로 정해진 도시기호로 표시하여 그것들을 어떻게 배선할지를 도면으로 표현한 것으로 옥내 배선도의 기본이라고 할 수 있다.

전등 배선도는 조명만이 아니라 콘센트 설비도 포함해서 고려하는 것이 보통이다. 이것은 동시에 백열전등이 주요 조명이었을 때 충분한 밝기를 얻기 위해 전등 수를 많이 필요로 하므로 경제적이지 못하였다. 이 때문에 전기스탠드 등의 보조조명을 사용했는데 콘센트는 이렇게 사용되었을 때부터 지금까지도 전등배선에 포함되어 있다.

현재의 콘센트 설비는 개인 컴퓨터 등의 OA기기나 각종 사무기기의 전원용이 주체가 되어 1㎡당 50VA를 넘는 것이 일반적이다.

[1] 전등 배선도

각 층 분전반에서 조명기구 · 스위치, 콘센트까지의 배선도를 그림 5 · 3에 나타내었다.

모델건물은 실내를 좌우로 구별하여 설계하였기 때문에 분전반을 2면 필요로 하는데, 각 층에서는 1면의 분전반으로 해도 지장이 없다.

건물 내의 전기 배선도는 위에서 서술한 기구류 외에 비상용 조명 · 유도등 등의 배선도도 포함하여 도면이 이상하게 복잡하게 되는 경우가 많은데, 본 예에서는 옥내 배선도로 나타내었다.

◆ 그림 5 · 3의 읽는 방법

① 도면 중의 기호 · 해석은 JIS C 0303에 따르며 표 5 · 4에 나타내었다.

② 도면 중, 조명기구(형광등)에 표시한(가) (나) (다)는 스위치의(가) (나) (다)에 대응하고 있는 것을 의미하고 있다.

③ 그림 중, ──H── 는 천장 매립형 또는 천장 은폐로 시공하는 비상조명 회로용의 내열 비닐절연전선(HIV)을 의미하고 있다.

◆ 작성 방법과 기호

① 모델건물의 평면도는 1/100인데, 여기에 조명기구를 표현할 경우 평면도의 척도에 맞춘 치수로 그린 것이 일반적으로 밸런스도 좋다. 여기에서 사용한 기구는 폭이 330mm, 길이가 2,500mm이기 때문에 폭 3.3mm 길이 2.5mm 정도로 그리면 좋다.

② 비상용 조명기구(백열전구)는 1/100으로 그리면 너무 작아지기 때문에 지름 3mm정도로 그린다. 콘센트도 마찬가지로 3mm정도로 그리는데 스위치는 1.5mm정도로 그리면 좋다

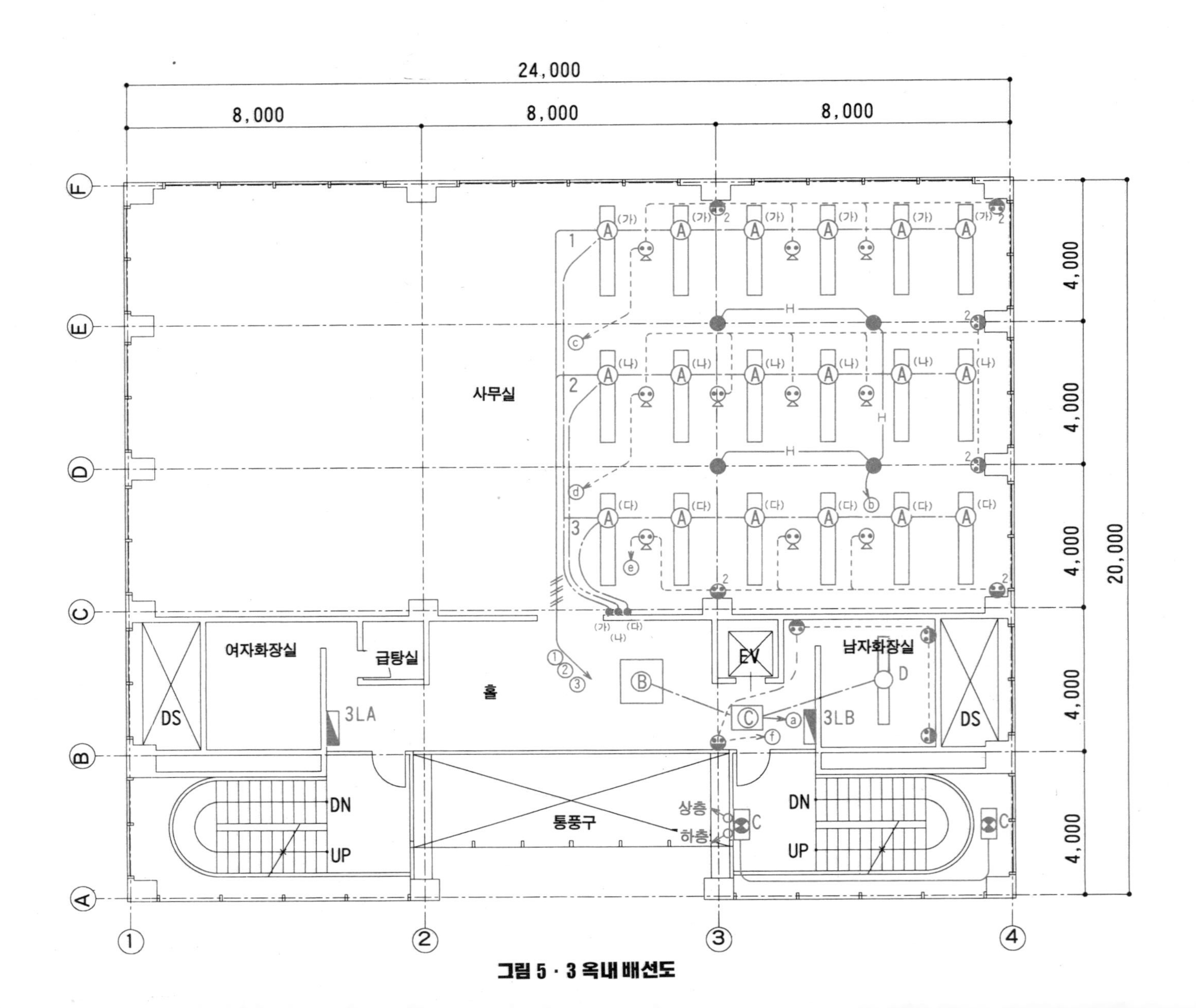
24,000
8,000
8,000
8,000
4,000
4,000
4,000
4,000
4,000
20,000
사무실
홀
여자화장실
급탕실
남자화장실
통풍구
DS
DS
EV
DN
UP
DN
UP
3LA
3LB
상층
하층

그림 5·3 옥내 배선도

표5 · 4 옥내 배선용 도시기호(JIS C 0303 $_{-1984}$ 발췌)

a. 일반배선(배관 · 덕트 · 금속선 등을 포함한다)

명 칭	도시기호	개 요
천장 은폐(隱蔽)배선	―――――	(1) 천장 은폐배선 중 천장 안쪽 내배선(內配線)을 구별하는 경우는 천장 안쪽 내배선(內配線)에 ―•―•― 을 사용해도 좋다.
바닥 은폐(隱蔽)배선	— — — —	(2) 노출(露出)배선 중 바닥 노출배선을 구별하는 경우는 바닥 노출배선에 ―••―••―을 사용해도 좋다.
노출(露出)배선	--------------	(3) 전선의 종류를 나타낼 필요가 있는 경우는 기호를 기입한다. 예) 600V 비닐절연전선 IV 600V 이중 비닐절연전선 HIV 가교(架橋) 폴리에틸렌 절연비닐 시스케이블 CV 600V 비닐 절연비닐 시스케이블(평형) VVF 내화(耐火) 케이블 FP 내열(耐熱) 전선 HP 통신용 PVC 옥내선 TIV (4) 절연전선(絶緣電線)의 굵기 및 전선 수는 다음과 같이 기입한다. 단위가 정확한 경우는 단위를 생략해도 좋다. 예) ///1.6 //2 //2mm² ///8 숫자 기입의 예 : 1.6×5 5.5×1 단, 문서 등에서 전선의 굵기 및 전선 수가 명확한 경우는 기입하지 않아도 좋다. (5) 케이블의 굵기 및 선심 수(線心數 : 또는 대수(對數))는 다음과 같이 기입하고 필요에 따라서 전압을 기입한다. 예) 1.6mm 3심(心)의 경우 1.6−3C 0.5mm 100대(對)의 경우 0.5−100P 단, 문서 등에서 케이블의 굵기 및 선심 수(線心數)가 명확한 경우는 기입하지 않아도 좋다. (6) 전선의 접속점은 다음에 의한다.
풀박스 및 접속상자	⊠	(1) 재료의 종류, 수치를 표시한다. (2) 박스의 대소 및 형상에 따라 표시한다.
VVF용 조인트 박스	⊘	단자부(端子付)인 것을 나타낼 경우는 t를 기재한다. ⊘t
입상 입하 통과	○↗ ↙○ ↙○↗	(1) 동일 층(層)의 입상, 입하는 특별히 표시하지 않는다. (2) 관(管), 선(線) 등의 굵기를 명기한다. 단, 명확한 경우는 기입하지 않아도 좋다. (3) 필요에 따라서 공사 종별을 기재한다. (4) 케이블의 방화구획 관통부(防火區劃貫通部)는 다음에 따라 표시한다. 입상 ◎↗

b. 기기(機器)

명 칭	도시기호	개 요
전동기	Ⓜ	필요에 따라서 전기방식, 전압, 용량을 기재한다. 예) Ⓜ 3φ200V 37㎾
콘덴서	⊣⊢	전동기의 개요를 준용한다.
전열기	Ⓗ	전동기의 개요를 준용한다.
환기팬 (선풍기를 포함한다)	∞	필요에 따라서 종류 및 크기를 기재한다.
룸 에어컨	RC	(1) 옥외 유닛에는 O를, 옥내 유닛에는 I를 기재한다. RC_O RC_I (2) 필요에 따라서 전동기, 전열기의 전기방식, 전압, 용량 등을 기재한다.

c. 조명기구

명 칭	도시기호	개 요
일반용 조명 백열등 HID등	○	(1) 벽 부착형은 벽측을 표시한다. ◐ (2) 기구(器具)의 종류를 나타내는 경우는, ○ 안이나 또는 내용 기재에 의해 명칭, 숫자 등의 문자기호를 기입해 도면의 비고 등에 표시한다. 예) ㉮ ○$_{가}$ ① ○$_{1}$ Ⓐ ○$_{A}$ 등 같은 방에 같은 기구를 다수 시설한 경우는 모아서 문자기호와 기구수를 기입해도 좋다. (3) (2)에 의해 보기 흉한 경우는 다음의 예에 의한다. 걸이 로젯트형 (○) 펜던트 ⊖ 천장 부착형 (CL) 샹들리에 (CH) 매립형 기구 (DL) (◎ 로 표시해도 좋다) (4) 용량을 나타내는 경우는 와트 수(W)×램프 수로 표시한다. 예) 100 200×3
형광등	▭○▭	(1) 도면기호 ▭○▭ 는 ▭○▭ 로 표시해도 좋다. (2) 벽부착형은 벽측을 표시한다. 가로부착의 경우 : ▭◒▭ 세로부착의 경우 : (세로형 기호) (3) 기구의 종류를 나타내는 경우는 ○ 안이라든가 또는 기록에 의해 명칭, 숫자 등의 문자기호를 기입해 도면의 비고(備考) 등에 표시한다.

비상용 조명(건축기준법에 의한 것) 백열등	●	(1) 일반용 조명 백열등의 개요를 준용한다. 단, 기구의 종류를 나타내는 경우는 내용을 적는다. (2) 일반용 조명 형광등에 설치하는 경우는 다음에 따른다.
형광등		(1) 일반용 조명 형광등의 개요를 준용한다. 단, 기구의 종류를 나타내는 경우는 내용을 적는다. (2) 계단에 설치하는 통로유도등과 겸용의 것은 으로 한다.
유도등(소방법에 의한 것) 백열등		(1) 일반용 조명 백열등의 개요를 준용한다. (2) 객석조명 유도등의 경우는 필요에 따라 S를 표시한다. S
형광등		(1) 일반용 조명 형광등의 개요를 준용한다. (2) 기구의 종류를 나타내는 경우는 표시를 한다. 예) 中 (3) 통로유도등의 경우는 필요에 따라서 화살표를 기입한다. 예) (4) 계단에 설치하는 비상용 조명과 겸용의 것은 로 한다.
불멸 또는 비상용 등(건축기준법, 소방법에 의하지 않는 것) 백열등	⊗	(1) 벽부착(壁付)은 벽측을 표시한다. (2) 일반용 조명 백열등의 개요를 준용한다. 단, 기구의 종류를 나타낼 경우는 명시한다.
형광등		(1) 벽부착(壁付)은 벽측을 표시한다. (2) 일반용 조명 형광등의 개요를 준용한다. 단, 기구의 종류를 표시할 경우는 명시한다.

d. 콘센트

명 칭	도시기호	개 요
콘센트		(1) 도시기호는 벽부착을 나타내고 벽측을 표시한다. (2) 도시기호 는, 로 표시해도 좋다. (3) 천장에 설치할 경우는 다음에 따른다. (4) 바닥에 설치할 경우는 다음에 따른다. (5) 용량 표시방법은 다음에 따른다. a. 15A는 명시하지 않는다. b. 20A 이상은 암페어 수를 표시한다. 예) 20A (6) 2구(口) 이상의 경우는 수를 명시한다. 예) 2

		(7) 3극(極) 이상의 것은 극수(極數)를 명시한다. 예) ⊙3P (8) 종류를 나타내는 경우는 다음에 따른다. 골라 멈춤 형 ⊙LK 잡아 거는 형 ⊙T 접지극 부착(接地極付) ⊙E
비상 콘센트 (소방법에 의한 것)	⊙⊙	

e. 점멸기(點滅機)

명 칭	도시기호	개 요
점멸기	●	(1) 용량 표시방법은 다음에 따른다. a. 10A는 명시하지 않는다. b. 15A 이상은 전류값을 명시한다. 예) $●_{15A}$ (2) 극수(極數)의 표시방법은 다음에 따른다. a. 단극(單極)은 명시하지 않는다. g. 2극(極) 또는 3로(路), 4로(路)는 각각 2P 또는 3, 4의 숫자를 명시한다. 예) $●_{2P}$ $●_{3}$

f. 배전반(配電盤) · 분전반(分電盤) · 제어반(制御盤)

명 칭	도시기호	개 요
배전반(配電盤), 분전반(分電盤) 및 제어반	▭	(1) 종류를 구별하는 경우는 다음에 따른다. 배전반(配電盤) ⊠ 분전반(分電盤) ◪ 제어반(制御盤) ⧓ (2) 직류(直流)용은 그 취지를 명시한다. (3) 방화 전원회로용 배전반(配電盤) 등의 경우는 2중 틀로 하고 필요에 따라서 종별(種別)을 명시한다. 예) ⊠ 1종 ◪ 2종

g. 계기(計器)

명 칭	도시기호	개 요
전력량계(電力量計)	(Wh)	(1) 필요에 따라서 전기방식, 전압, 전류 등을 명시한다. (2) 도시기호 (Wh)는 (WH)로 표시해도 좋다.
전력량계(電力量計) (상자넣기 또는 후드 설치)	[Wh]	(1) 전력량계(電力量計)의 개요를 준용(準用)한다. (2) 집합계기상자에 수납할 경우는 전력량계(電力量計)의 수를 명시한다. 예) $[Wh]_{12}$

[2] 분전반 결선도(分電盤結線圖)

그림 5 · 3에 제시한 분전반(명칭 : 3LB)의 내부 결선도를 단상(單相)3선식 200/100V 배전방식에 의해 그림 5 · 4에 나타내었다.

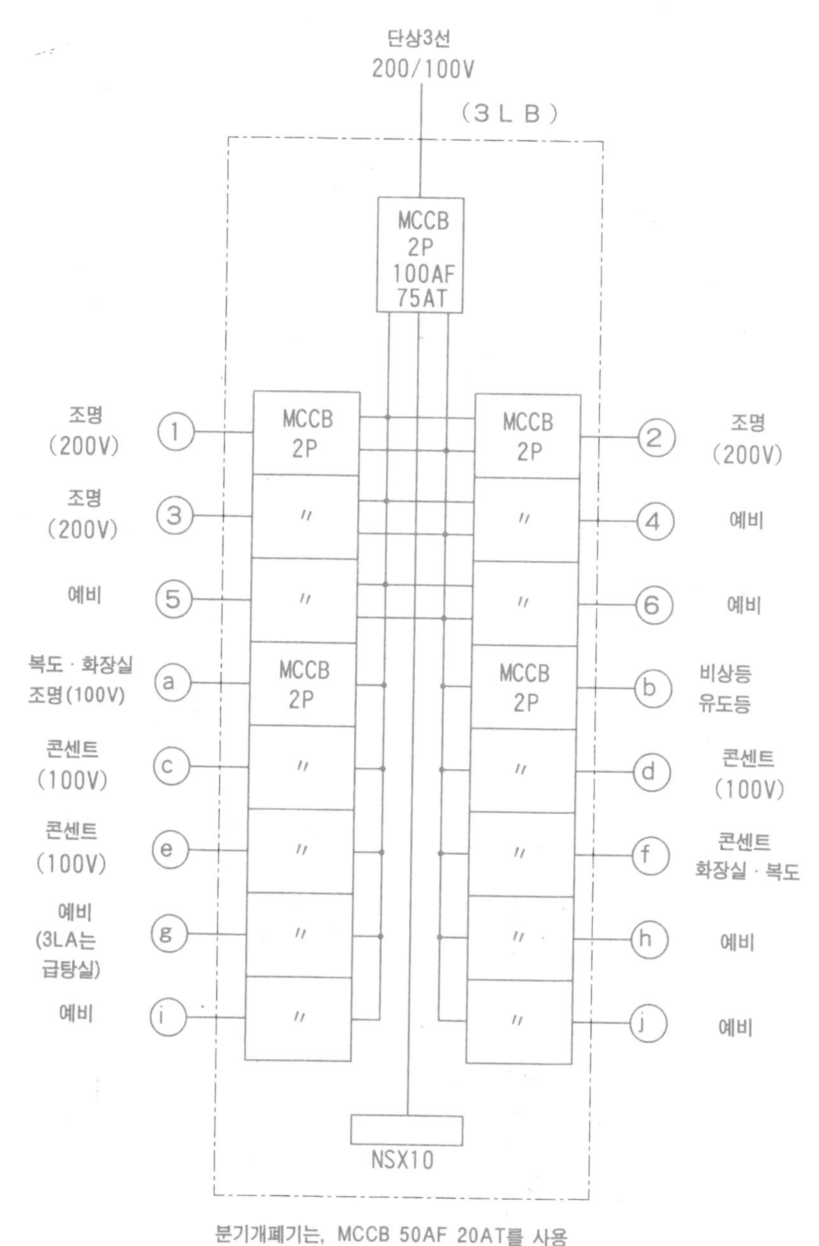

분기개폐기는, MCCB 50AF 20AT를 사용

그림 5 · 4 분전반 결선도(分電盤結線圖)

◆ 요 점

① 모델건물을 포함해서 빌딩 내의 조명설비는 단상(單相) 200V 기구를 사용하는 경우가 일반적이다.
② 콘센트 회로는 빌딩 사무실 내의 OA화에 대응하여 벽면 외 마루 면에 설치하는 플로어 콘센트를 설치하고 있다.
③ 사무실 내의 조명배치는 장래 칸막이를 고려하였는데, 그 외 여러 가지 배치방법을 생각할 수 있다.

5·4 동력 회로도

건축설비 중에서의 동력설비는 빌딩 내의 쾌적한 공기조화를 위해 냉동기·보일러, 냉온수 관련 펌프, 공기조화기, 급배수 설비용 펌프, 소화전용 펌프 등의 설비, 엘리베이터·에스컬레이터 설비 등이 있고 이들 동력원으로서 전동기가 사용되고 있다.
본 절에서는 이들 설비용 전동기에 전원을 공급하는 동력배선도, 전동기의 기동(시동)방법의 대표로서 스타델타(Y-△)기동장치도 및 패키지형 공기조화기의 시퀀스도를 풀이하였다.

표 5·5

a. 접점(接點) 기본 도시기호

명 칭	도시기호		개 요
	계열1	계열2	
접 점 a접점 (메이크 접점)	(a) 07-02-01 (b) 07-02-02	(a) (b)	1. 접점 도시기호를 가로방향으로 그릴 경우의 예를 다음에 예시한다. 계열1 계열2 a접점 b접점
b접점 (브레이크 접점)	(a) 07-02-03 (b) (IEC)	(a) (b)	2. 전력용 접점, 계전기 접점, 보조스위치 접점 등에 사용한다.

수동복귀접점 a접점 (메이크 접점)	 07-06-02		
b접점 (브레이크 접점)			
한시작동접점 a접점 (메이크 접점)	(a) 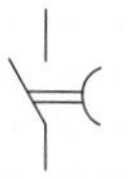 07-05-01 (b)  07-05-02	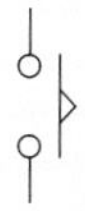	작동시 한시(限時)가 있는 접점을 표시할 필요가 있는 경우에 사용한다.
b접점 (브레이크 접점)	(a)  (IEC) (b)  (IEC)	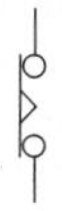	

b. 조작스위치

명 칭	도시기호		개 요
	계열1	계열2	
푸시 버튼스위치	(a) 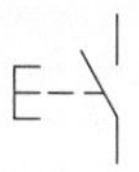 07-07-02 (b) 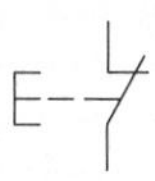 (IEC)	(a) 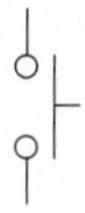 (b) 	1. 계열 1에 있어서 푸시 버튼스위치의 접점은 일반적으로 자동복귀하기 때문에 특별히 자동복귀 표시를 하지 않아도 좋다. 2. (a)는 푸시 조작에 의해 회로를 차단하고 손을 떼면 자동복귀하기에 사용한다. 3. (b)는 푸시 조작에 의해 회로를 개방하고 손을 떼면 자동복귀하는 것에 사용한다.

c. 전력용 개폐기

명 칭	도시기호		개 요
	계열1	계열2	
나이프스위치	(a) 07-07-01 (b) (IEC)	(a) (b)	(b)는 복선도(3극)의 경우를 나타낸다.
전 자 접 촉 기	(a) 07-13-02 (b) 07-13-04	(a) (b)	

표 5·5에 JIS C 0301에서 발췌된 도시기호를, 표 5·6에 제어기구번호를 나타내었다.

[1] 동력 배선도

모델건물 지하 1층, 기계실 내의 공기조화용 동력 배선도를 그림 5·5에 나타내었다. 본 그림에서는 급배수설비, 소화전설비의 동력 배선도는 생략하고 있다.

그림에 사용된 기호는 JIS C 0303 옥내 배선도용 도시기호에 의한다.

[2] 스타델타 기동장치도

전술한 각종 동력설비에 사용되는 전동기는 대개 3상(三相)교류 유도전동기(3상 인덕션모터)이다. 여기에서는 이 전동기의 기동(전동기의 스위치를 넣어 운전하는 것) 방법에 대해서 그림 5·6을 예로 해설한다. 모델건물에서 사용하고 있는 냉동기는 이 기동방법을 채용하고 있기 때문에 그림 5·7에 참고로 제시했다.

표 5·6 제어기구번호(JEM-1090-1978 발췌)

기구번호	기 구 명 칭	설 명
1	주간선제어기 또는 스위치	주요기기의 시동·정지를 개시하는 것
2	시동 혹은 폐로 한시계전기(閉路限時繼電氣) 또는 시동 혹은 폐로 지연계전기	시동 혹은 폐로(閉路)개시 전의 시각설정을 행하는 것 또는 시동 혹은 폐로개시 전에 시간의 여유를 주는 것
3	조작스위치	기기를 조작하는 것
4	주제어회로용 제어기 또는 계전로(繼電路)	주제어회로의 개폐를 행하는 것
5	정지스위치 또는 계전기	기기를 정지하는 것
6	시동차단기, 스위치, 접촉기 또는 계전기	기계를 그 시동회로에 접속하는 것
23	온도조정장치 또는 계전기	온도를 일정한 범위로 유지하는 것
27	교류부족전압 계전기	교류전압이 부족했을 때 작동하는 것
28	경보장치	경보를 낼 때 작동하는 것
29	소화장치	소화(消火)를 목적으로 해서 작동하는 것
37	부족전류계전기	전류가 부족했을 때 작동하는 것
38	베어링 온도스위치 또는 계전기	베어링 온도가 규정값 이상 또는 규정값 이하가 되었을 때 작동하는 것
42	운전차단기, 스위치 또는 접촉기	기계를 그 운전회로에 접속하는 것
43	제어회로 전환스위치, 접촉기 또는 계전기	자동에서 수동으로 이동하는 것처럼 제어회로를 갱신하는 것
46	역상(逆相) 또는 상 불평형 전류계전기	역상(逆相) 또는 상 불평형 전류로 작동하는 것
47	차상(次相) 또는 역상(逆相) 전압계전기	차상(次相) 또는 역상(逆相)전압일 때 작동하는 것
49	회전기 온도스위치 혹은 계전기 또는 과부하계전기(過負荷繼電氣)	회전기의 온도가 규정값 이상 혹은 이하가 되었을 때 작동하는 것 또는 기기가 과부하되었을 때 작동하는 것
51	교류과전류계전기 또는 지락과전류계전기	교류의 과전류 또는 지락과전류로 작동하는 것
52	교류차단기 또는 접촉기	교류회로를 차단·개폐하는 것
62	정지 혹은 개로(開路) 한시계전기 또는 정지 혹은 개로(開路) 지연계전기	정지 혹은 개로(開路) 전의 시각설정을 행하는 것 또는 정지 혹은 개로 전에 시간의 여유를 주는 것
63	압력스위치 또는 계전기	규정의 압력으로 작동하는 것
64	지락 과전압계전기	지로(地路)를 전압에 의해 검출하는 것
89	단로기(斷路器) 또는 부하(負荷)개폐기	직류 혹은 교류회로용 단로기(斷路器) 또는 부하(負荷)개폐기
99	자동기록장치	자동 오실로그래프, 자동 작동기록장치, 자동 고장(故障)기록장치, 고장위치점 표시기 등

[3] 공기조화 시퀀스도

모델건물의 공기조화설비는 지하 1층 기계실에 설비된 보일러, 냉동기의 냉온수열원과 공기조화기 등에 의한 중앙방식인데 부분적으로 패키지형 공기조화기를 사용하는 경우를 생각할 수 있다는 점에서 그림 5·8을 예로 들어 해설한다.

[4] 동력 배선도의 요점

① 모델건물의 공기조화설비 관련 기기를 예로 들어 동력 배선도를 나타낸다.
② M은 3상교류 유도전동기이고 이들 전동기의 정격출력에 대응하는 굵기의 절연전선 혹은 케이블을 수변전실(受變電室)의 동력반에서 배선하기 위한 도면이다.
③ 배선방법으로는 각 기기의 설치상황, 전동기 용량의 대소 등을 고려한, 본 도면을 일례로 들 수 있다.
④ 각 전동기의 측면에는 기동반을 설치하여 필요에 따라 스타델타 기동회로 등을 편성하는 것이 전제이기 때문에 동력 배선도에서는 이 부분은 생략하고 그리는 것이 일반적이다.

◆ 그림 5·5의 읽는 방법

① 도면 중, 냉동기용 전동기를 제외하고 다른 전동기는 모두 점선으로 나타내고 있는데, 이것은 바닥 은폐배선을 의미한다. 또 4개의 사선(斜線)은 비닐 절연전선(IV 선)이 4개 배선되어 있다는 뜻이다. 숫자는 전선의 지름으로 표시하거나 두꺼운 전선으로는 단면적으로 표시하고 있다. ( ) 안의 숫자는 전선을 넣은 전선관의 지름을 나타낸다.
② 냉동기로의 배선은 250㎟(선의 지름은 약 20㎜) 3개와 접지선 38㎟, 합계 4개를 케이블 랙이라고 하는 사다리형 케이블 지지물(支持物)을 사용한 배선이다.

◆ 기입방법과 기호

① 도시기호는 JIS C 0303(표 5·2-a~f)에 의한다.
② 케이블 랙 위의 배선은 — - —으로 나타낸다.

◆ 스타델타(Y-△) 기동장치도의 요점

① 전동기의 기동방법에는 「전 전압기동(全電壓起動)」 혹은 「직입기동」이라고 부르는 방법과 여기에서 표시한 스타델타 기동 등의 「감전압기동(減電壓起動)」이 있다.
② 전동기를 기동시키면 한순간 대전류가 흐르는데, 이것을 기동전류 혹은 시동전류라고 하며 전(全) 부하전류의 5~8배 정도(전동기의 용량에 따라 다르다)의 값을 갖는다.
③ 스타델타 기동방법은 기동시에 보통 약 58%의 전압을 추가하는 것으로 기동전류를 1/3로 감소시키고 변압기~전동기 간 전선의 「전압강하」를 억제함으로써 다른 전등설비 등에 장해를 경감할 수 있다.
④ 스타델타 기동방법은 정격출력 5.5kW 이상의 전동기에 사용되는 경우가 많다.

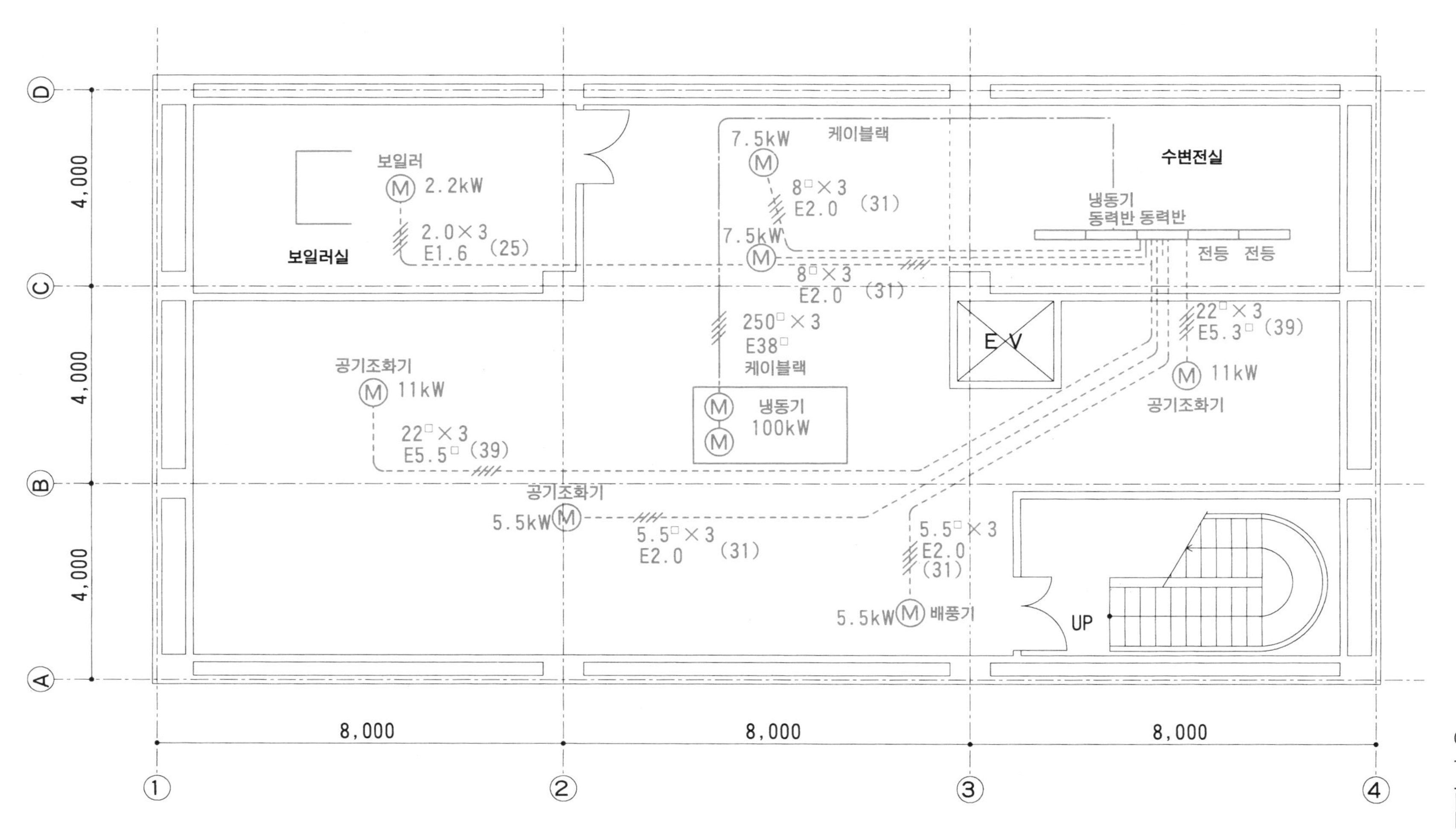

도시 5·5 동력 배선도(공기조화 시스템)

◆ 그림 5·6 보는 방법

① 도면 중, 왼쪽 위의 3상전원(三相電源) RST에서 아래방향으로 설치된 세로선을 주회로라 부르고 RT에서 F를 통해 우측에 그려진 부분을 제어회로라 부른다.

② 기동은 PB1을 누르면 6의 전자접촉기가 폐로(閉路)하고 스타운전이 개시되어 수초 후에 42의 전자접촉기로 바뀜으로써 델타운전 접속되어 전(全) 전압운전이 된다.

③ 사용한 도시기호는 표 5·5에, 기기번호는 표 5·6에 나타내었다.

◆ 기입방법과 기호

① 그림 5·6의 기호는 JIS 계열 2로 나타내었다.

② 주회로는 제어회로보다 굵은 선으로 그리는 경우도 있다.

③ 도시기호는 전체 균형을 고려해 치수율을 바꿔 그려도 좋다.

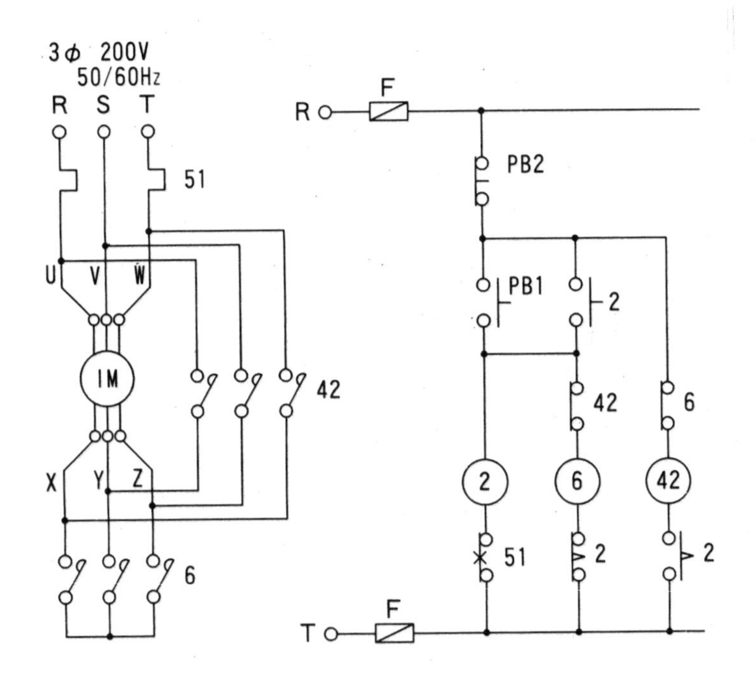

그림 5·6 스타

[5] 공기조화 시퀀스도의 요점

① 패키지형 공기조화기는 수랭식(水冷式)과 공랭식(空冷式)의 두 방식이 있는데, 최근에는 공랭식(空冷式)이 주류이고 냉난방 둘 다 사용하는 경우가 많아졌다. 수랭식(水冷式)은 냉방 전용이다.

② 그림 5 · 7은 수랭식(水冷式) 패키지형 공기조화기의 시퀀스도이다. 옥외에는 냉각탑 · 냉각수 펌프 등의 설비 및 배관을 필요로 한다.

③ 그림 5 · 8은 수랭식(水冷式) 냉동기의 시퀀스도로, 이 경우는 옥상에 냉각탑 등을 설치하는 것을 말한다.

◆ 그림 5 · 7 읽는 방법

① 그림 중, 왼쪽 위의 3상전원(三相電源) RST가 3상(三相) 200V의 전원접속단자이고 52C→51C→CM, 52F→51F→FM이 주회로이다.

② R→F1 T→F2에서 우측 부분이 제어회로이고 주회로의 CM, FM을 제어한다.

범례와 기입방법

기호	치수	명 칭
1M	3 3, φ12, 3 3	3상(三相)유도 전동기 (인덕션 모터)
2	φ10 타이머 코일 / φ2, 2, 5, 7, 2, 7, 2, 2 타이머 접점	한시계전기 (타이머 릴레이)
6 42	φ10 코일 / φ2, φ2의 반원, 5, 3 주접점	전자접촉기 (마그넷 컨택터)
	φ2, 5, 7, 7, 2 보조접점	상 : a접점 하 : b접점

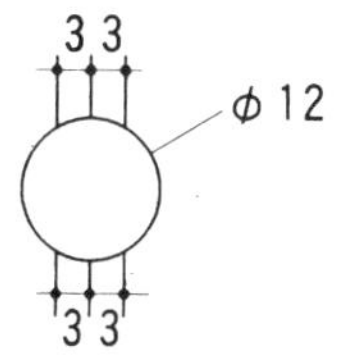

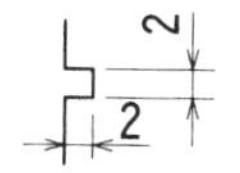

기호	치수	명 칭
51	(히터) 2, 2 (접점) 1, 2.5, 2, φ2	열동과전류 계전기 (서멀릴레이) 수동복귀형 접점
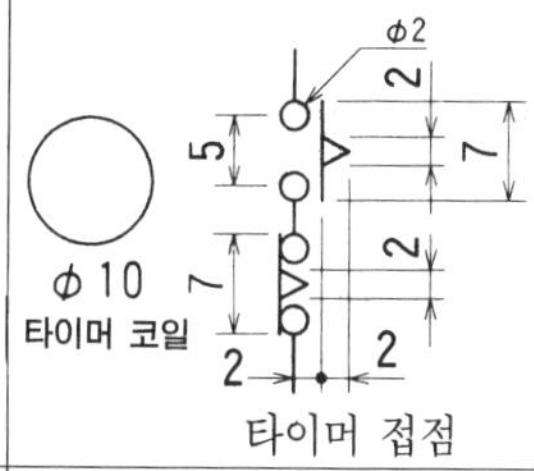 PB1 PB2	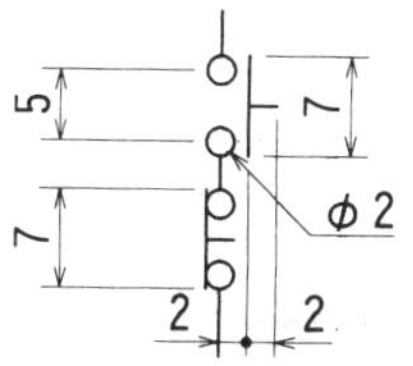 5, 7, φ2, 7, 2, 2	푸시 버튼 스위치 상 : a접점 하 : b접점
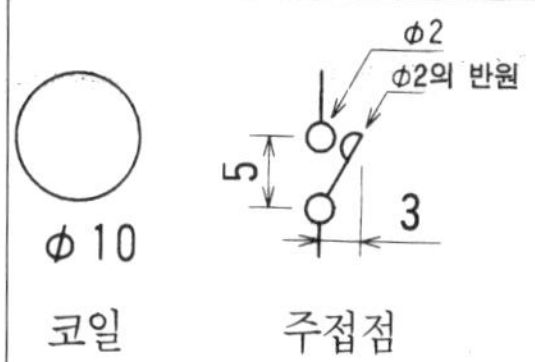 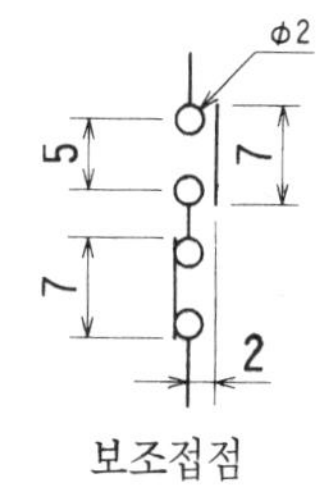 F	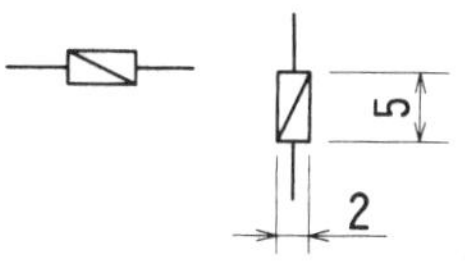 5, 2	밀폐형 퓨즈

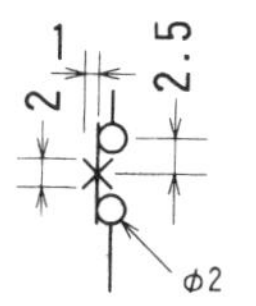

델타 기동 시퀀스도

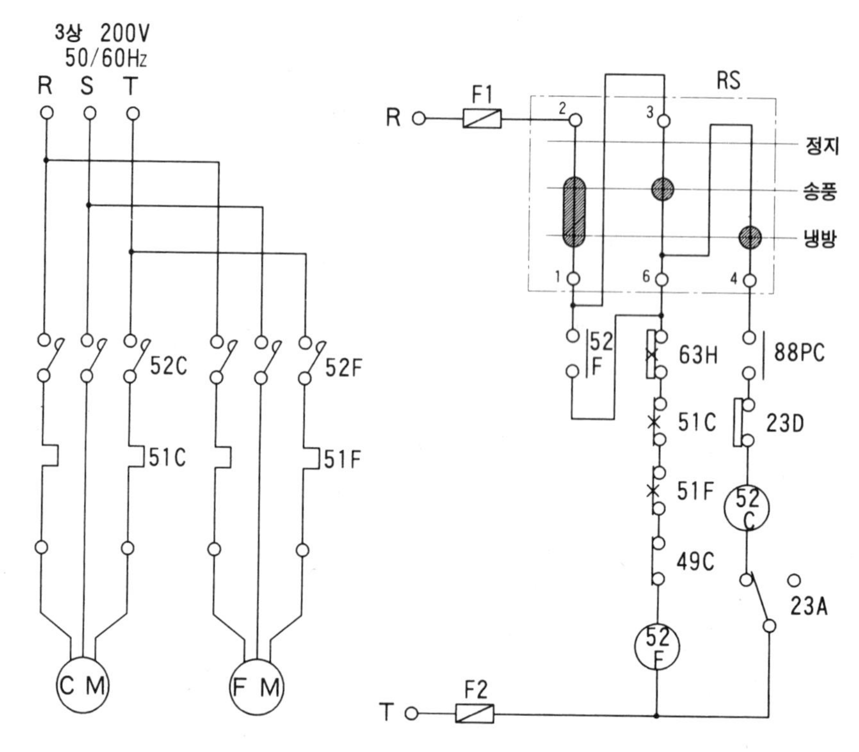

범례

기호	품 명	기호	품 명
CM	압축기	63H	고압스위치
FM	송풍용 전동기	23A	룸 서모스탯
52C	압축기용 전자접촉기	23D	동결방지 서모스탯
52F	송풍기용 전자접촉기	RS	로터리스위치
51C	압축기용 과전류 릴레이	F1, 2	퓨즈
51F	송풍기용 과전류 릴레이	88PC	외부 냉각수 펌프의 접점
49C	내부 오버로드 릴레이		

그림 5 · 7 패키지형 공기조화기 시퀀스도

③ 기동은 로터리 스위치의 손잡이를 송풍(送風)위치로 하면 RS 내의 번호 2~1 사이, 1~3~6 사이가 접속되어 52F의 코일이 여자(勵磁)되므로 주회로의 52F 접점이 폐로(閉路)돼서 송풍기 전동기가 운전된다.
손잡이를 냉방위치로 하면 52C의 코일이 여자(勵磁)되고 주회로의 52C 접점이 닫혀 압축기 전동기가 운전된다.
실온(室溫)이 설정값보다도 낮으면 23A의 접점이 열리고 압축기의 운전을 정지하는데 실온이 상승하면 다시 자동운전한다.

④ 사용한 도시기호는 표 5 · 5에, 기기번호는 표 5 · 6에 나타내었다.

◆ 기입방법과 기호

① 그림5 · 8의 기호는 JIS 계열2로 표현했다.
② 로터리스위치는 JIS가 아닌 독특한 도시방법이다.
③ 도시기호는 전체 밸런스를 고려하여 수치비를 바꿔 적어도 좋다.

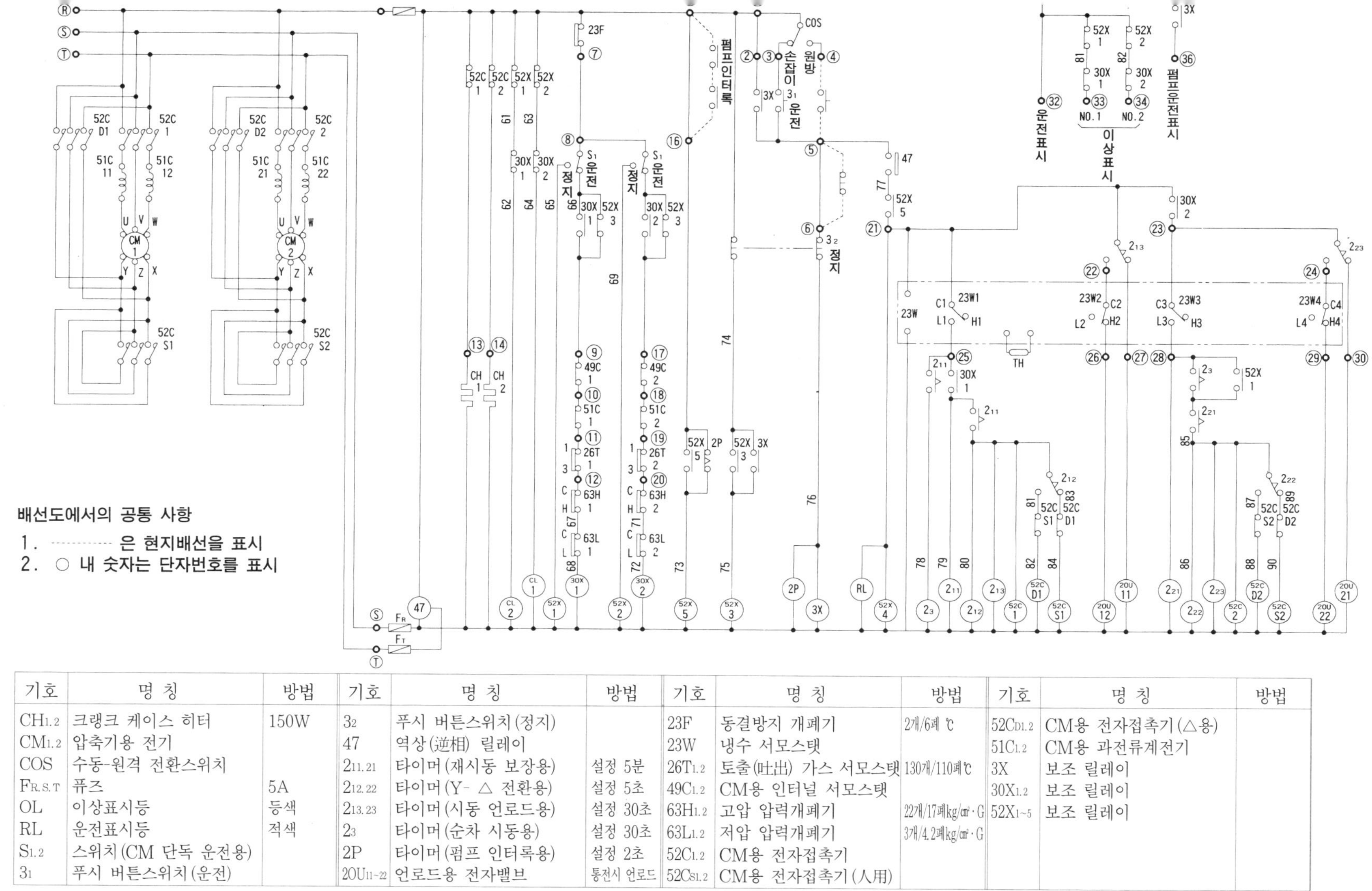

배선도에서의 공통 사항

1. ·········· 은 현지배선을 표시
2. ○ 내 숫자는 단자번호를 표시

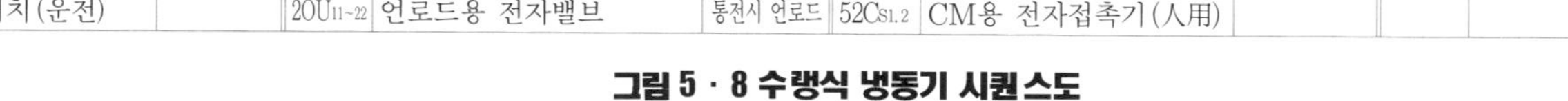

기호	명 칭	방법	기호	명 칭	방법	기호	명 칭	방법	기호	명 칭	방법
$CH_{1.2}$	크랭크 케이스 히터	150W	3_2	푸시 버튼스위치(정지)		23F	동결방지 개폐기	2개/6폐 ℃	$52C_{D1.2}$	CM용 전자접촉기(△용)	
$CM_{1.2}$	압축기용 전기		47	역상(逆相) 릴레이		23W	냉수 서모스탯		$51C_{1.2}$	CM용 과전류계전기	
COS	수동-원격 전환스위치		$2_{11.21}$	타이머(재시동 보장용)	설정 5분	$26T_{1.2}$	토출(吐出) 가스 서모스탯	130개/110폐℃	3X	보조 릴레이	
$F_{R.S.T}$	퓨즈	5A	$2_{12.22}$	타이머(Y-△ 전환용)	설정 5초	$49C_{1.2}$	CM용 인터널 서모스탯		$30X_{1.2}$	보조 릴레이	
OL	이상표시등	등색	$2_{13.23}$	타이머(시동 언로드용)	설정 30초	$63H_{1.2}$	고압 압력개폐기	22개/17폐kg/㎠·G	$52X_{1\sim5}$	보조 릴레이	
RL	운전표시등	적색	2_3	타이머(순차 시동용)	설정 30초	$63L_{1.2}$	저압 압력개폐기	3개/4.2폐kg/㎠·G			
$S_{1.2}$	스위치(CM 단독 운전용)		2P	타이머(펌프 인터록용)	설정 2초	$52C_{1.2}$	CM용 전자접촉기				
3_1	푸시 버튼스위치(운전)		$20U_{11\sim22}$	언로드용 전자밸브	통전시 언로드	$52C_{S1.2}$	CM용 전자접촉기(人用)				

그림 5 · 8 수랭식 냉동기 시퀀스도

제 6 장 소화설비설계

건축물 등의 신축(新築), 증축(增築) 혹은 개보수 등을 실시할 경우에는 그 용도, 규모, 크기에 따라서는 소방(消防)용으로 사용할 수 있는 설비(소방법에서는 소화설비 등을 일괄해서 이렇게 부르고 있다), 소방용수 및 소화활동상 필요한 시설을 설치하도록 소방법에 규정하고 있다.

6·1 소화설비의 개요

소방용으로 설치하는 설비로는 소화설비, 경보설비 및 피난설비가 있으며, 소화활동 시에 필요한 시설로는 배연(排煙)설비, 연결살수설비, 연결송수관, 비상 콘센트설비 및 무선통신 보조설비가 있는데, 이 중 일반적으로 공기조화·위생설비 범위로서 취급되는 것은 소화설비, 배연설비 및 연결송수관 설비이다.

[1] 소화설비 등의 종류

소화설비 등에는 다시 각각에 대해 다음과 같은 종류가 있다.

(가) 소화설비　소화활동을 수동 혹은 자동으로 하는 설비로 다음과 같은 것이 있다. (설비명 각각의 후단에 있는 가(可)는 가반식(可搬式), 이(移)는 이동식(移動式), 고(固)는 고정식(固定式)을 나타내는 것으로 후술(後述)할 비고1 참조).

① 소화기 및 간이 소화용구·······가(可)
② 옥내 소화전 설비··············이(移)
③ 스프링클러 설비···············고(固)
④ 물분무 소화설비···············고(固)
⑤ 포(泡) 소화설비···············이, 고(移, 固)
⑥ 이산화탄소 소화설비···········이, 고(移, 固)
⑦ 할로겐화물 소화설비···········이, 고(移, 固)
⑧ 분말약제 소화설비·············이, 고(移, 固)
⑨ 옥외 소화전 설비··············이(移)
⑩ 동력소방 펌프설비·············이(移)

(나) 경보설비　자동 화재감지설비 등으로 화재를 감지해서 경보수신반에 화재발생 장소를 나타냄과 동시에 경보음을 발하는 설비이다.

(다) 피난(避難)설비　피난기구, 유도등 등에 의해 건물 내에 있는 사람을 피난시키기 위한 것이다.

(라) 소방용수　방화수조(防火水槽) 등으로 소방대가 소화활동을 하기 위해 사용하는 것이다.

(마) 소화활동 상 필요한 설비　연결살수설비 및 연결송수관 설비로 소방대가 소화활동을 하기 위해 사용하는 것이다.

또한 이들 설비 중, 일반적으로 급배수 위생설비의 범위로서 취급되는 것은 「(가) 소화설비」 중 ②에서 ⑨까지의 설비와 「(마)소화활동상 필요한 시설」가운데 연결송수관 설비이다.

비고1 : 「가반식(可搬式)(법규로 지정된 용어는 아니지만 일반적으로 불려지고 있는 것임)」은 화재현장에 시설 전체를 사용하여 소화활동을 하는 것이고 「이동식」은 소화전 개폐밸브에서 호스에 접속된 노즐(소화약제를 방수 또는 방사하는 기구)을 화재현장에 가지고 가서 화점(火點)을 향해 소화약제를 방수 또는 방사함으로써 소화활동을 하는 방식이다. 또 「고정식」은 헤드(소화제를 방수 또는 방사하는 입구)인데, 건축물 등에 고정된 상태로 소화제를 방수 또는 방사함으로써 소화활동을 하는 방식이다.

또한 (가)항의 소화설비 중 「移, 固」라고 쓰여져 있는 것은 「이동식, 고정식」 양 방식을 나타내는 것이다.

비고2 : 법규로 정해져 있는 호칭은 아니지만 일반적으로 (가)중 ②에서 ⑤까지와 ⑨ 및 ⑩을 「수 사용 소화설비」, ⑥에서 ⑧까지를 「가스계 소화설비」라고 부르고 있다.

본 절에서는 이들 중 빌딩 건축물에 가장 많이 설치된 수 사용 소화설비 중 옥내소화전 설비, 스프링클러 설비, 포소화설비(빌딩 내 주차장에 설치한 것에 한정한다) 및 연결송수관(運結送水管) 설비에 대해서만 서술하였다.

[2] 소화설비의 구성

(a) 옥내 소화전 설비(屋內消火栓設備)

옥내 소화전 설비는 화재가 발생했을 경우에 옥내 소화전함으로 가서 소화전함에서 노즐, 호스를 꺼내 펌프를 기동시킴과 동시에 소화전 개폐밸브를 열어 노즐로부터 물을 방사해서 소화활동을 행하는 것이다.

옥내 소화전 설비는 그림 6 · 1과 같이 다음의 설비로 구성된다.

① 수원(水源)

② 가압송수장치 : 소화활동을 위해 송수를 하는 것으로 일반적으로는 전동 펌프가 사용된다.

③ 제어반 : 펌프 운전, 정지 등의 제어를 행하는 전기제어반(盤)이다.

④ 옥내 소화전함 : 소화활동을 하기 위한 노즐, 호스, 호스걸이 및 소화전 개폐밸브가 수납되어져 있고 상자 표면에는 「옥내 소화전」 표시, 야간이라도 그 위치를 알 수 있도록 상시(常時) 점등해 두고 있으며, 적색의 표시등, 펌프의 기동용 스위치 및 펌프 운전표시등(상기의 위치표시등이 점멸하는 방식으로 되는 경우에는 특별히 설치하지 않아도 좋다)이 설치되어 있다.

⑤ 보조 고가탱크 : 상시 소화용수가 저장되는 부분에 자동급수하기 위한 것이다.

⑥ 상기의 것을 접속하는 배관 · 배선

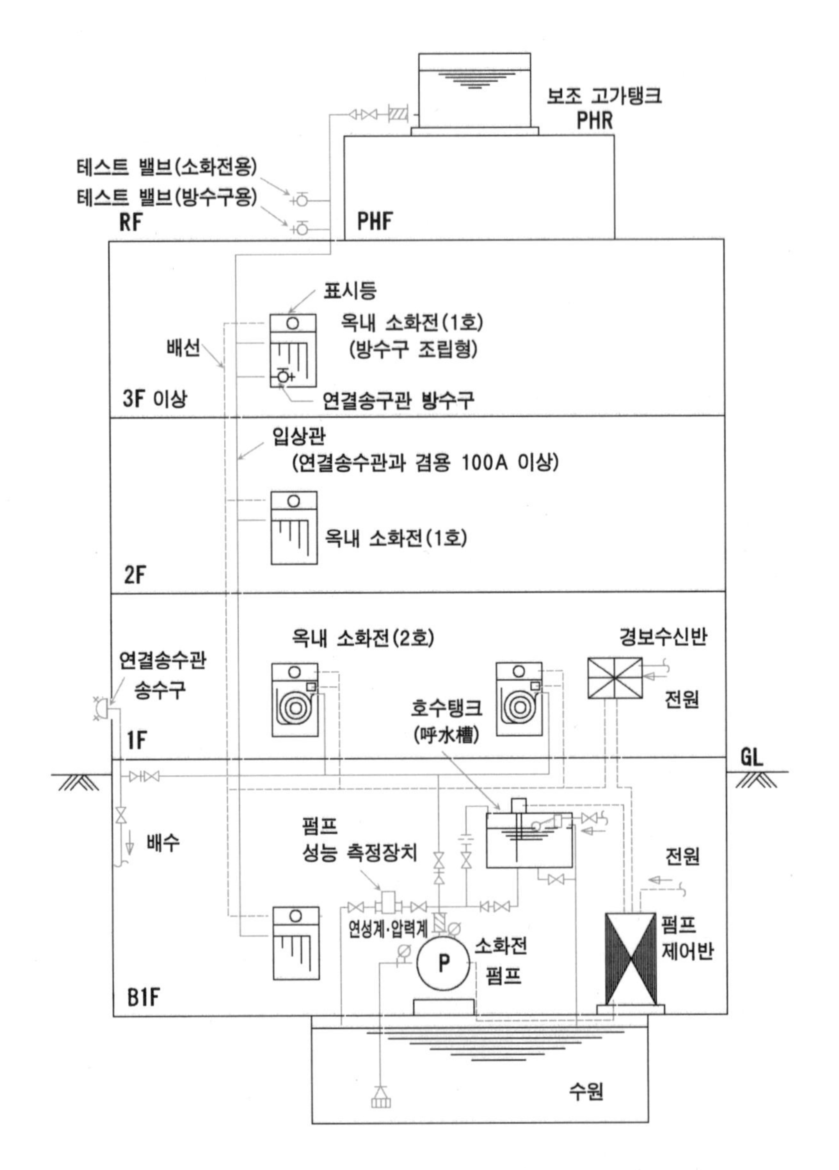

그림 6 · 1 옥내 소화설비의 구성도
[수직관을 연결송수관과 겸용한 설비]

비고3 : 1호 소화전은 일반 사무용 빌딩, 공장, 창고 등에 설치되고, 그 소화전은 한 사람이 취급·조작을 할 수 있으므로 숙박시설이 되어 있는 여관, 호텔, 병원, 사회복지시설 등에 설치된다.

(b) 스프링클러 설비

스프링클러 설비는 건축물의 천장에 스프링클러 헤드를 설치하여 화재가 발생했을 경우에 이 헤드에서 물을 분사시킴으로써 소화를 할 수 있도록 한 것이다. 또한 스프링클러 헤드에는 방수(防水)하는 입구가 감열기구에 의해 폐쇄되어 있는 것(폐쇄형 헤드)과 개구(開口)해 있는 것(개방형 헤드)이 있다.

폐쇄형 헤드는 화재 발생과 동시에, 즉시 감열작동해서 개구(開口)하여 방수함으로써 소화활동을 개시하는 것이고, 개방형 헤드가 설치되어 있는 것은 헤드가 설치되어 있는 어떤 범위의 배관부분에 설치되어 있는 일제(一齊) 개방밸브를 개방시킴으로써 소화활동을 하는 것이다. 또한 어떤 방식이건 방수를 개시하면 펌프가 즉시 자동으로 기동하고 연속해서 방수함으로써 소화활동을 행하는 것이다. 또한 어떤 방식이든지 방수와 동시에 유수검지장치(流水檢知裝置)가 작동하여 경보신호를 발신하는 것이다.

스프링클러 설비는 그림 6 · 2와 같이 구성되어 있다(스프링클러 설비에는 습식, 건식, 준비동식 및 방수형 헤드를 사용한 방식이 있는데, 습식 이외의 것은 특수한 부분에 설치하는 것이기 때문에 본 서에서는 일반적으로 설치되어 있는 습식 스프링클러 설비만을 대상으로 하였다).

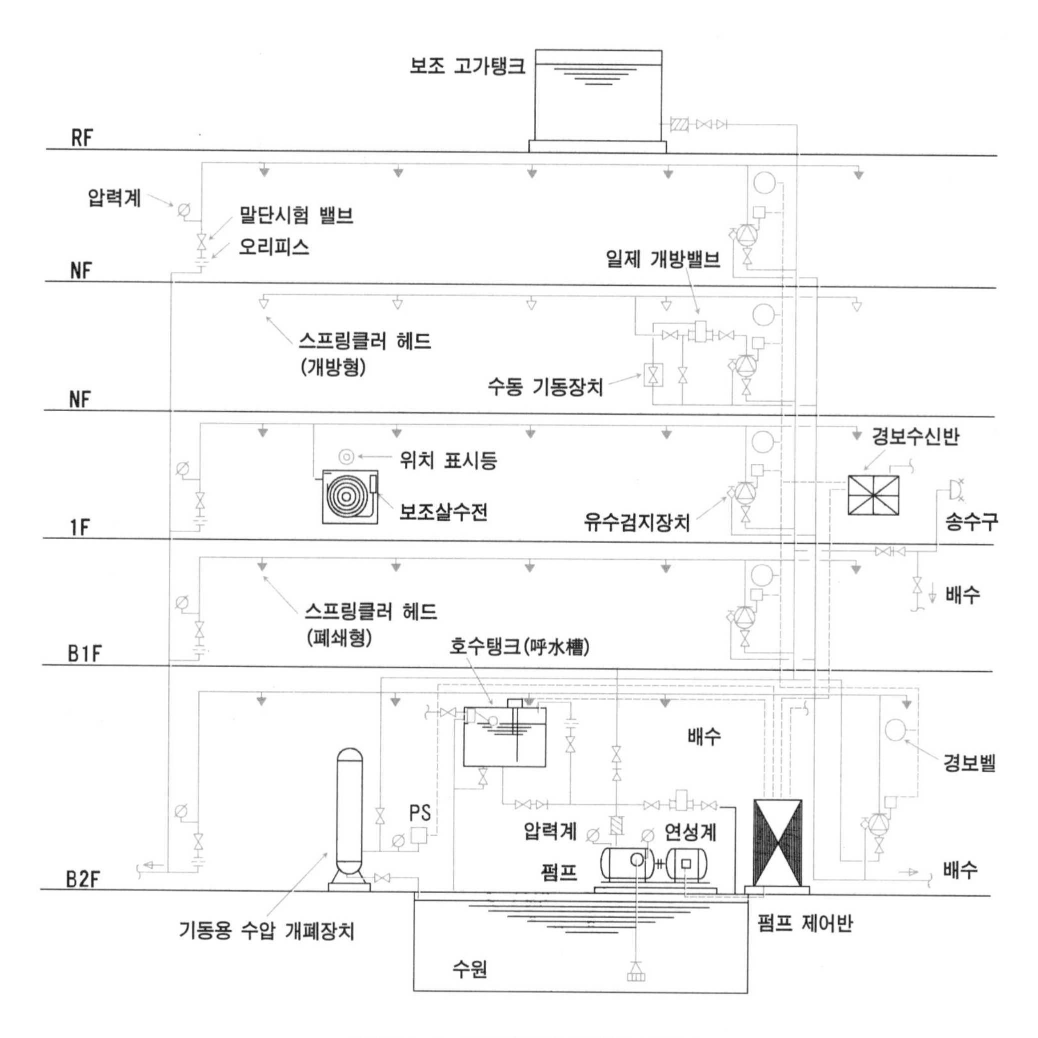

그림 6 · 2 스프링클러 설비의 구성도

① 수원(水源)
② 가압송수장치 : 일반적으로 전동펌프가 사용된다.
③ 제어반 : 펌프의 운전, 정지 등의 제어를 행하는 전기제어반(盤)이다.
④ 기동용 수압 개폐장치 : 스프링클러 헤드의 감열작동 또는 말단 시험밸브, 일제(一齊) 개방밸브 및 보조살수전 밸브의 개방조작 등에 의한 방수로 펌프를 운전시키는 것이다.
⑤ 유수검지장치(流水檢知裝置) : 스프링클러 헤드, 말단 시험밸브 및 보조살수전 등으로부터의 방수에 따르는 유수(流水)에 의해 경보신호를 발하는 것이다.
⑥ 경보수신반 : 펌프의 운전·고장, 유수검지장치의 작동 등의 표시 및 경보를 발하는 것이다.
⑦ 스프링클러 헤드 : 일반적인 부분에 설치한 폐쇄형과 화재가 발생한 경우에 연소(燃燒)가 빠른 무대부 등에 설치하는 개방형이 있다.
⑧ 보조살수전 : 스프링클러 헤드를 설치하지 않아도 되는 부분에 설치하는 것으로 펌프의 기동용 스위치가 설치되어 있지 않을 뿐, 옥내 소화전과 동일한 것이다.
⑨ 말단 시험밸브 : 폐쇄형 스프링클러 헤드를 설치하는 부분의 유수검지장치마다 설치하는 것으로 이 밸브의 개방조작에 의해 펌프의 기동·운전, 경보발신 및 방수성능을 확인하는 것이다.
⑩ 일제 개방밸브 : 개방형 스프링클러 헤드를 설치할 하나의 방수구획마다 설치하는 것이다.
⑪ 수동 기동장치 : 일제 개방밸브의 개방을 원격(遠隔)조작하는 것이다.
⑫ 보조 고가탱크 : 상시충수(常時充水) 부분에 자동급수하기 위한 것이다.
⑬ 스프링클러 설비전용 송수구 : 수원(水源)의 물이 부족하게 된 경우에 소방대가 소방펌프차로 외부의 물을 스프링클러 설비로 보내기 위한 것으로 다음에 서술하는 연결송수관과는 별개로 설치한 것이다.
⑭ 상기(上記)의 것을 접속하는 배관·배선

(c) 연결송수관

연결송수관은 소방대가 소방펌프차로 외부에 있는 물을 방화대상물의 내부로 송수하고 소화활동을 하기 위한 것이다.

연결송수관은 그림 6·1(그림에 나타난 것처럼 옥내 소화전 설비의 수직관 크기를 100A 이상으로 한 경우에는 연결송수관을 겸용하는 것이 가능)에 나타난 것처럼 다음과 같이 구성된다.

① 소방펌프차에 의해 외부에 있는 물을 보내기 위한 송수구
② 호스, 노즐을 접속해 소화활동을 하는 방수구 : 3층 이상에 설치하여 옥내 소화전과 동일하게 표시 및 표시등을 설치한 것이다.
③ 보조고가탱크 : 상시충수(常時充水) 부분에 자동급수하기 위한 것이다.
④ 상기(上記)한 것을 접속하는 배관·배선

또한 연결송수관을 설치할 때에 방수구 및 방수기구(방수기구는 지상 11층 이상에 설치하는 방수구 중 3층마다 설치한다)도 옥내 소화전함 내에 병설할 수 있다. 또 지상으로부터 높이 70m를 넘는 것에는 소방펌프차로부터 보내진 물을 다시 가압하기 위한 가압송수장치를 설치하여야 한다.

(d) 포 소화설비(泡消火設備)

포 소화설비(泡消火設備)는 화재가 발생했을 경우에 물을 소화제로서 방수하면 화재가 오히려 확산됨과 동시에 소화가 어렵게 될 수 있는 위험이 있는 유류화재 등에 대해서 설치하는 설비이다. 일반 건축물에서 가장 널리 설치되고 있는 것은 주차장이다.

이 설비는 펌프에서 포 방출구(泡放出口)로 물이 보내지는 과정에서 포 소화제를 혼입(混入)하고 그 위에 포 방출구(泡放出口)로부터 방사하기 직전에 공기를 흡입해서 발포하고 방사하는 것이다.

포 소화설비는 그림 6·3과 같이 구성된다.

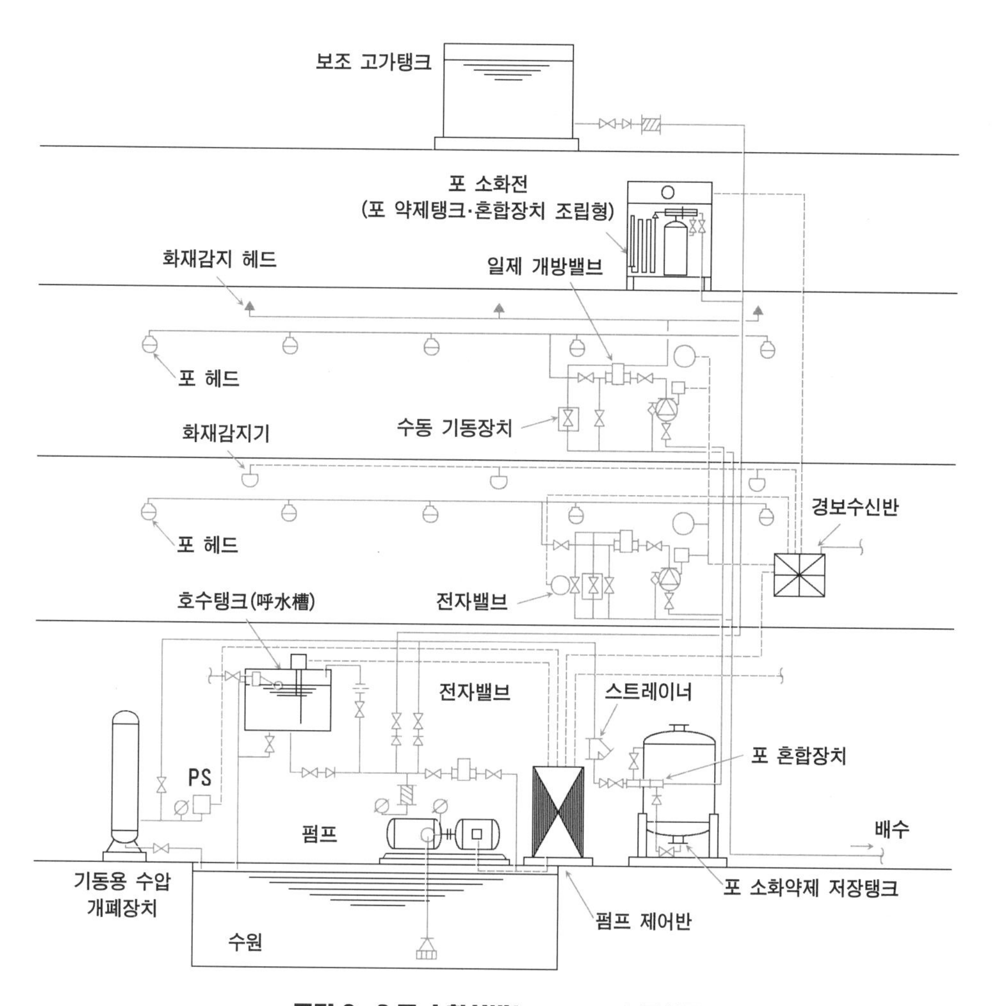

그림 6·3 포 소화설비(泡消火設備) 구성도

① 수원(水源)
② 가압송수장치
③ 제어반
④ 기동용 수압 개폐장치 : 화재감지 헤드, 화재감지기의 감열작동 또는 수동기동장치의 개방조작 등에 의한 일제 개방밸브의 작동개방 및 포 소화전 밸브의 개방조작 등에 의한 방수에 의해 펌프를 운전시키는 것이다.
⑤ 포 소화약제 저장탱크
⑥ 포 혼합장치 : 물과 포 소화약제를 비례혼합시킨 것이다.
⑦ 유수검지장치
⑧ 경보수신반
⑨ 일제 개방밸브
⑩ 화재감지 헤드
⑪ 포(泡) 헤드(고정식 포 방출구)
⑫ 수동 기동장치(이동식 포 방출구)
⑬ 포 소화전(泡消火栓)
⑭ 보조 고가탱크
⑮ 상기(上記) 기기를 접속하는 배관·배선

[3] 소화설비의 설계

소화설비를 설계하는데 있어서, 방화대상물(소방법(消防法)에는 법의 적용대상이 되는 건축물 등을 이렇게 부르고 있다)의 종류, 규모, 크기에 따라 법규에 정해진 것을 설치하지 않으면 안 된다. 단, 법규에서 정해진 설비보다 효과가 있다고 여겨지는 다른 소화설비(소방법으로 정해져 있는 것)를 설치할 경우, 그 유효 부분에 대해서는 기준에 정해진 설비를 설치하지 않아도 좋다. 예를 들어 옥내 소화전 설비를 설치해야 하는 것에 스프링클러 설비를 설치한 경우, 그 유효 부분에 대해서는 옥내 소화전 설비를 설치하지 않아도 좋다는 것이다.

설계 순서는 설비의 종류에 따라 약간 다르지만 다음에 따른다.

① 법규에 의해 필요한 소화설비를 결정한다.
② 소화전 개폐밸브, 헤드 등의 기기를 배치하고 산출 개수를 결정한다.
③ 수원수량 및 펌프의 토출량을 상기(上記)의 산출 개수 또는 방화대상물의 종류 등에 의해 법규 등으로 정해져 있는 산출 개수에 의해 결정한다.
④ 수원(水源), 포 약제탱크(포 소화설비에만 설치한다), 펌프 및 제어반 등의 개략수치를 정해 설치위치를 결정한다.
⑤ 각 시험밸브, 유수검지장치, 송수구, 보조 고가탱크 등의 설치위치를 결정한다.
⑥ 상기(上記)한 각 기기의 배관 및 배선 등으로 접속하여 관경·사이즈(管徑) 등을 결정한다.
⑦ 펌프의 전양정(全揚程)을 산출함과 동시에 출력을 결정하고 필요로 하는 펌프를 선정해서 정해진 위치에 배치함과 동시에 관(管) 접속을 한다.

[4] 도시기호

소화설비 도시기호는 표 6·1(공기조화·위생공학회 HASS 001)에 따른다.

표 6·1 소화설비 도시기호(HASS 001-1998)

명 칭	도시기호	명 칭	도시기호
소화기구		스프링클러 헤드(폐쇄형)	
옥내 1호 소화전		스프링클러 헤드(개방형)	⊘
옥내 2호 소화전		포(泡) 헤드	○
옥내 소화전(방수구 설치)		화재감지 헤드	●
옥내 소화전		일제 개방밸브	⊗
(방수구·동용 호스 설치)		유수검지장치(알람밸브)	
연결송수관 방수구			
(격납상자 포함)		배 관	
연결송수관 방수구		소화전함	——X——
(호스 격납상자 포함)		연결송수관	——XS——
송수구(자립형)		스프링클러관	——SP——
송수구(벽 부착형)		포(泡) 소화관	——F——

6·2 옥내 소화전 설비·연결송수관 배관도

옥내 소화전 설비·연결송수관 설계 및 도면을 작성하는데 있어서는 다음 순서에 따라 실시한다.

[1] 옥내 소화전 설비

(a) 옥내 소화전의 설치위치 결정

① 방화대상물의 종별에 따라 소화전의 설치 여부를 결정한다.

② 건축도의 평면도에 대해서 각 층마다 반지름 25m 원내(圓內)에, 그 층의 바닥면이 전부 들어갈 수 있도록 했을 때, 각각의 원(圓) 중심점이 소화전의 설치위치가 된다.

단, 도면상으로는 상기(上記) 치수 원내(圓內)에 들어간다고 해도, 예를 들어 건물 중앙부에 칸막이 벽이 있고, 그 벽 옆방으로의 입구가 소화전을 설치하려고 하는 위치에서 멀리 떨어져 있는 경우에는 그 소화전이 설치되어 있는 방 반대측 부분에서 호스, 노즐을 가지고 그 입구로 들어가 소화활동을 하지 않으면 안 되는데 그 입구에서 떨어져 있는 부분에는 실제로 소화수가 도달하지 않기 때문에 그 부분은 소화전이 없는 것과 마찬가지이고 미경계(未警戒)가 된다. 따라서 그 부분에 대해서는 별개로 소화전을 설치하지 않으면 안 된다. 또 사무실 등도 전망이 좋다고 해도 서가, 책상, 사무기기, 스크린 등이 있고 소화전 조작에 장해가 될 경우가 많기 때문에 장해물이 없는 복도·통로 등에 면해, 소화전의 문이 180° 열리고, 출입구 문 등에 의해 조작이 방해되지 않는 위치로 소화전과 배관과의 접속이 용이한 장소에 설치되지 않으면 안 된다.

상기(上記)에 따라서 소화전을 배치한다.

(b) 산출수량의 결정

소화전 설치위치가 결정되면 수원(水源)수량 및 펌프 토출량을 산출하기 위한 산출수량을 결정한다. 산출수량은 방화대상물의 층 중, 옥내 소화전을 설치하는 개수가 가장 많은 층의 수량이다. 단, 5개 이상 설치되는 경우라도 산출개수는 5개로 한다.

(c) 수원수량 산출 및 수원(水源)의 방법, 설치위치의 결정

① 수원(水源)으로서 필요한 기준수량은 1호 소화전을 설치하는 것은 2.6㎥ 이상이고, 2호 소화전을 설치하는 것은 1.2㎥ 이상이다. 따라서 상기(上記)의 산출개수에 의해 표 6·2에 나타난 것 이상이 필요하다.

표 6·2 옥내 소화전 설비에 필요한 수원수량

소화전 종별	산출개수 1의 것	산출개수 2의 것
1호 소화전	2.6 ㎥	5.2 ㎥
2호 소화전	1.2 ㎥	2.4 ㎥

비고 : 표에 나타난 수량은 소화하는 데 필요한 유효수량(펌프에 의해 완벽하게 전부 흡인(吸引)할 수 있는 수량)으로 탱크의 내용적(積)을 나타낸 것이 아니다.

② 수원(水源)은 일반적으로 탱크에 저장해 두지만 여기에는 설비기계실 내에 설치하는 것과 설비기계실 바닥 아래의 지중 피트를 이용한 것이 있어 표 6·2의 수량(유효수량)을 상시 비축해 두지 않으면 안 된다. 또한 설치위치는 펌프에 가능한 한 가까운 위치로 한다.

③ 설비기계실 내에 설치하는 수원(水源) 중, 바닥 아래에 설치하는 것은 기계실 평면도에 점선으로 그 범위를 기입한다. 바닥 위에 설치하는 것은 탱크의 점검·정비를 위한 공간이 탱크 주위에 필요하므로 벽, 기기류, 수직배관 등으로부터 떨어져서 기입한다.

(d) 펌프의 사양 및 설치위치의 결정

(b)에 의해 정해진 산출개수에 의해 펌프 사양을 임시로 정한다(정식적인 방법은 배관접속을 한 후가 아니면 산출할 수 없기 때문에 가정에 의해 정한다).

① 펌프 토출량은, 1호 소화전을 설치한 것은 150 l/min 이상, 2호 소화전을 설치한 것은 70 l/min 이상의 것이다. 따라서 상기의 산출개수에 의해 표 6 · 3에 나타난 것 이상의 것이 필요하다.

표 6 · 3 옥내 소화전 설비의 펌프 토출량

소화전 종별	산출개수 1인 것	산출개수 2인 것
1호 소화전	150 l/min	300 l/min
2호 소화전	70 l/min	140 l/min

② 펌프의 전양정을 소화전 노즐의 방수압력 환산수두 소방용 호스의 마찰손실수두, 배관의 마찰손실수두(가정에 의한다), 수원의 저부 또는 유효 수량의 하부에서 최상부에 설치된 소화전까지의 실제높이 합계에 따라 산출한다.
③ 상기 방식에 따라 펌프 메이커의 카탈로그 등에서 펌프의 크기 및 출력을 가정하고 펌프를 설치할 장소를 정한다.

(e) 배관접속

상기에 의해 가설정되어진 펌프와 각 층에 정해진 소화전을 배관으로 연결한다. 배관의 경우, 일반적으로 소화전을 각 층 동일위치로 하기 때문에 각각의 소화전 옆에 수직관을 설치해서 각 층마다 소화전을 접속함과 동시에 펌프가 설치되어 있는 층에 두고 각각의 수직관과 펌프 토출구를 접속한다.

(f) 배관지름의 결정

배관지름에 대해서는 소방법에 「주배관 중 수직관은 1호 소화전을 설치하는 것은 50A 이상, 2호 소화전을 설치하는 것은 32A 이상의 것으로 한다」라고만 정해 두었기 때문에 수력계산에 의해 산출함으로써 배관지름을 결정한다.

(g) 펌프 사양 결정

펌프의 전양정(全揚程)에 대해 다시 산출함으로써 펌프 사양을 결정한다.

[2] 연결송수관

(a) 방수구의 설치위치 결정

연결송수관의 방수구는 건축 평면도에 대해서 3층 이상의 층마다 반지름 50m인 원내(圓內)에 그 층의 마루 면이 전부 들어가도록 했을 경우, 각 원(圓)의 중심점이 방수구의 설치위치이다. 단, 이것은 소방대가 외부에서 진입해 들어와서 사용하는 것이기 때문에 계단실(階段室), 비상용 엘리베이터의 승강 로비, 그밖에도 이것들과 유사한 장소로 소방대가 유효하게 소화를 할 수 있는 위치에 설치한다.

(b) 송수구의 설치위치 결정

송수구는 연결송수관의 수직관 수(數)보다 많은 수를 설치하도록 정하고 있다. 일반적으로 방수구에 대한 배관은 상하(上下) 층에 대해 연결하는 것이 보통이기 때문에 송수구는 하나의 층에 설치되는 방수구의 수와 동일하게 되는 경우가 많다.

또한 송수구의 설치위치 등에 대해서는 소방펌프차의 도달경로, 공설(公設)의 옥외소화전 및 소방수리(消防水利) 등과 관련이 있기 때문에 관할 소방서와 충분한 협의하에 결정하지 않으면 안 된다.

(c) 배관접속 및 배관지름

연결송수관의 배관은 위에 기술한 것처럼 상하층의 접속이 가능하고 모든 층에서 각각의 수직관을 접속한 다음 다시 송수구에 접속한다. 또한 관(管)의 크기에 있어서 수직관 및 각 수직관을 접속하는 관(管)의 경우는 100A 이상, 송수구와 접속하는 관(管)의 경우는 100A, 방수구와 접속하는 관(管)의 경우는 65A 이상이다.

6·3 스프링클러 설비설계

스프링클러 설비설계 및 도면을 작성하는데 있어서는 다음 순서로 실시한다.

① 스프링클러 설비를 설치한 방화대상물에 의해 방식을 정한다.
② 방화대상물 또는 정해진 부분의 각각에 적합한 종별의 헤드(폐쇄형 또는 개방형, 고감도형 또는 그 이외, 표시온도별 등)를 선정하고 헤드를 설치하여야 할 부분에 헤드를 배치한다.
③ 헤드를 설치하지 않아도 좋은 부분에 대해서는 보조살수전을 배치한다(이 부분에는 스프링클러 헤드를 설치해야 할 부분도 있기 때문에 헤드가 설치되어 있을 경우, 또는 옥내 소화전 설비, 그 밖의 소화설비 등이 설치되어 있는 경우에는 그 유효부분에 대해 보조살수전을 설치하지 않아도 된다).
④ 개방형 스프링클러 헤드를 설치한 부분에 대해서는 헤드 수에 따라 구분을 짓고 각각에 일제 개방밸브 및 수동 기동장치를 배치한다.
⑤ 유수검지장치 및 말단 시험밸브(폐쇄형 헤드를 설치하는 부분만)를 배치한다.
⑥ 보조 고가탱크를 배치한다.
⑦ 스프링클러 설치 전용 송수구를 배치한다.
⑧ 수원수량을 산출함과 동시에 탱크의 크기를 결정해서 배치한다.
⑨ 카탈로그 등에 의해 스프링클러 펌프를 가선정(假選定)해서 배치한다.
⑩ 상기(上記)의 각 기기를 배관접속함과 동시에 배관지름을 기입한다.
⑪ 저항계산에 의해 펌프의 전양정을 산출해서 펌프방식을 결정한다.
⑫ 경보벨, 경보수신반 및 펌프제어반을 배치해서 배관·배선 접속을 한다.

6 · 4 포 소화(泡消火)설비설계

포 소화설비설계 및 도면을 작성하는데 있어서는 다음 순서에 의해 실시한다.

① 포 소화설비를 설치할 경우 고정식을 설치할 것인지, 이동식(포 소화전)을 설치할 것인지를 정한다(이동식은 옥상의 주차장 등에 설치하는 것이기 때문에 본 내용에서는 생략한다).
② 포(泡) 헤드를 방호(防護)부분에 배치한다(포(泡) 헤드는 각 메이커에 의하고 성능이 다르기 때문에 설치 예정 헤드가 인정된 성능에 따라 배치를 한다).
③ 포(泡) 헤드에서부터 동시에 포(泡)를 방사(放射)하는 구획(방사구획)을 결정한다.
④ 방사구획마다 화재감지 헤드(스프링클러 헤드를 사용한다)를 배치한다.
⑤ 포(泡) 헤드를 설치하는 부분의 방사구획마다 일제 개방밸브 및 수동기동장치를 배치한다.
⑥ 유수검지장치를 배치한다.
⑦ 보조 고가탱크를 배치한다.
⑧ 수원수량을 산출함과 동시에 탱크의 크기를 결정해서 배치한다.
⑨ 포 소화약제량(泡消火藥劑量)을 산출함과 동시에 약제탱크의 크기를 결정해서 배치한다.
⑩ 물과 포 소화약제량(泡消火藥劑量)을 비례혼합시켜 혼합장치의 성능을 결정해서 배치한다(혼합장치는 일반적으로 약제탱크에 설치되어 있는 경우가 많다).
⑪ 카탈로그 등에 의해 포 소화설비용 펌프를 가선정(假選定)해서 배치한다.
⑫ 상기(上記)한 각 기기를 배관접속함과 동시에 배관지름을 기입한다.
⑬ 저항계산에 의해 펌프의 전양정을 산출하고 펌프 방식을 결정한다.
⑭ 경보벨 또는 사이렌, 경보수신반 및 펌프 제어반을 배치하고 배관 · 배선접속을 한다.

6 · 5 소화설비의 설계 예

옥내 소화전, 스프링클러 설비 및 연결송수관을 예제(例題)의 건축도에 설치한 경우의 예를 **그림** 6 · 4에 나타내었다. 또한 이 건축물에 대해서는 소방법 등의 법규로는 이들 소방설비는 필요로 하지 않는 범위의 크기인데 자주적으로 설치할 경우라도 법규에 따라 설치하는 것이 좋다.

참고 : 이 건축물은 소방법에 의해 자동화재 감지설비 및 소화기를 필요로 하는 크기인데 자동화재 감지설비에 대해서는 스프링클러 헤드가 설치되어 있는 부

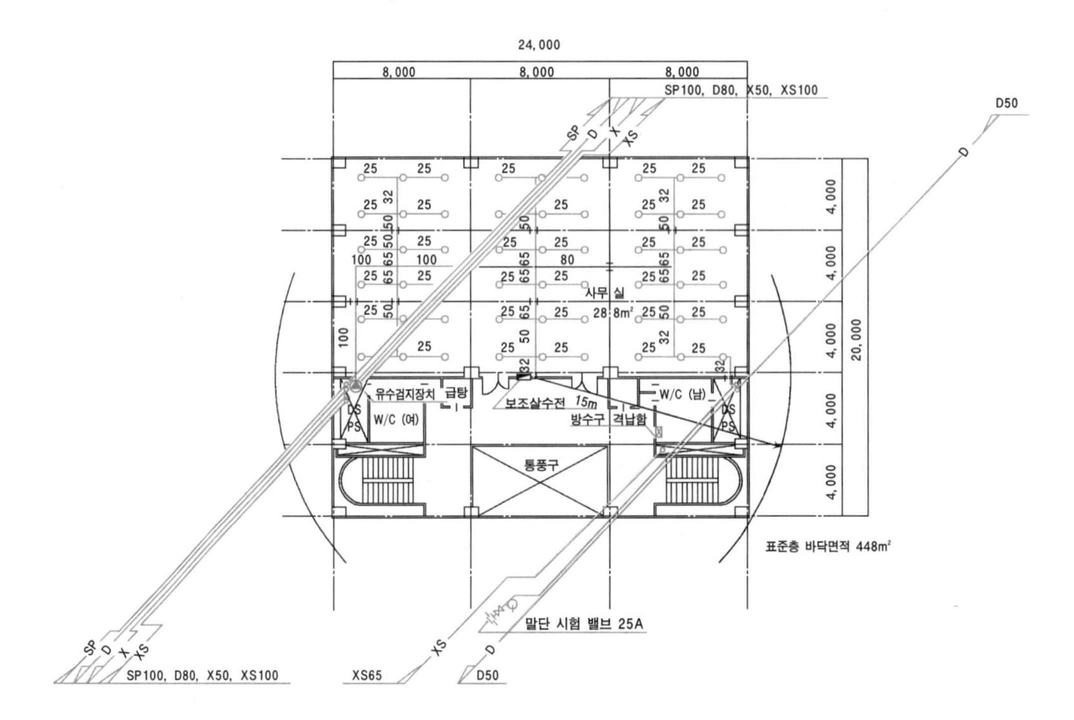

기준층 평면도

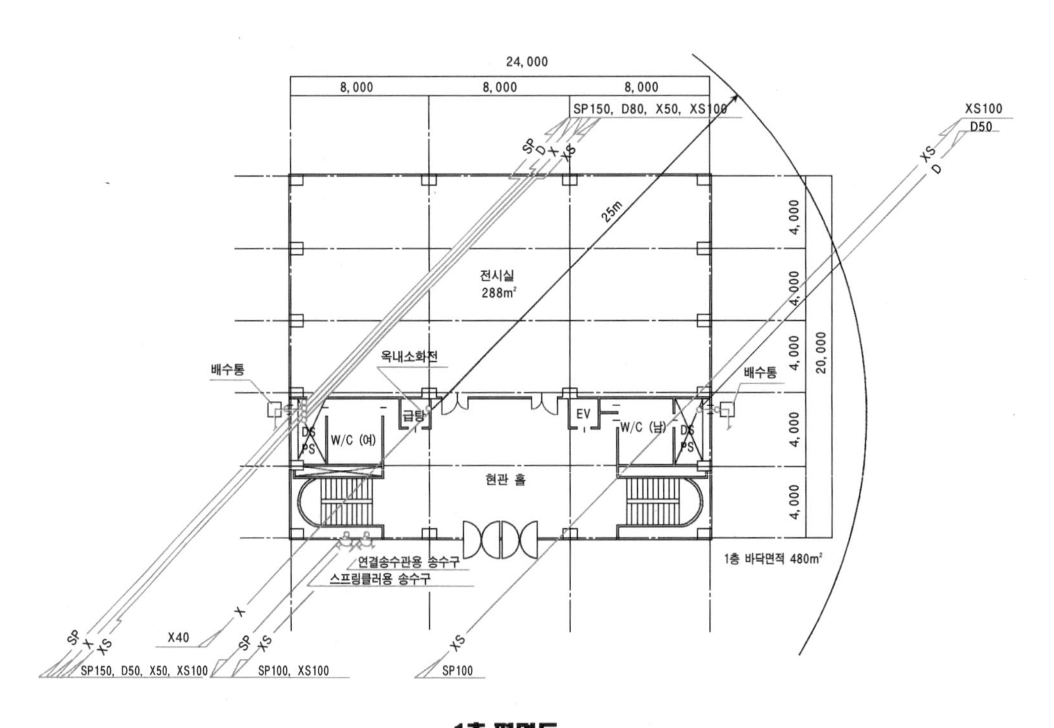

1층 평면도

그림6 · 4-① 소화 설비설계의 예

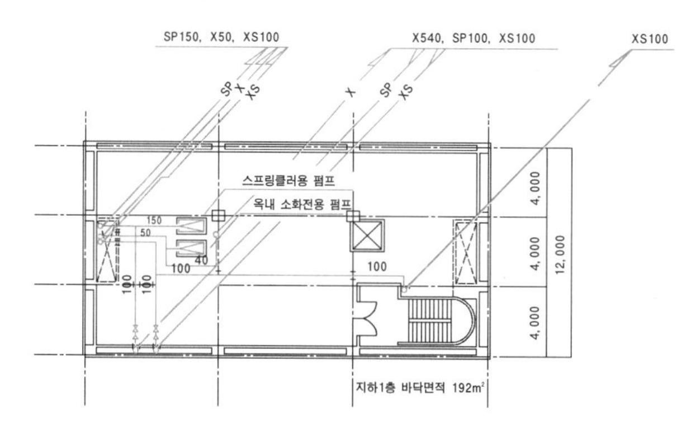

지층 평면도

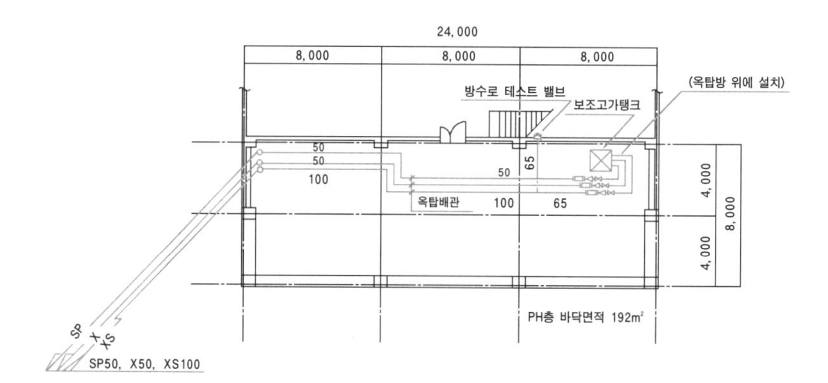

옥탑층 평면도

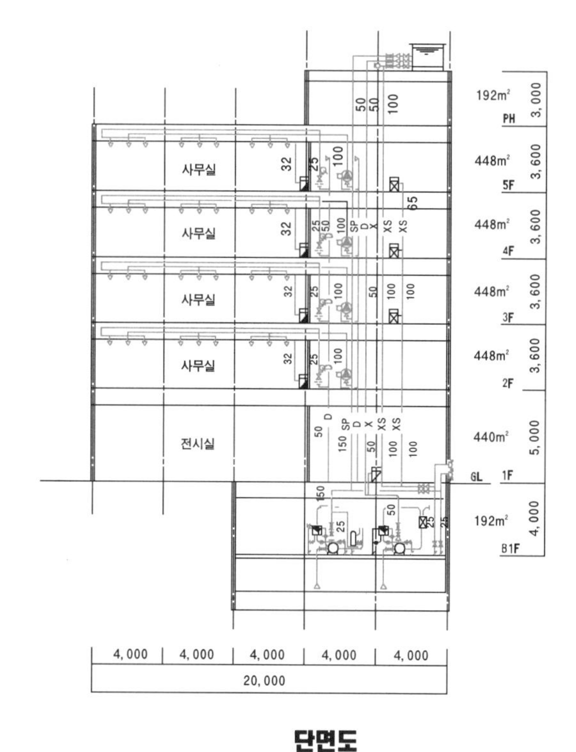

단면도

그림 6 · 4-② 소화설비설계의 예

분에는 감지기를 설치하지 않아도 되고, 소화기에는 옥내 소화전 설비 및 스프링클러 설비의 유효범위 내인 부분에 대해서는 법규로 정해져 있는 소화기에 대한 필요한 능력단위의 수치를 규정의 1/3까지 감소할 수가 있다.

제 7 장 건축설계

발주자(發注者)의 의뢰에 의해 설계자는 설계도를 작성하며 완성된 설계도에 기초해서 시공자는 시공도를 작성해서 건축공사를 실시한다. 그 설계도에서 가장 기본이 되는 것이 건축설계자가 작성한 건축도면으로, 이것을 기본설계도라고 한다. 설계도에는 그 외에 구조설계자가 작성한 구조도나 설비설계자가 작성한 설비도 등이 있다.

본 장에서는 건축도면의 개요에 대해서 설명하였다.

그림 7 · 1에 건축공사까지의 과정을 나타내었다.

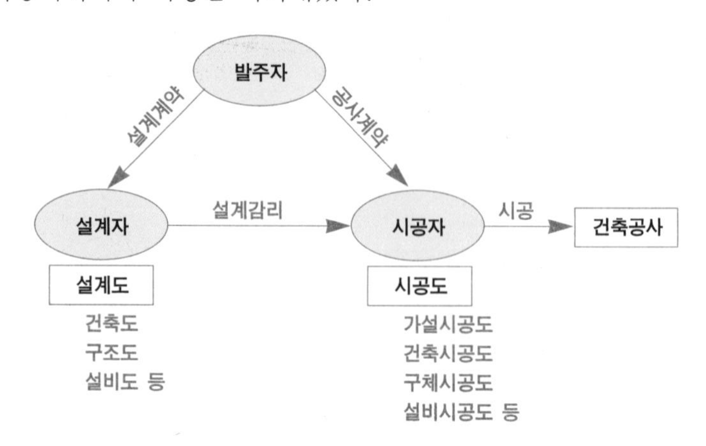

그림 7 · 1 건축공사 관련 과정

설비설계자는 건축도를 정확히 이해해서 설비설계를 하지 않으면 안 된다. 설비시공자도 설비도에 현장시공 상의 문제가 없는지를 검토하기 위해 건축도를 정확히 이해할 필요가 있다.

예를 들어 배관이나 덕트를 수평으로 설치할 경우, 기둥이나 보의 위치, 크기, 천장 내부 유효 공간의 크기, 그리고 대들보를 관통할 수 있는 위치와 크기 등을 충분히 파악하고 있지 않으면 도중에 작업의 진행이 불가능할 수도 있다. 각 설비의 경로는 원칙으로서 은폐되지 않으면 안 되기 때문이다. 그림 7 · 2에 그 점검 예를 제시하였다.

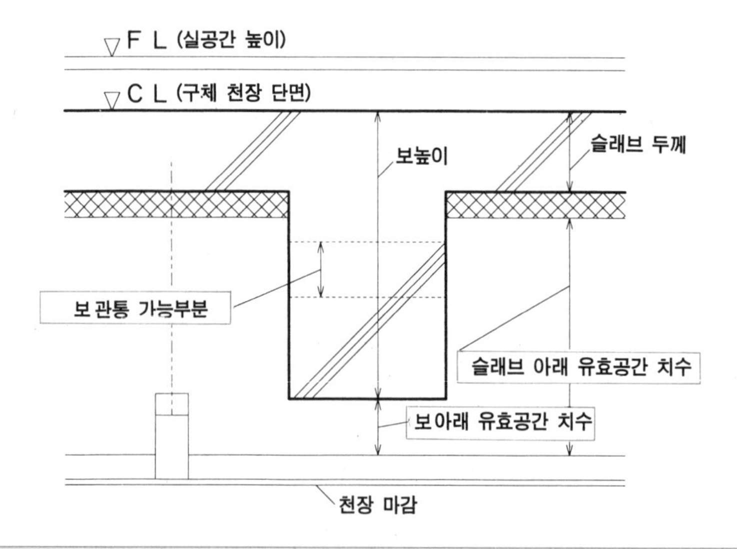

① 건축도에 의해 층높이, 천장높이, 천장 마감높이, 실공간높이 등을 조사한다.
② 구조도에 의해 슬래브 두께, 보의 크기, 보 관통 가능위치와 크기 등을 조사한다.

그림 7 · 2 배관 · 덕트 스페이스 점검의 예

7 · 1 건축도면의 기초지식

건축설계도면은 건축물을 어떻게 만들 것인가를 전달하기 위한 커뮤니케이션 수단이다. 언어 커뮤니케이션이 단어 등의 편성으로 이루어진 것처럼 설계도면에서는 건축물의 각부(各部)를 건축 심벌기호 등의 편성으로 나타낸다. 그들 기호가 무엇을 나타내는지 바르게 전달하기 위해서는 공통의 약속이 필요하다. 여기에서는 JIS 규격(일본공업규격)을 기본으로 해서 일반 사용 예에 의거, 중요한 것을 정리하였다.

[1] 제도의 일반사항

제2장 2 · 2절 및 2 · 3절에 작도(作圖)의 내용에서 용지, 선의 종류와 굵기, 척도, 구배 등의 일반사항을 나타내었다. 여기에서는 건축제도에 고유의 사항을 중점적으로 서술하기로 한다.

[2] 기준선

설계 및 제도를 할 때, 우선 처음에 건물 각부의 위치를 정확하게 나타내기 위한 기준이 될 선이 필요하다. 그것을 조립기준선, 기준선 혹은 축선이라 부른다. 일반적으로 X축 방향과 Y축 방향에 가는 일점쇄선(一點鎖線)으로 그리고 그림 7 · 3처럼 각각에 부호를 덧붙인다. 그 부호는 다른 도면과 일치하지 않으면 안 되며 다른 도면과 조합할 때에 필요하게 되는 매우 중요한 것이다.

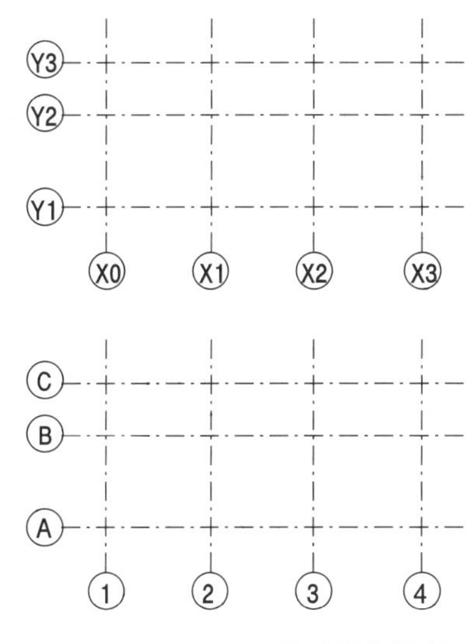

그림 7 · 3 기준선 부호의 예

기준선은 주요 벽의 중심에 설치하는 경우가 많은데 철근(鐵筋)콘크리트조(造)나 철골조 등의 경우는 일반적으로 외벽(외부에 면한 벽)의 벽 중심과 주요한 안쪽 기둥(외벽에서 떨어져 있는 벽)의 기둥중심에 설치한다. 그림 7·4처럼 윗층으로 갈수록 기둥이 가늘어 질 경우, 외벽측의 기둥중심은 상하층으로 어긋나지만 같은 부호의 기준선은 상하층으로 어긋나지는 않는다.

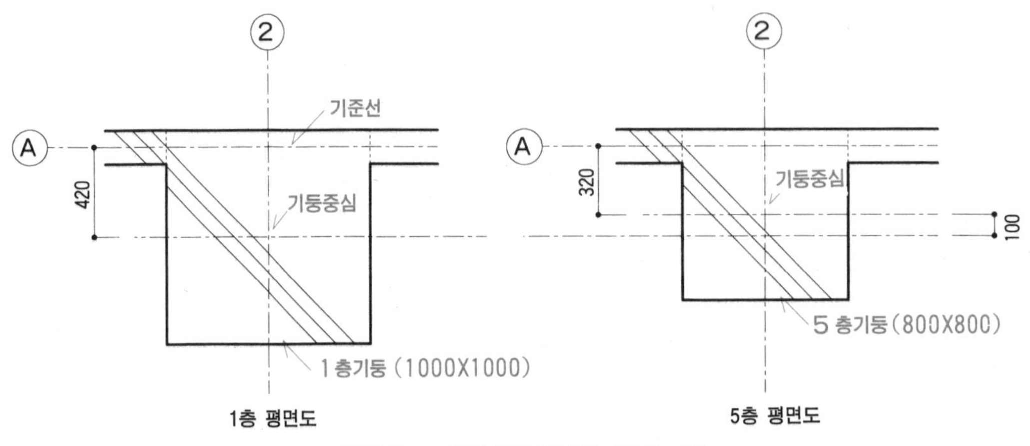

그림 7·4 윗층 기둥이 가늘어지는 예

[3] 건축용 도시기호

건축도면을 그리기 위한 건축 심볼기호의 주요사항은 건축제도통칙(JIS A 0150-1978)에 정해져 있다.

그 중 표 7·1에 나타난 평면 도시기호는 주로 축척/100, 1/200의 평면도에 사용한다. 축척 1/50 이상의 경우나 이 표에 없는 기호는 실형(實形)에 의거해 그려 설명을 첨가한다. 달리 표 7·2나 표 7·3에 나타난 것 같은 것도 있다.

표 7 · 1 평면 도시기호(JIS A 0150-1978에서 요약발췌)

출입구 일반 	외여닫이문 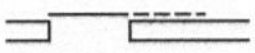	오르내리 창 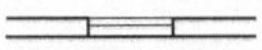
쌍여닫이문 	외미닫이문 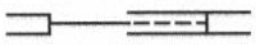	쌍여닫이 창 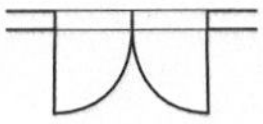
외여닫이문 	미닫이문 	외여닫이 창 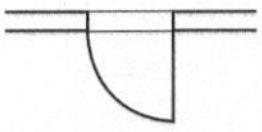
자재여닫이문 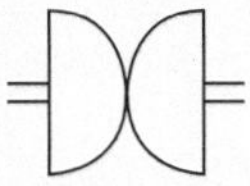	망사문 	두짝 미세기 창 
회전문 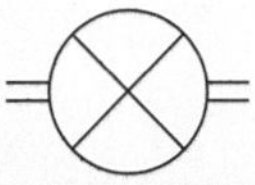	달린문 	창살 댄 문 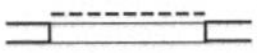
접이문 	쌍여닫이 방화문 및 방화벽 	망사창 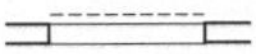
주름문 (재질 및 양식 기입) 	창 일반 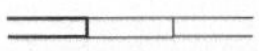	셔터 달린 창 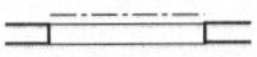
두짝 미세기문 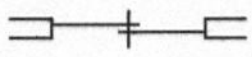	붙박이창 회전창 들창 미들창 (개폐방법 기입) 	계단 오르내림 표시 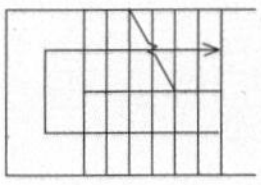

비 고 : 벽체(壁體)는 구조 종별에 의해 표 7 · 2에 제시한 재료구조표시기호를 사용한다.

표 7·2 재료구조 표시기호(1)(JIS A 0150-1978에서 요약발췌)

척도 정도에 의한 구분 / 표시사항	척도 1/100 또는 1/200 정도의 경우	척도 1/20 또는 1/50 정도의 경우	원(原)길이 및 척도 1/2 또는 1/5 정도의 경우(척도 1/20 또는 1/50 정도의 경우라도 사용해도 좋다)
벽 일반	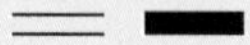	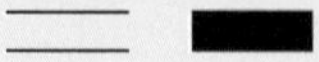	
콘크리트 및 철근 콘크리트	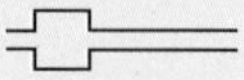		
경량벽(輕量壁)일반	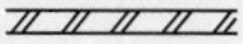		
보통 블록벽 경량 블록벽	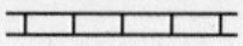	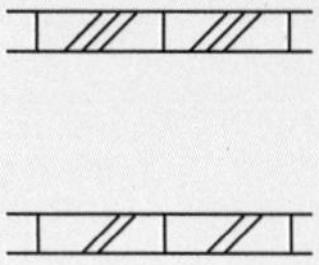	실척에 가까울수록 실형을 그리고 재료명을 기입한다
철 골			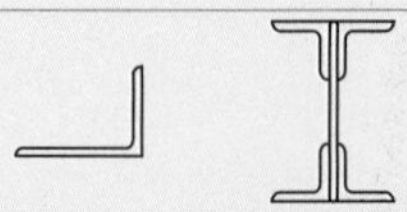
목재 및 목조벽	심벽조(평기둥·반족기둥·통재기둥) 심벽조(평기둥·반족기둥·통재기둥) 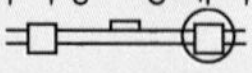 평벽조(평기둥·간기둥·통재기둥) 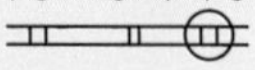 (기둥의 종류를 구별하지 않을 경우) 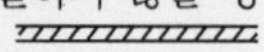	치장재 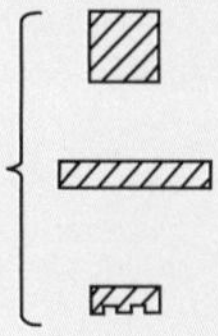 구조재  보조구조재	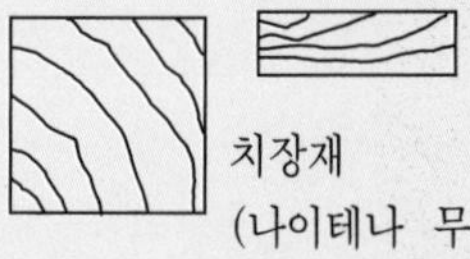 치장재 (나이테나 무늬결을 기입한다) 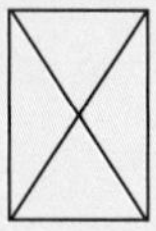 구조재  보조구조재 합판 
지 반			

표 7 · 3 재료구조 표시기호(2)(JIS A 0150-1979에서 요약발췌)

척도 정도에 의한 구분 / 표시사항	척도 1/100 또는 1/200 정도의 경우	척도 1/20 또는 1/50 정도의 경우	원(原)길이 및 척도 1/2 또는 1/5 정도의 경우(척도 1/20 또는 1/50 정도의 경우라도 사용해도 좋다)
쇄 석			
자갈 및 모래		재료명을 기입한다	재료명을 기입한다
석 재(石材)		석 재(石材)	석 재(石材)
바르기 마감		재료명 및 마무리 종류를 기입한다	재료명 및 마무리 종류를 기입한다
다다미			
보온흡음재 (保溫吸音材)		재료명을 기입한다	재료명을 기입한다
망		재료명을 기입한다	메탈라스(metal lath)의 경우 와이어라스의 경우 리브라스의 경우
판 유리			
타일 또는 테라코타		재료명을 기입한다 재료명을 기입한다	
그 밖의 재료		윤곽을 그려 재료명을 기입한다	윤곽 또는 실형(實形)을 그려 재료명을 기입한다

7·2 건축설계도의 종류

주요 건축도면(건축도서)의 종류에는 다음과 같은 것이 있다.

- **도면 리스트** 건축, 구조, 설비 등 전(全)계획도면의 도면명칭과 도면번호를 표로 만든 것으로 목차라고 할 수 있다. 도면 매수(枚數)를 확인할 수 있다.
- **특기 시방서** 도면에 기재되어 있지 않은 중요한 주의사항이나 공사범위의 설명, 잡공사 등에 대해서 문장 등으로 기록한 것. 건축공사와 설비공사의 구분 등에 대해 기재된 경우가 있다.
- **안내도** 근처 역이나 목표가 되는 지물(地物)을 명시한 부지까지의 길 안내도.
- **배치도** 부지경계선, 건물의 위치, 전면도로 등을 나타낸 그림. 조경계획 등을 겸하는 경우도 있다.

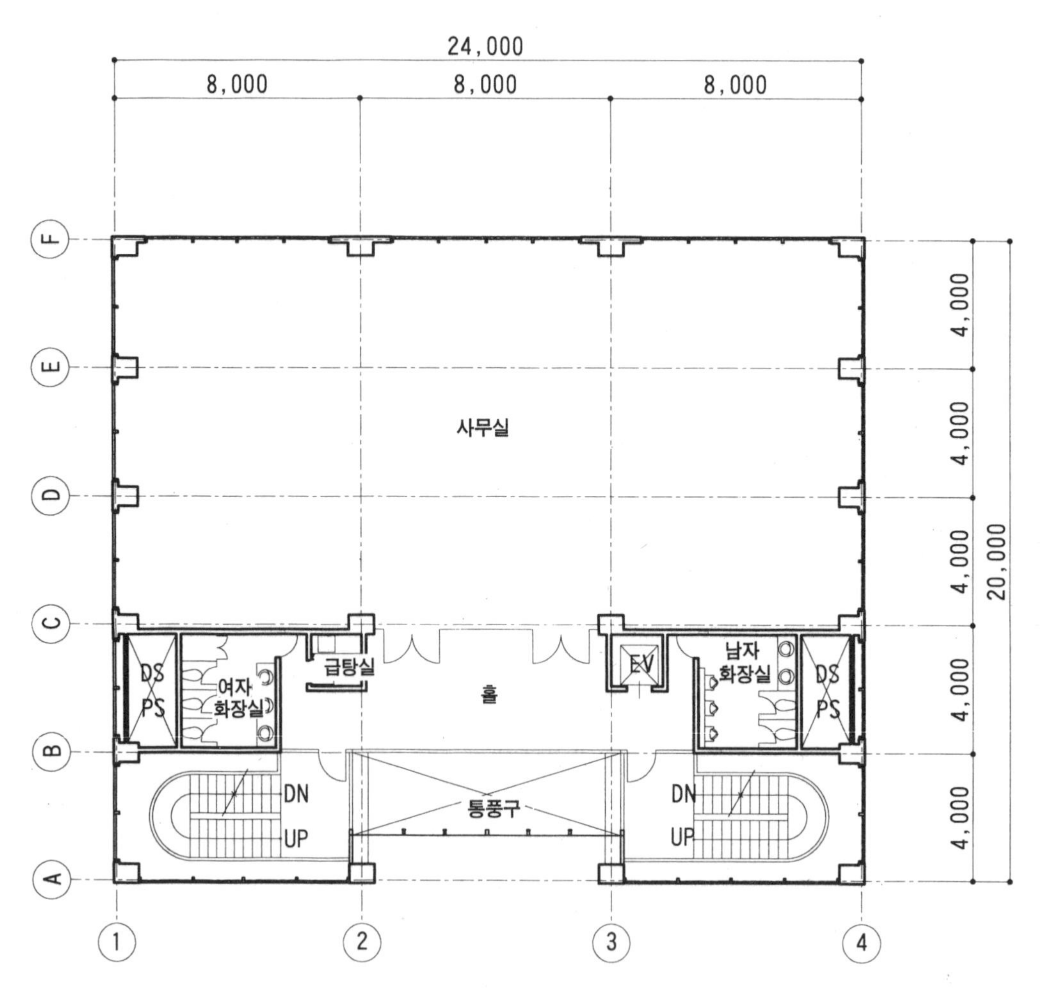

그림 7·5 기준층 평면도의 예

- **재료마감표**　건물의 외부, 내부 등의 마무리 재료에 대해서 기록한 일람표.
- **평면도**　각 층마다 건물을 수평면으로 절단해서 바로 위에서 내려다보고 그린 그림으로 가장 기본이 되는 그림(그림 7 · 5).
- **입면도**　건물 외관의 각 면을 각각의 정면에서 보고 그린 그림(그림 7 · 6). 일반적으로는 4방향에서 보기 때문에 4장 그린다.

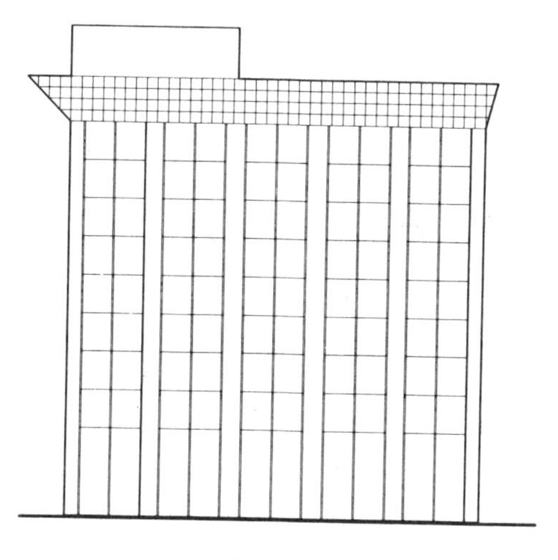

서 입면도

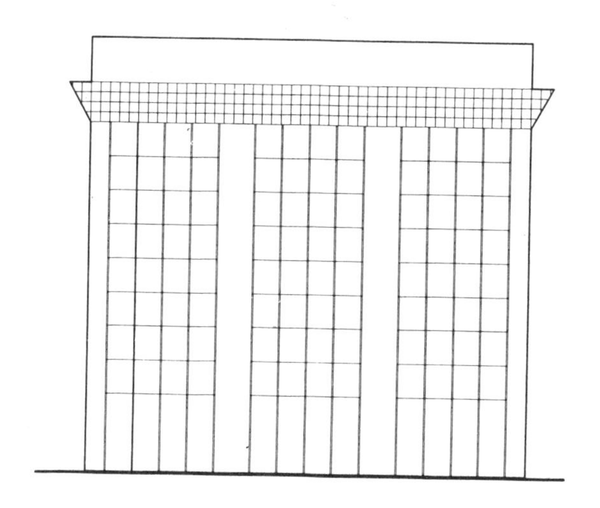

북 입면도

그림 7 · 6 입면도의 예

● **단면도**　건물을 수직면으로 절단해서 그 절단면을 그린 그림(그림 7 · 7). 다음 항목 등을 확인한다.

바닥높이 ……GL에서 1FL까지의 높이.

층 높 이 ……예를 들어 1~2층 높이라면 1FL부터 2FL까지의 높이이다.

천장높이 ……마루 마무리면에서 천장 마무리면까지의 높이. 동일층에서의 바닥높이의 차이나 천장높이의 차이가 없는지 확인한다.

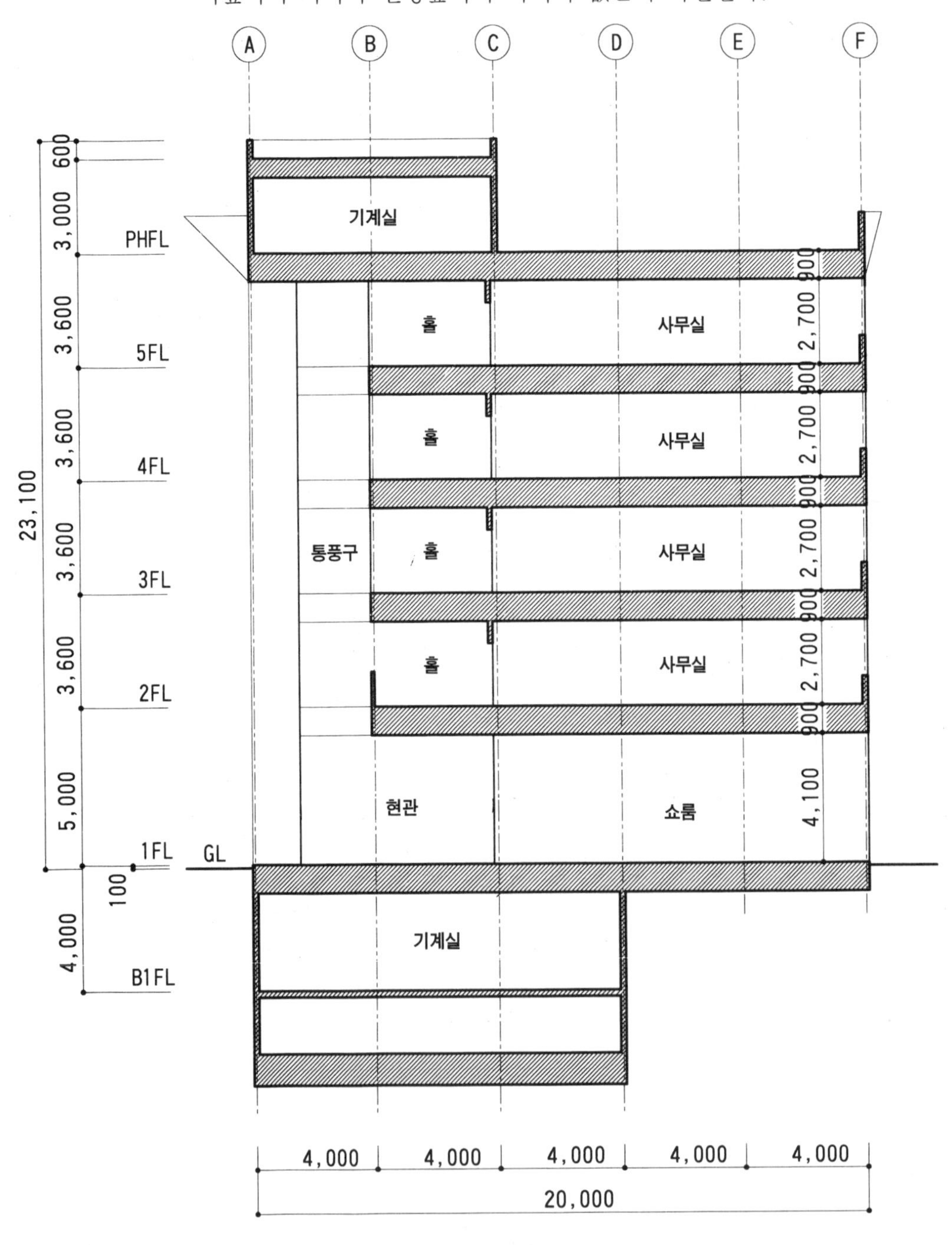

그림 7 · 7 단면도의 예

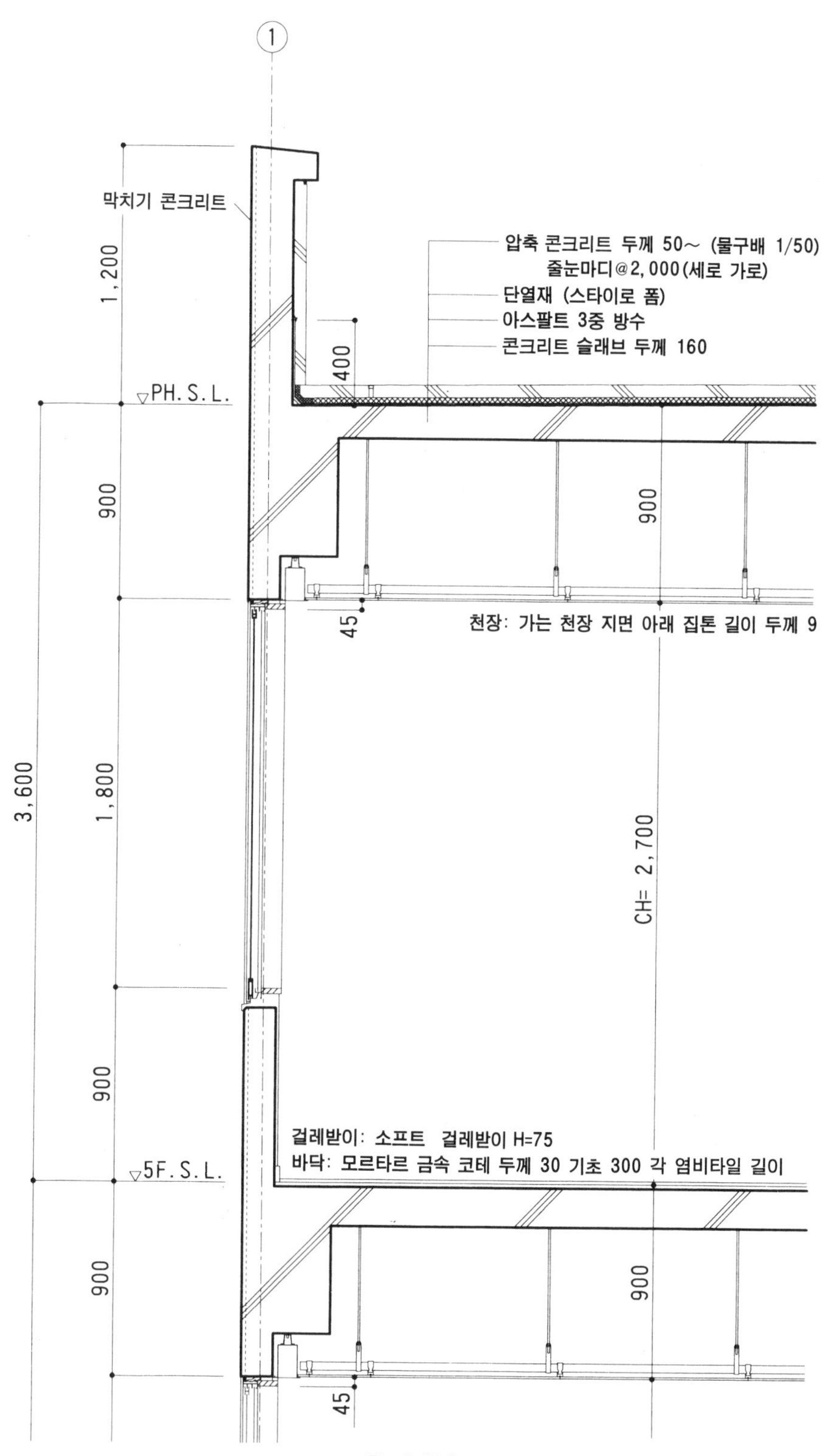

그림 7 · 8 실측 단면도의 예

- **상세도** 대축척으로 각 부속 재료의 구성이나 납품을 상세하게 그린 그림(그림 7·8) 평면상세도, 단면상세도, 실측도, 부분상세도, 기타상세도 등이 있다. 바닥이나 천장면 등의 구조를 조사하고, 배관이나 배덕트 등의 공간을 확인한다.
- **천장 상세도** 각 층마다 천장면을 바닥면에 놓인 거울에 비춰진 형태로 그린 그림. 천장의 형태나 높이를 확인할 수 있다.
- **전개도** 실내의 벽면을 각면의 정면에서 보고 그린 그림. 천장이나 바닥의 높이 차, 벽면에 부착된 기구류 등의 높이를 확인할 수 있다.
- **건구 배치도** 다음의 건구표에 기재한 각 건구가 어디에 위치하는지에 나타낸 그림. 생략 평면도의 각 건구가 위치하는 지점에 종류별로 번호를 기입하는 것.
- **건구표** 각 건구의 형태도(입면도)와 크기, 사양 등에 관해 표 형식으로 그린 것.

제 8 장

CAD의 활용

CAD라는 것은 Computer Aided Design 또는 Drawing의 약어(略語)로 컴퓨터를 사용한 설계 또는 제도(製圖)이다.

최근들어, 컴퓨터 기술의 급속한 발전과 저가격화에 의해 CAD시스템의 이용분야 및 이용자 수는 비약적으로 증대해 가고 있다.

이 장에서는 CAD시스템의 개요와 CAD시스템에 의한 간단한 도면 그리는 방법에 대해서 설명한다.

CAD 교실

8 · 1 CAD시스템의 개요

[1] CAD시스템의 장점

설계 및 제도(製圖)작업 단계에서 CAD시스템을 이용하는 경우, 종래의 수작업에 의한 제도작업과 비교해 볼 때, 다음과 같은 장점을 생각할 수 있다.

① 간단히 정밀도 높은 도면을 그릴 수 있다.

치수상의 정밀도나 신뢰성이 높다. 치수는 **그림 8 · 1**처럼 숫자 키로 입력(컴퓨터에 데이터를 입력하는 것)하기 때문에 종래의 삼각 스케일의 눈금을 잘못 읽거나 하는 등의 인위적인 실수가 줄어들게 되며 입력한 데이터는 높은 정확도로 유지된다.

그림 8 · 1 숫자 키

마무리가 깔끔하고 신속하다. 선 긋는 방법이나 문자가 깨끗한가 어떤가 하는 점에서 숙련자와 초심자의 차가 줄어든다. 높은 완성도를 갖는 도면을 간단히 얻을 수 있기 때문에 단시간의 프리젠테이션 작업에도 적합하다.

② 도면의 변경, 수정이 용이하다.

설계 · 제도작업은 변경이나 수정작업이 자주 발생하는데 수작업 도면에서의 수정은 선이 너무 많이 들어가거나 범위가 넓어지면 지우는 것만으로도 큰 일이 된다. CAD로 한번 입력한 도면에서는 **그림 8 · 2**처럼 변경해도 수작업 도면에서의 변경작업에 비해 놀라울 정도로 신속하게 할 수 있으며 **그림 8 · 3**처럼 용지 내에서의 도면배치의 이동이나 축척(縮尺)의 변경 등도 간단하다.

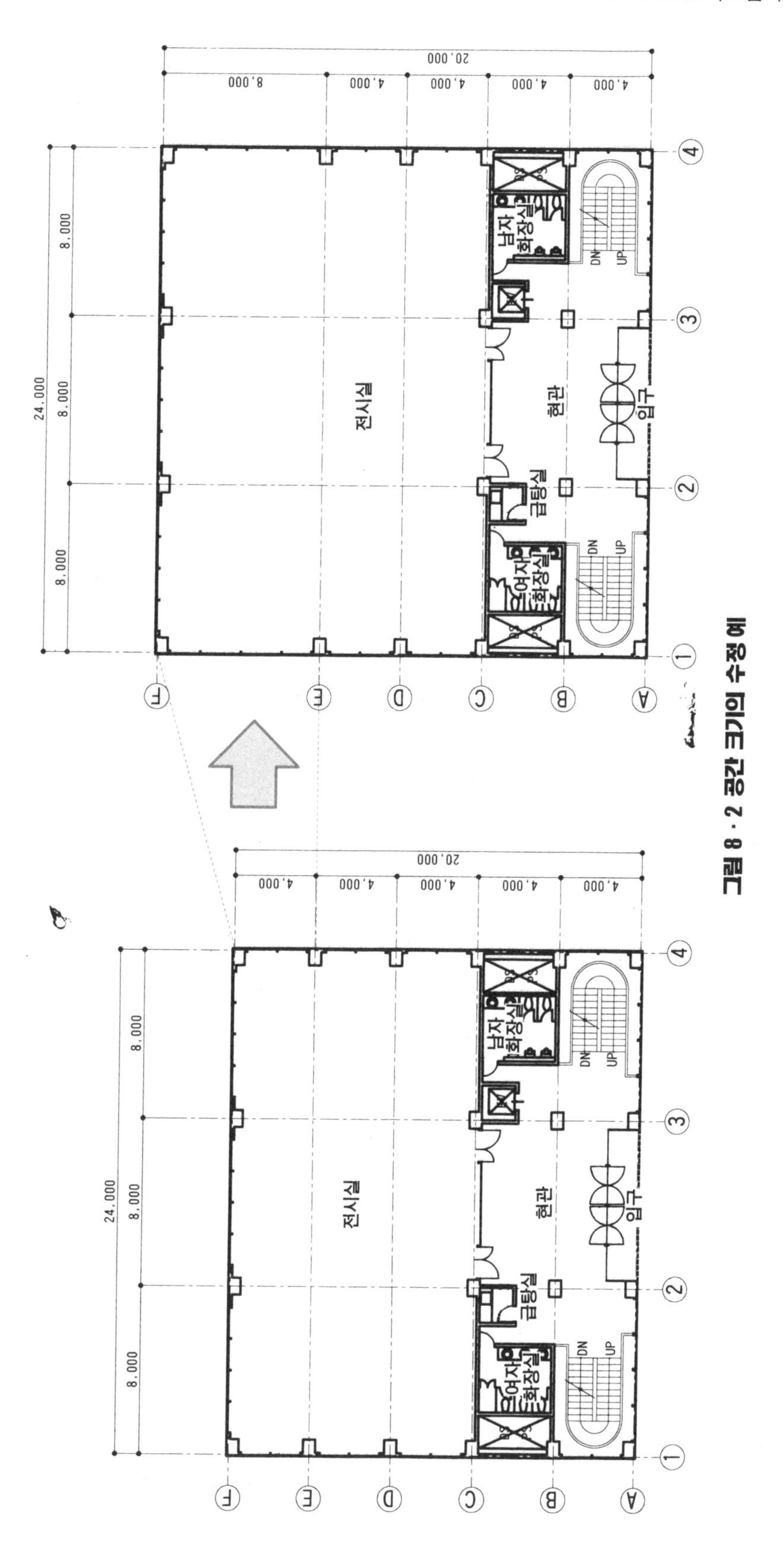

그림 8·2 공간 크기의 수정 예

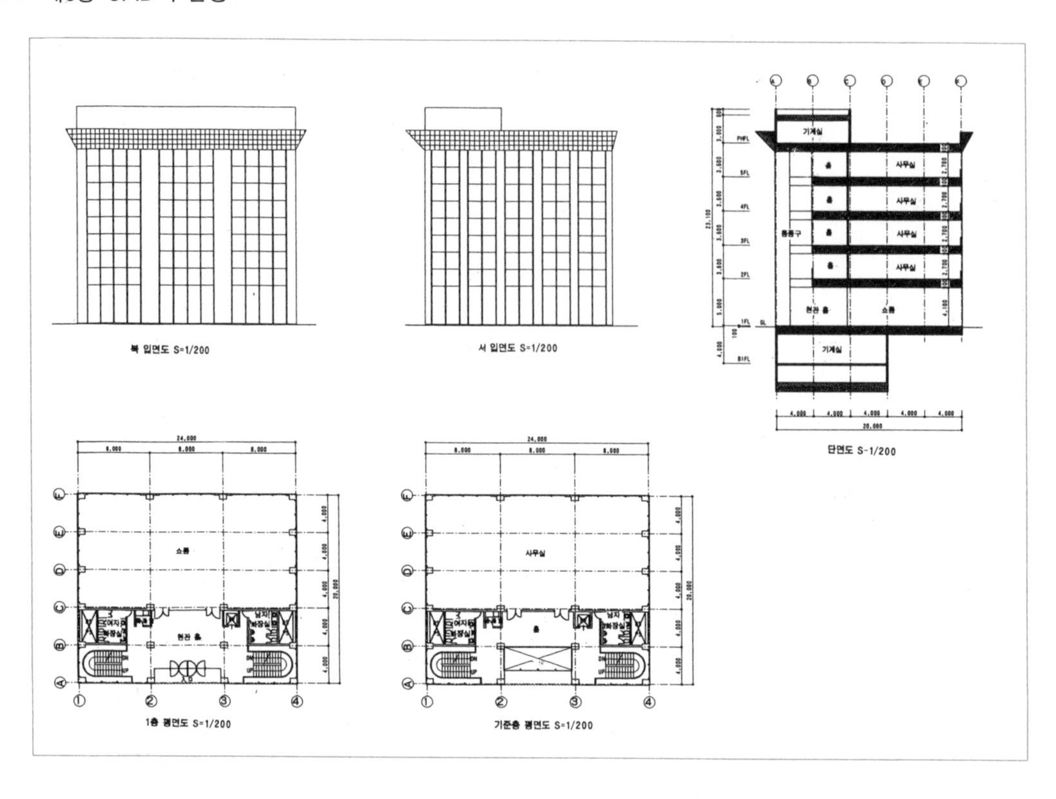

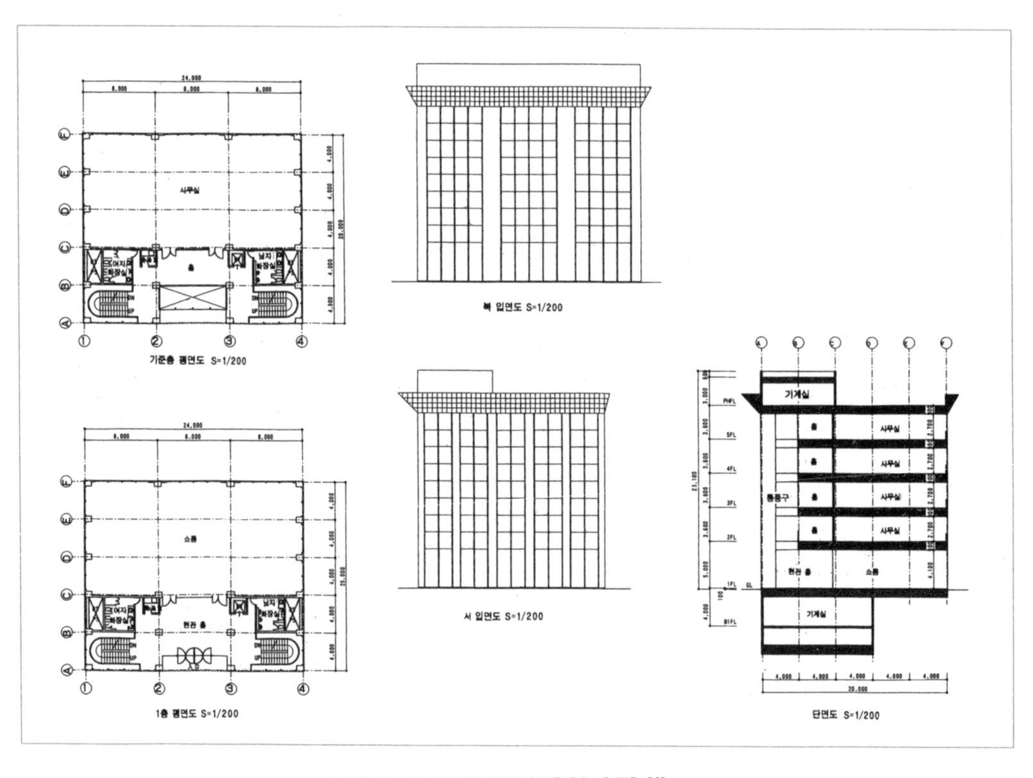

그림 8 · 3 도면 레이아웃의 수정 예

③ 사용 횟수의 증가시 작업 속도가 빨라진다.

CAD에 익숙해지게 됨과 동시에 한번 입력한 도면은 재이용할 수 있다. 제도작업에서는 같은 것을 반복해서 적는 일이 많은데 CAD에서는 이전에 그린 도면과 같은 부분이 있으면 그것을 새로운 도면에 쉽게 짜맞출 수 있다. 몇 번이고 사용할 그림은 미리 표준화해서 만들어 두면 좋다. 도면 작업량이 증가함에 따라 이용할 데이터도 많아진다. 그림 8 · 4와 같이 위생기구나 새시 등의 부품 도형을 각 메이커가 CAD 데이터로서 배포하고 있는 경우도 많다. 이것들을 이용할 수 있게 됨에 따라 매회 작성할 필요가 없어지므로 효율이 좋아짐과 동시에 불필요한 실수도 줄어든다.

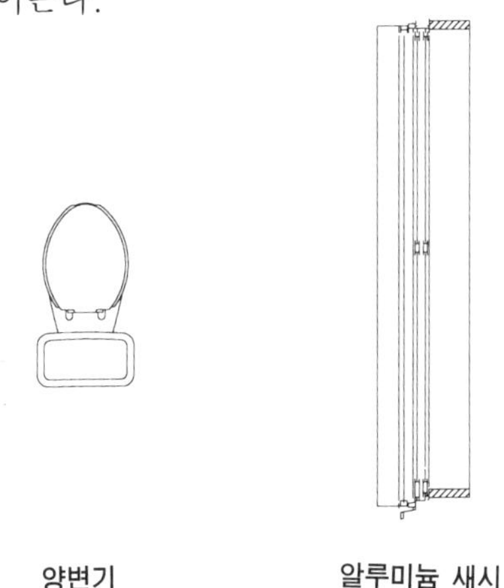

그림 8 · 4 메이커가 배포하고 있는 도형의 예

④ 도면의 보관이나 검색이 간단하다.

CAD 데이터는 종이처럼 부피가 크지 않기 때문에 보관에 적합하다. 관계 있는 도면 파일을 그림 8 · 5처럼 그룹화하는 등의 방법에 의해 도면매수가 늘어도 검색이 용이하며 바로 도면상에 불러낼 수도 있다.

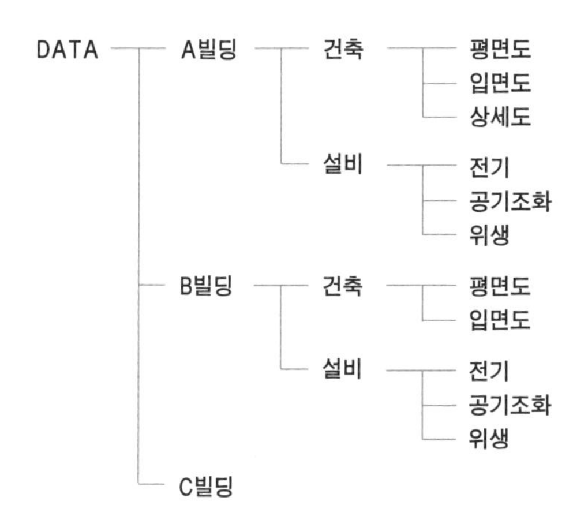

그림 8 · 5 도면 파일의 그룹화 예

⑤ 공작동업에 적합하다.

복수의 설계자가 공동으로 설계를 하게 되는 경우, 도면 데이터를 상호 이용할 수 있다. 예를 들어 건축평면도가 CAD 데이터로 제공된다면 설비 설계자는 종래의 트레이싱 작업에서 해방되어 건축도에 바로 설비도면를 작성할 수 있게 된다.

또한 개인용 컴퓨터의 데이터는 회선 등으로 보낼 수 있기 때문에 각사에서 복수의 개인용 컴퓨터가 데이터를 공유하기도 하고, 인터넷이나 컴퓨터 통신 등의 통신 회로를 이용해서 멀리 떨어져 있는 다른 설계자와도 간단하고 빠르게 CAD 데이터 교환을 할 수 있다. 이들을 활용함에 따라 CAD에 의한 공동작업의 효율은 더욱 상승한다.

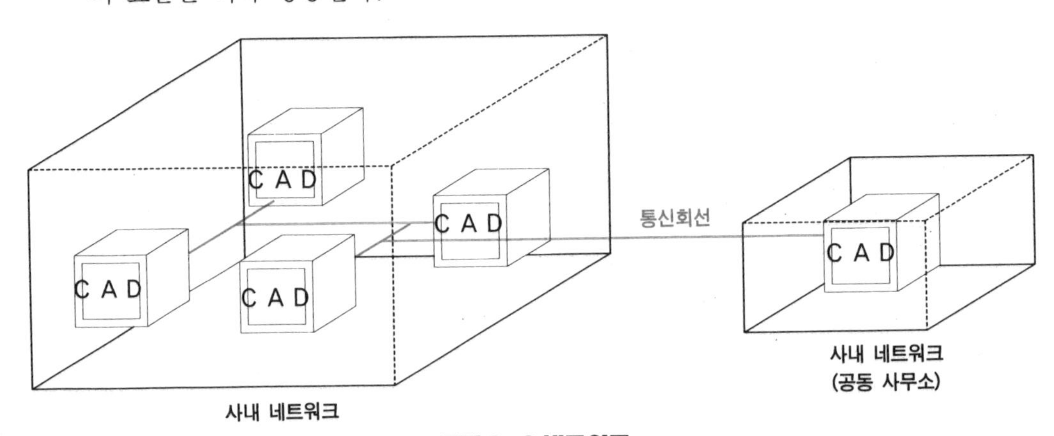

그림 8·6 네트워크

CAD시스템의 도입에 의해 도면작성 시간이 단축되어 작업의 간소화, 효율화가 도모되었으며 약간의 트레이닝에 의해 표면상 말끔하고 완성도 높아 보이는 도면을 그릴 수 있게 되었다. 이것은 이점이기도 하지만 단점이기도 하다. 표면적인「말끔함」때문에 설계상의 문제점에 대해서 충분한 검토가 이루어지지 못하고 미해결된 내용에 대하여 재작업하는 일이 늦어지기 쉽다.

컴퓨터는 인공두뇌라고도 하지만 어디까지나 하나의 도구에 지나지 않을 뿐만 아니라, 얻을 수 있는 도면의 완성도 역시 사용하는 사람의 전문지식이나 능력에 의해 좌우된다. 도면작성 과정에서 설계상의 문제점을 발견하고 해결할 수 있는 능력이 있는 사람이 직접 작업하거나 그렇지 않으면 그러한 사람에게 최종 단계에서의 체크를 받을 필요가 있다. 실제로는 시간이나 인원 부족 등으로 좀처럼 지켜지지 않는다는 것이 현 실정이다.

[2] CAD시스템의 구성

CAD시스템은 컴퓨터 등 기계장치인 하드웨어와 컴퓨터에의 명령을 기입한 프로그램인 소프트웨어가 한 세트로, 각각에는 여러 가지 종류가 있다.

(a) 하드웨어

주요 하드웨어는 그림 8 · 7에 보이는 바와 같이 구성되어 있다.

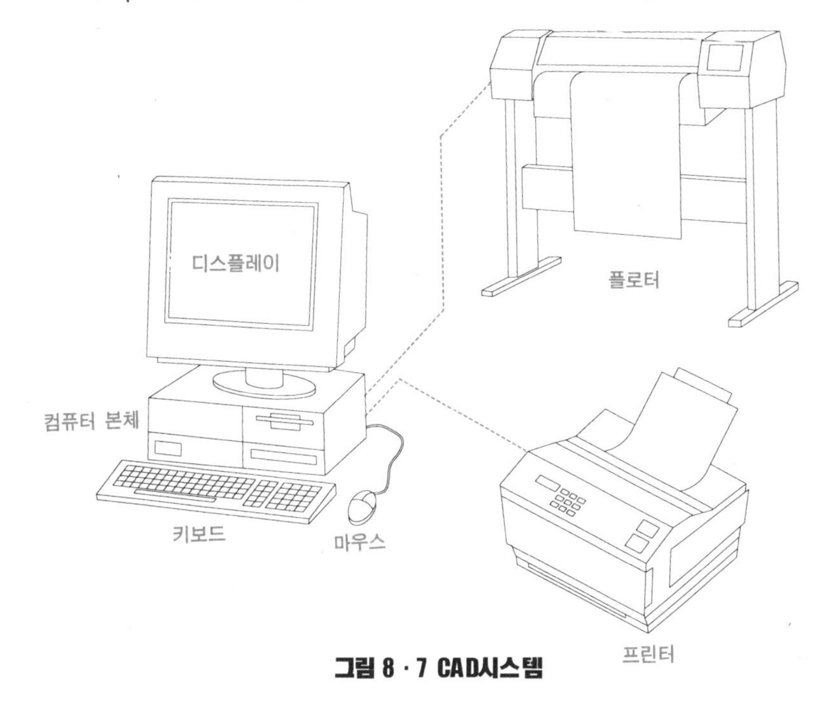

그림 8 · 7 CAD시스템

- **본체** : 컴퓨터. 연산장치나 기억장치, 제어장치 등으로 구성된다.
- **디스플레이** : 컴퓨터로부터의 정보를 표시한다. TV처럼 브라운관에 의한 CRT, 액정 패널 등이 있다.
- **키보드** : 문자나 숫자 등의 입력에 사용한다.
- **마우스** : 디스플레이 상의 커서와 연동해서 컴퓨터에 지시를 한다.
- **플로터** : 컴퓨터 내에서 만들어진 도면을 종이에 인쇄하는 출력장치. 대형 사이즈의 도면 출력에 적합하다.
- **프린터** : 출력장치. 작은 크기의 도면이나 문자, 사진 등의 인쇄에 적합하다.
  하드웨어 중심인 컴퓨터 본체는 그 크기, 가격 순으로 주로 다음과 같은 종류가 있다.
- 슈퍼컴퓨터
- 대형 범용 컴퓨터
- 미니컴퓨터(미니컴)
- EWS(엔지니어링 워크스테이션)
- 퍼스널 컴퓨터(PC)

이 중에서는 PC가 가장 가격이 저렴하며, 현재 일반에 가장 많이 보급되어 있는 것 역시 이 PC이다. 근년 들어, 기술의 도약적 진보에 의해 PC를 사용한 CAD시스템으로도 충분히 사용 가능하게 되었다. 종래, 손으로 작업하던 것과 같은 2차원상의 평면적 제도작업을 하는 것이라면 업무상의 지장은 없다.

(b) 소프트웨어

소프트웨어에는 그림 8·8에 보이는 바와 같이 OS(오퍼레이팅 시스템)라고 부르는 기본 소프트웨어와 그 위에서 사용하는 애플리케이션 소프트웨어(응용 소프트웨어)가 있다. 각각에는 다양한 종류가 있다.

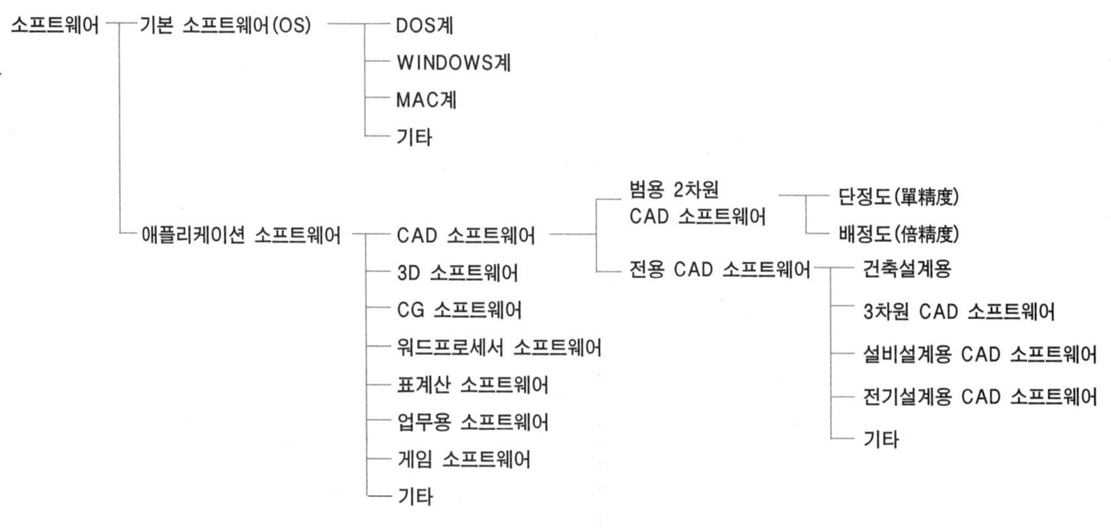

그림 8·8 소프트웨어의 분류

애플리케이션 소프트웨어로서의 CAD 소프트웨어는 크게 나누어 범용(汎用) CAD와 전용(專用) CAD로 분류된다.

제도(製圖)에는 건축제도, 기계제도, 전기제도 등 다양한 분야가 있는데 많은 분야에서 이용 가능한 것이 범용(汎用) CAD이다. 사용자의 수가 많고 비교적 가격이 저렴하다.

전용 CAD는 건축용 CAD, 설비용 CAD 등 특정 분야용으로 개발한 것이다. 일반적으로 범용(汎用) CAD보다 사용자 수도 적고 고가(高價)이지만 자동화되어 있어 빠르고 간단하게 도면을 그릴 수 있다. 예를 들어 하나의 방을 에리어로 에워싸면 그 주변에 자동적으로 벽, 기둥, 마무리선 등이 들어간다. 그 벽의 두께 등을 변경하는 것은 가능하지만 새롭게 설정되어 있는 방식과 다른 방식이 많으면 효율은 떨어진다. 자동으로 그릴 수 없는 부분도 생길 수 있다.

건축관계에서는 2차원 CAD, 3차원 CAD라는 분류도 있다.

3차원 CAD는 전용 CAD로, 평면도 관계를 입력하는 것만으로 창의 높이 등을 초기 설정값으로부터 읽어들여 자동적으로 입면도나 전개도, 자유로운 방향에서 본 내용(투시) 등을 그릴 수 있다. 이것도 초기 설정값은 변경할 수 있지만 어떤 형상이라도 자동적으로 그릴 수 있는 것은 아니다. 2차원 CAD는 범용 CAD로서 수작업한 제도와 마찬가지로 본인의 능력에 따라 자유로운 도면을 그릴 수 있다.

(c) 하드웨어와 소프트웨어의 선택방법

이미 퍼스널 컴퓨터를 소유하고 있다면 그 성능 및 내장되어 있는 OS 종류나 버전을 조사하여 그 하드웨어 환경에서 작동하는 CAD 소프트웨어를 조사함으로써 그 중에서 선택한다. 이미 사용하고 싶은 CAD 소프트웨어가 정해져 있다면 거기에 필요한 OS나 하드웨어 성능을 조사해서 거기에 맞는 환경을 갖춘다. 하드웨어의 성능이 소프트웨어의 작동가능 범위 내라도 보다 높은 성능을 가진 하드웨어 쪽이 처리속도가 빨라 쾌적하게 작업할 수 있다.

하드웨어 성능에 있어서는 CPU(중앙연산처리장치)의 성능, 메모리 용량, 하드디스크의 용량, 디스플레이의 크기와 해상도 등을 비교 검토한다. 소프트웨어는 정도(精度)로 하고, 데이터량이 작은 것으로 비교적 스피드가 빠른 단정도(單精度)와 수치 정도가 보다 빠른 배정도(倍精度)의 것이 있다. 공동작업을 하는 경우에는 다른 소프트웨어와의 데이터 호환성에 대해 검토해 둘 필요가 있다.

[3] CAD시스템의 특징

여기에서는 일반적으로 가장 많이 보급되어 있는 범용 2차원 CAD에 대해서 설명한다. 이 CAD의 기본은 손으로 그리는 도면과 마찬가지로 선을 하나 하나 입력하는 작업이 누적된 결과이다. 단, 이하의 특징을 어떻게 살릴 수 있는지에 따라 손으로 그리는 제도보다도 훨씬 효율적이고 정확한 도면을 그릴 수 있게 된다.

(a) 편집기능

입력한 하나의 선을 편집기능을 사용하여 늘리거나 가공함으로써 도면을 그릴 수 있다. 예를 들어 그림 8 · 9처럼 벽 중심선을 넣으면 그것을 복선화해서 벽으로 하는 편이 하나 하나 입력하는 것보다 빠르다.

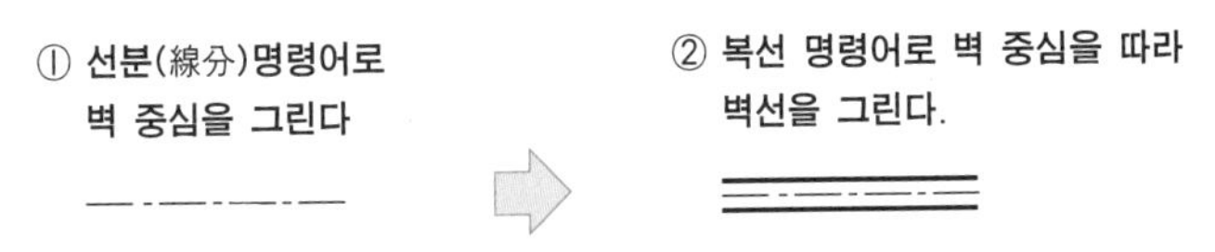

그림 8 · 9 벽을 그리는 방법 예

주된 편집 명령어로는 복사, 이동, 삭제, 확대, 축소, 연장 등이 있다. 본래 선분(線分)이란 점의 연결에 의한 구성이라고 할 수 있는데 CAD에서는 데이터량을 적게 하는 목적도 있기 때문에 백툴 데이터라고 하는 위치와 방향 데이터로 기록된다. 하나의 도형을 확대 · 축소 명령어로 얼마든지 크기를 바꿔도 도형의 크기는 바뀌지만 각 선분(線分)의 굵기는 바뀌지 않는다. 또 CAD 데이터는 디지털 데이터이기 때문에 아무리 복사를 반복해도 더러워지지는 않는다.

(b) 레이어기능

레이어는 화층(畵層)이라고도 한다. 예를 들어 그림 8 · 10처럼 투명한 필름이 몇 장이고 겹쳐져 있는 것으로 그 한 장 한 장이 레이어이다. 각각 별개의 레이어로 나뉘어 기준선, 구조체선, 설비선, 치수선 등을 그려두면 레이어마다 표시 · 비표시 선택을 하는 것에 의해 입력이나 편집이 손쉬워진다. 예를 들어 많은 선이 들어가 있는 부분으로 하나의 선을 지우려고 할 때, 관계없는 레이어를 비표시로 해 두면 잘못해서 다른 선을 지울 가능성이 적어진다.

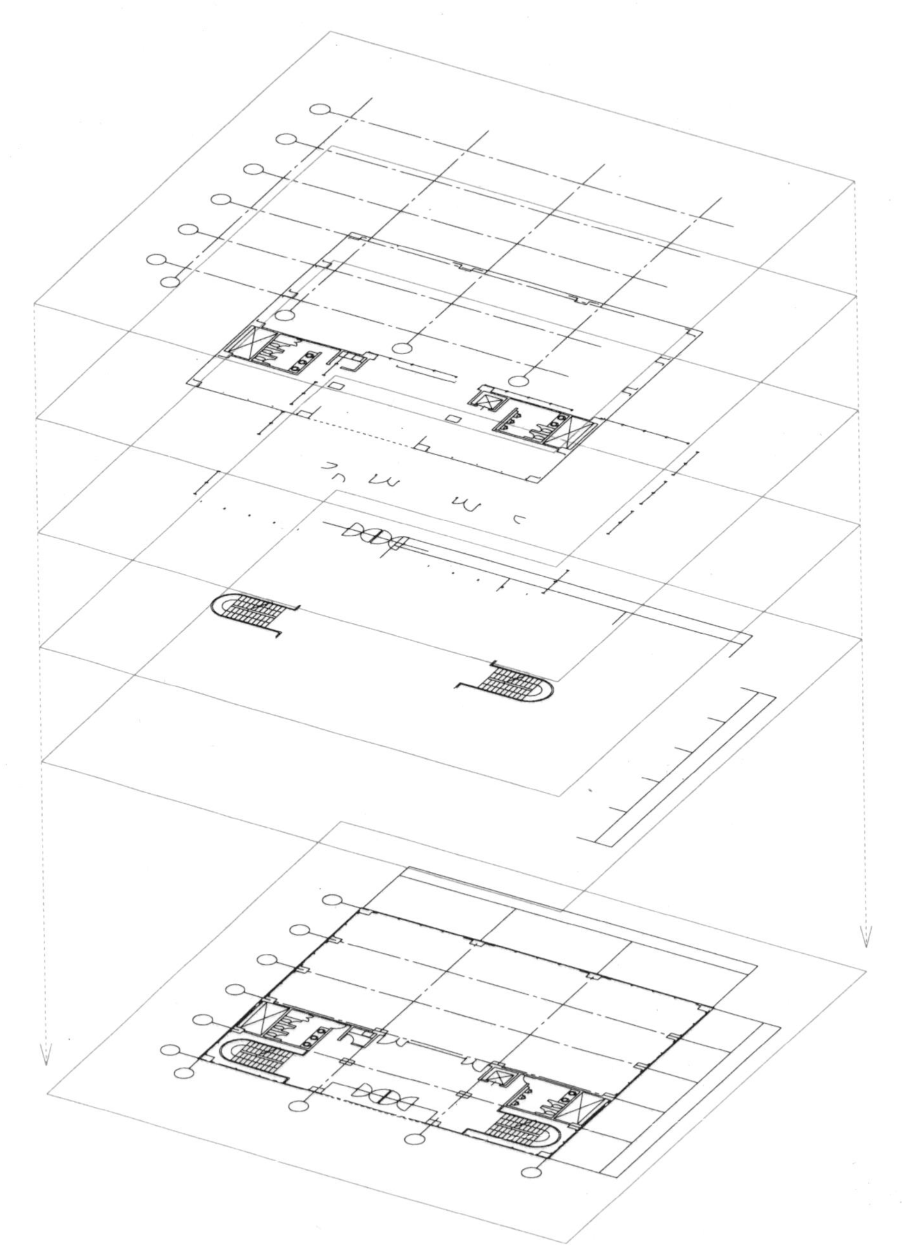

그림 8 · 10 레이어 개념

(c) 스냅기능

서치 기능 혹은 리드 기능 등으로 불리는 선분(線分)이나 도형 등을 마우스로 정확하게 입력하려고 할 때에 없어서는 안될 기능이다.

입력이 끝난 선분(線分) 등의 단점(端点)(선분의 끝 점)이나 교점(선분과 선분이 교차하고 있는 점) 등의 근처를 마우스로 클릭하면 그 점에 빨려 들어가듯 정확하게 들어가는 기능이다.

일반적으로 자주 사용된다, 스냅시킬 「점」에는 그림 8 · 11에 제시한 것과 같은 것이 있다.

- **단점** : 직선이나 원호 등의 양측 단점(兩側端点).
- **교점** : 직선이나 원, 원호, 타원 등이 서로 교차하는 점.
- **중심점** : 원의 중심점이나 하나의 선분(線分) 중앙점.
- **그리드 점** : 일정 간격의 격자상(格子狀)의 점.

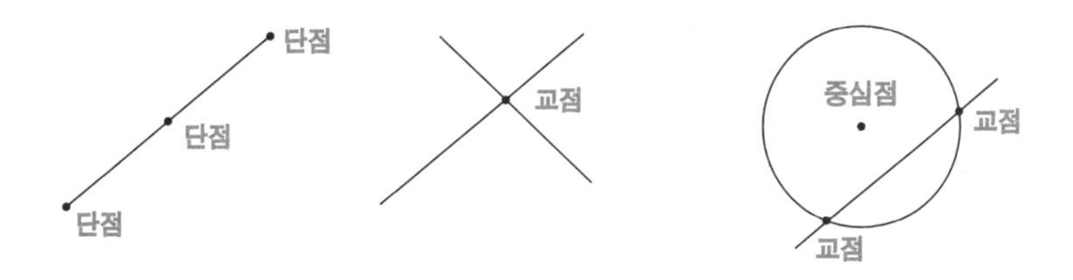

그림 8 · 11 「점」의 종류

(d) 그리드 기능

그리드라는 것은 그림 8 · 12처럼 X방향, Y방향에 임의로 일정 간격으로 메시(mesh)상(狀)에 배치된 화면상의 점으로 출력은 되지 않지만 화면에 표시하거나 지우거나 할 수 있다. 선분(線分)이나 도형 등을 입력할 때 그 점을 스냅기능으로 골라내는 것에 의해 정확하고 빠르게 쓸 수 있다. 목조주택의 평면도 등에서 벽이 일정 간격의 그리드 상에 배치되어 있을 경우 등에 사용하면 매우 편리하다.

그림 8 · 12 그리드 표시

(e) 계측기능

화면상에서 임의의 장소를 거리계측이나 면적계측을 할 수 있다. 스냅기능 등을 병용하면 정확한 값을 간단하게 얻을 수 있다. 방 면적의 계측도 용이하다.

수치선 기입 시에도 치수선의 위치를 지시함으로써 그림 8 · 13처럼 치수값은 자동적으로 계측(計測)되어 소정의 위치에 기입된다.

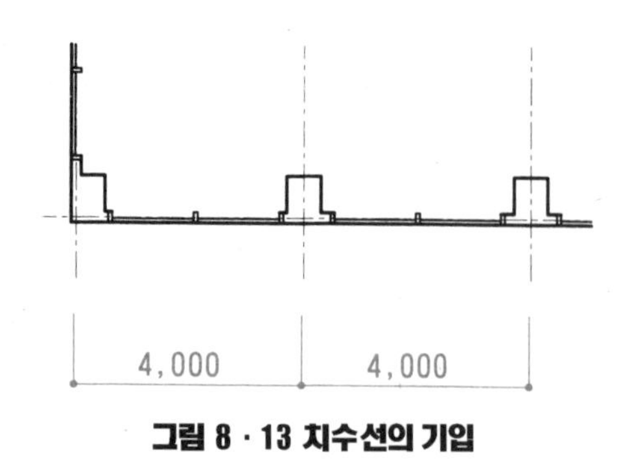

그림 8 · 13 치수선의 기입

8 · 2 CAD시스템의 이용법

여기에서는 2차원 범용 CAD 입력방법에 대해서 설명한다.

[1] 선

선을 자유롭게 그리거나 지우거나 할 수 있게 된다면 그것은 무엇이라도 그릴 수 있다는 것이 된다. 우선 선을 어떻게 그리고 싶은가를 확실히 결정한 후에 그대로 그릴 수 있도록 연습을 한다.

CAD로 선을 그리는 방법에는 다음과 같은 것이 있다.

① 하나의 선의 시점과 종점의 위치를 그림 8 · 14처럼 마우스로 지시해서 입력한다. 이 때 마우스로 적당하게 입력한 것으로는 도면으로서의 정확함은 얻을 수 없지만 스냅 기능이나 그리드 기능을 사용하면 정확하게 얻을 수 있다.
치수선 모드로 해 두면 일반적인 도면에서의 대부분을 점유하고 있는 수직선, 수평선을 그림 8 · 15처럼 정확하게 그릴 수 있다.

그림 8 · 14 　　그림 8 · 15

② 시점(始點), 종점(終點)의 위치를 수치로 입력한다. 이것은 정확하게 그릴 수는 있지만 산출해 낸 좌표 등의 수치가 많으면 시간이 많이 소요된다. 시점을 마우스로 해서 종점은 길이, 방향을 수치로 입력하는 방법 등을 병용하면 좋다.

③ 이미 그려져 있는 선을 복사한다. 편집작업이 되는데 그림 8 · 16처럼 원래의 선의 길이와 각도가 정확하게 복사된다.

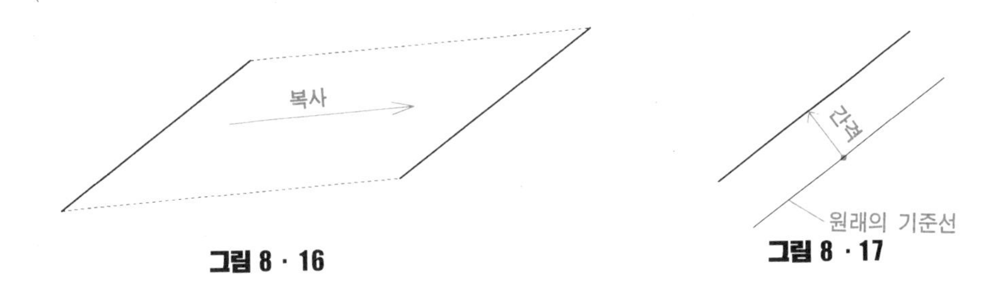

그림 8 · 16

그림 8 · 17

④ 복사와 닮은 명령어(컴퓨터에 대한 지령, 명령)에 복선명령어가 있다.
이것을 사용하면 그림 8 · 17처럼 원래의 선에 평행으로 지정한 간격의 정확한 선을 그릴 수 있다.
모두 선분(線分)의 길이나 위치는 나중에 편집기능을 사용해서 간단하게 변경할 수 있다는 것을 고려하여 아는 곳부터 차근차근 입력하는 것이 비결이다.

[2] 입력순서

제도작업으로 입력할 때의 순서에 준하여 진행한다.

1. 초기설정을 실시한다.

매회 효율 좋게 설계작업을 하기 위해서는 미리 각종 설정을 해 두는 편이 좋다.

① 용지의 크기를 정한다. 이것은 CAD 입력작업을 행하는 화면상의 넓이로 도중

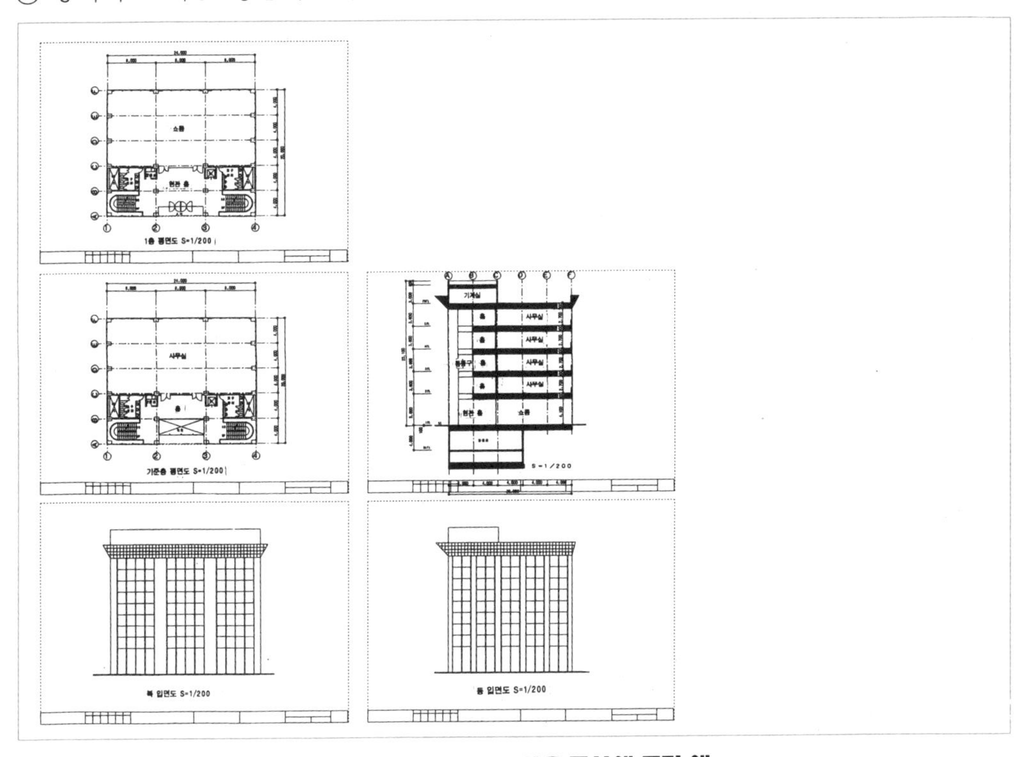

그림 8 · 18 복수의 도면을 동시에 그린 예

에 변경도 가능하다. A4크기에서 A3, A2, A1, A0 또한 한 단계 위 크기까지 있다. 출력할 용지의 크기보다도 크다면 남은 곳을 편집작업용 스페이스로서 사용하거나 그림 8 · 18처럼 복수 매수의 도면을 동일 화면상에 열어 평행(平行)해서 작업을 진행할 수도 있다.

② 도면의 척도를 정한다. 1/50이라든가 1/100 등 자유롭게 설정할 수 있다. 도중에서 바꿀 수도 있지만 바꾸면 그림 8 · 19처럼 도면과 문자 크기의 밸런스가 바뀌게 되어 변경작업이 필요하게 되므로 제일 처음에 정해 두는 것이 가장 좋다. 척도가 다른 도면 데이터 사이에서의 도형 복사는 각각의 척도에 맞는 바른 치수로 복사된다.

③ 레이어 설정을 한다. 익숙해지지 않으면 불필요한 작업으로 번거롭지만 이 레이

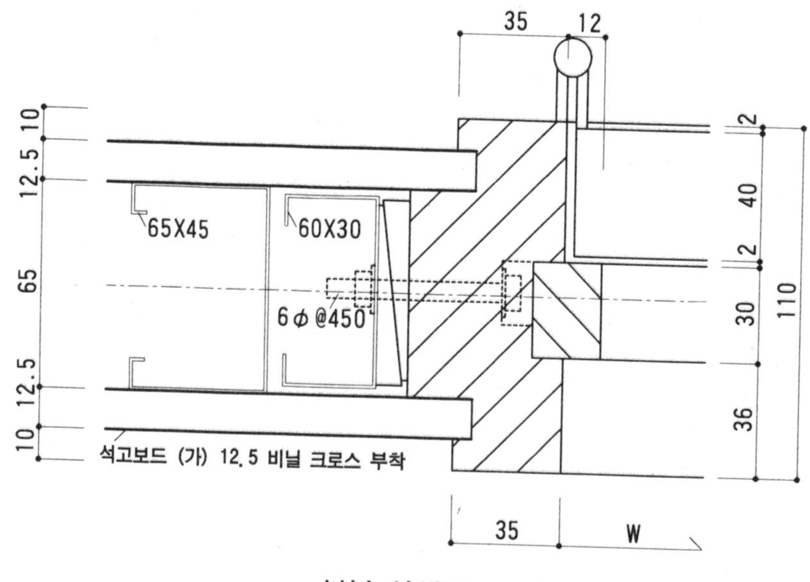

부분 상세도 S=1/2

축척을 변화시키면

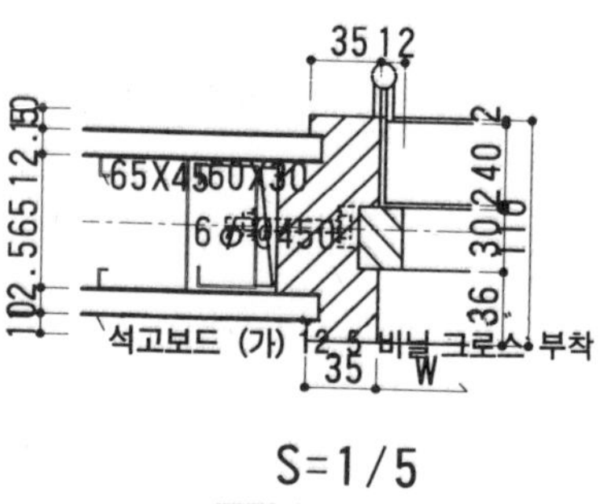

S=1/5

그림 8 · 19

어 설정이 제대로 되어 있지 않으면 CAD의 큰 특징 중 하나를 잃어버리게 되어 후에 작업효율이 악화된다. 도중에서 설정하는 것도 가능하지만 데이터가 복잡해지면 구분하는 데 손이 많이 가기 때문에 처음에 설정해 두는 편이 좋다.

레이어 설정의 예

- 기준선용 명칭 :「KIJUN」 선종(線種) : 일점쇄선 선색 : 엷은 남빛
- 몸체선용 명칭 :「KUTAI」 선종(線種) : 실선 선색 : 백색
- 건구용 명칭 :「TATEGU」 선종(線種) : 실선 선색 : 엷은 남빛
- 비품용 명칭 :「BIHIN」 선종(線種) : 실선 선색 : 자색(紫色)
- 설비용 명칭 :「SETUBI」 선종(線種) : 실선 선색 : 황색

선색은 화면상으로 구분하기 쉽게 하기 위해, 예를 들어 몸체선을 굵은 선으로 하는 등 출력시의 선 굵기를 선의 색깔별로 설정할 수 있다.

④ 기입할 문자의 세로 크기나 가로 크기, 문자와 문자 사이의 피치 치수, 색 등을 설정한다. 일반기입 문자용, 치수선용, 타이틀용 등 여러 종류를 미리 설정해 두면 문자의 크기를 통일시킬 수 있어 깔끔해 진다.

문자종류	펜 No.	문자폭(mm)	문자높이(mm)	간격(mm)	사용수
[f · 1]	1	2.0	2.0	0.0	-
[f · 2]	1	3.0	3.0	0.5	-
● [f · 3]	2	3.0	3.0	0.5	-
[f · 4]	2	4.0	4.0	0.5	-
[f · 5]	3	5.0	5.0	0.5	-
[f · 6]	3	6.0	6.0	1.0	-
[f · 7]	4	7.0	7.0	1.0	-
[f · 8]	4	8.0	4.0	1.0	-
[f · 0]	5	9.0	9.0	1.0	-
[f · 10]	5	10.0	10.0	1.0	-

그림 8 · 20 문자 설정화면

2. 도면틀을 그린다.

CAD 위의 용지 크기 가득 도면을 그리면 주변에는 출력되지 않는 부분이 나온다. 그 출력 가능범위를 알기 위해서도 도면틀은 필요하다. 도면틀을 출력할 필요가 없는 경우는 출력 되지 않는 선(보조선)으로 그린다.

「WAKU」 레이어에 입력한다. 임의의 크기의 정사각형이나 직사각형을 그릴 수 있는 사각형 명령어를 사용한다. 세로치수, 가로치수를 지정하고 나서 위치를 정해 그림 8 · 21처럼 입력한다.

출력장치(플로터나 프린터)의 기종에 따라 출력가능범위가 다르기 때문에 주의가 필요하다.

이상의 1. 과 2.를 종료했을 때 한번 데이터를 보존(12. 참조)해 두면 다음 번부터는 새롭게 도면을 그릴 때에 이 데이터를 불러내어 같은 환경설정을 얻을 수 있다.

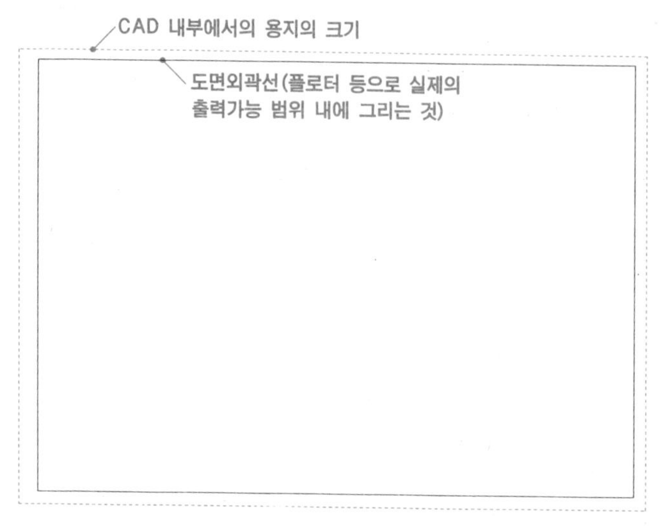

그림 8 · 21 도면 외곽선의 예

3. 기준선을 그린다.

① 「KIJUN」 레이어로 바꾼다. 직류선분 명령어를 사용하여 그림 8 · 22처럼 X방향, Y방향 각 하나씩 적당한 길이의 기본이 되는 기준선을 그린다. 마우스로 임의의 시점을 클릭, 그 다음 임의의 종점을 클릭하면 시점으로부터의 정확한 수평선 또는 수직선으로 보정(補正)되어 그려진다. 여기에 대해 사선 명령어를 사용하면 마우스로 클릭한 대로 사선을 그릴 수 있다. 선의 길이나 위치는 나중에 간단하게 바꿀 수 있다.

② 복선명령어로 바꾼다. 이 명령어로는 하나의 선에 임의의 간격으로의 평행선을 끌 수 있다. 기초가 되는 기준선을 클릭하고 나서 스팬의 치수를 넣으면 다음 기준선이 그어진다. 이것을 그림 8 · 23처럼 필요수량을 반복한다.

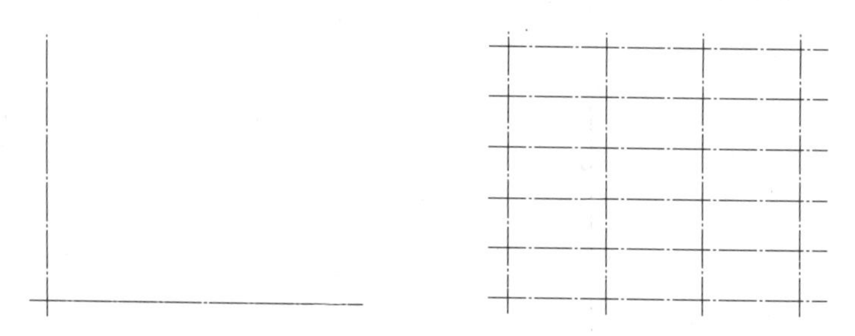

그림 8 · 22 기초가 되는 기준선 **그림 8 · 23 전체 기준선**

4. 벽을 배치한다.

「KUTAI」 레이어로 바꾼다. 2선 명령어를 사용하면 한번에 2개의 선을 그릴 수 있기 때문에 이것으로 벽을 그린다. 기준선을 벽 중심으로 해서 벽두께가 되는 2선의 각각 떨어진 치수를 지정하고 나서 기준선을 클릭해서 선택한다. 그림 8 · 24처럼 조금씩 길게 적당한 길이로 그려 나중에 수정한다.

5. 기둥을 배치한다.

사각형 명령어를 사용한다. 기둥 크기의 세로치수법 · 가로치수법을 지정하고 나서 세로벽과 가로벽과의 교점에 서치기능을 사용해서 배치한다. 입력할 때의 기둥 기준점을 그림 8 · 25처럼 「기둥 중심」이나 「기둥의 왼쪽 아래」 등으로 바뀌는 것에 의해 벽과 기둥의 바깥면(外面)을 합칠 수가 있다.

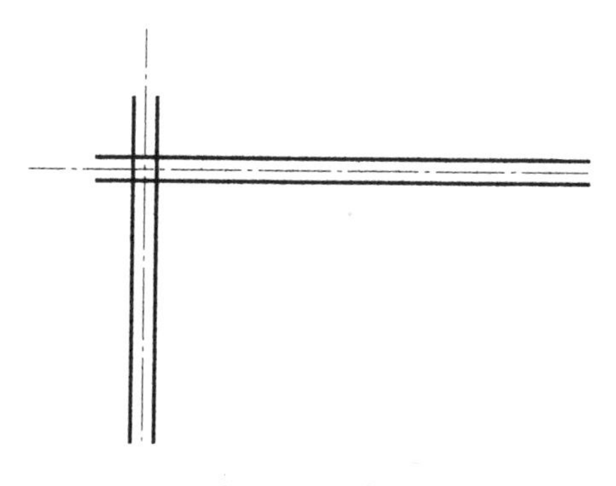

그림 8 · 24 벽의 배치

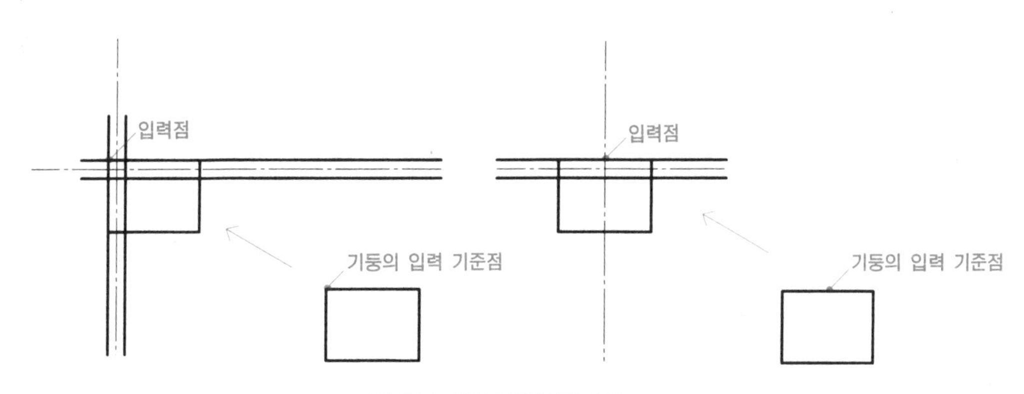

그림 8 · 25 기둥의 기준점

6. 포락(包絡)처리를 한다.

기둥이나 벽이 교차하는 부분에서 여분의 선을 지우거나 선이 부족한 부분을 늘리거나 하는 것이 포락처리이다. 포락처리 명령어를 사용해 그 부분을 에워싸면 그림 8 · 26처럼 자동적으로 처리된다.

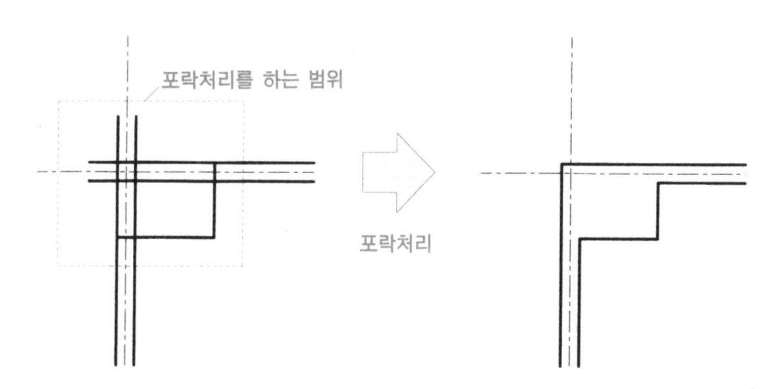

그림 8 · 26 포락처리

7. 건구를 배치한다.

① 「TATEGU」 레이어로 입력한다. 미리 등록되어 있는 건구를 불러내어 적당한 것을 벽 위로부터 배치한다. 기준선 등에서 건구 끝부분까지의 거리를 복선(複線) 명령어 등으로 그림 8 · 27처럼 보조선을 그려 두면 정확한 위치로 넣을 수 있다.

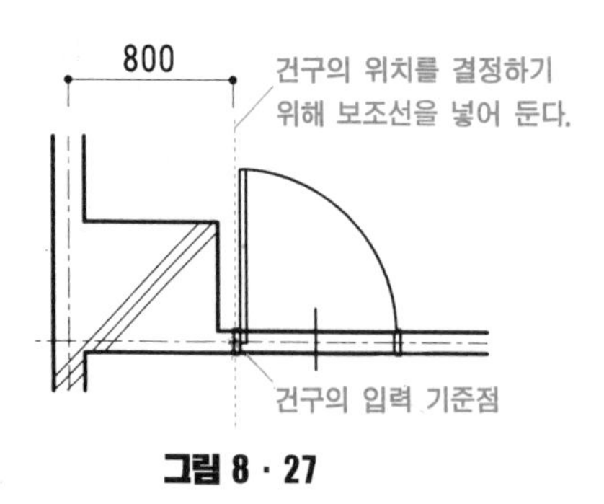

그림 8 · 27

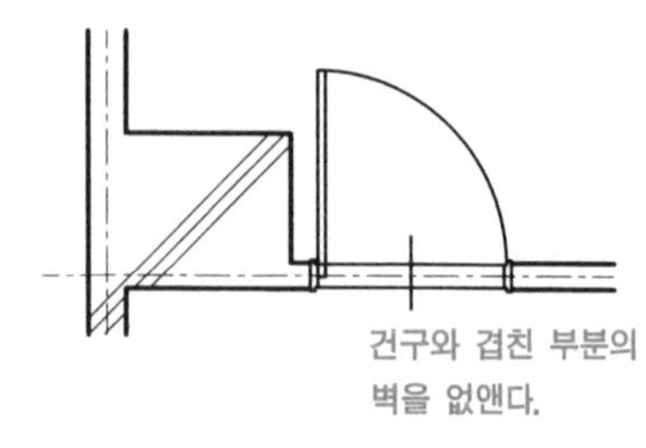

그림 8 · 28

② 그림 8 · 28처럼 건구로 겹쳐 있는 부분의 벽을 선지우기 명령어로 지운다. ①의 보조선도 잊지 말고 지워 둔다.

8. 부품을 배치한다.

「SETUBI」 레이어에 입력한다. 설비 등의 심볼 부품을 불러내어 필요한 곳에 그림 8 · 29처럼 배치한다. 이것도 보조선 등을 활용하면 정확한 위치에 넣을 수 있다. 등록되어 있지 않은 부분은 미리 스스로 그릴 수 있다.

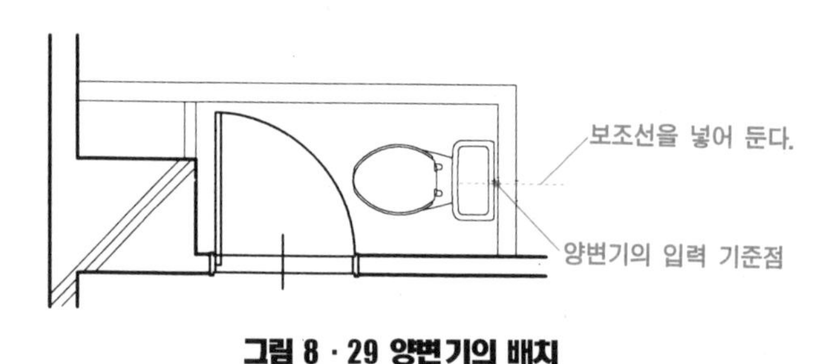

그림 8 · 29 양변기의 배치

9. 배관, 배선을 그린다.

① 단선일 경우에는 선분(線分)명령어를 사용한다. 복선일 경우에는 2선 명령어를 사용하거나 중심선을 그리고 나서 그것을 복선으로 해야 한다. CAD 입력에 맞도록 적당하게 넣는 경우를 제외하고 입력하기 전에 각각의 위치나 길이, 굵기 등의 수치가 필요하다.

② 단부(端部) 처리와 부속을 기입한다.

10. 치수선, 문자를 그린다.

「SUNPOU」 레이어로 입력한다. 치수선의 치수값은 자동적으로 계측된다.

11. 인쇄한다.

출력할 범위와 위치를 정한다. 선색 별로 선의 굵기를 바꿀 수 있다.

12. 데이터를 저장하고 종료한다.

내용이 알기 쉬운 파일명을 붙여 저장한다. 다른 도면 내용을 나타내는 척도 등의 메모도 해둔다. 컴퓨터의 만일의 트러블에 대비해 데이터는 바로 저장해 두는 편이 좋다.

가능하다면 작업 종료 시에는, 예를 들어 하드디스크와 플로피디스크 등 복수의 장치에 저장해 두는 편이 좋다.

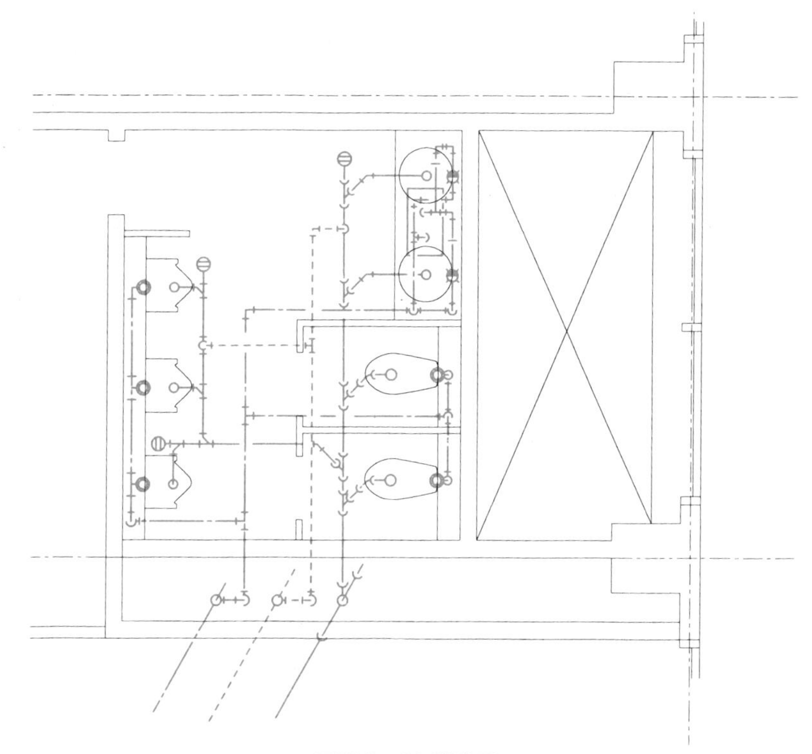

그림 8 · 30 배관도

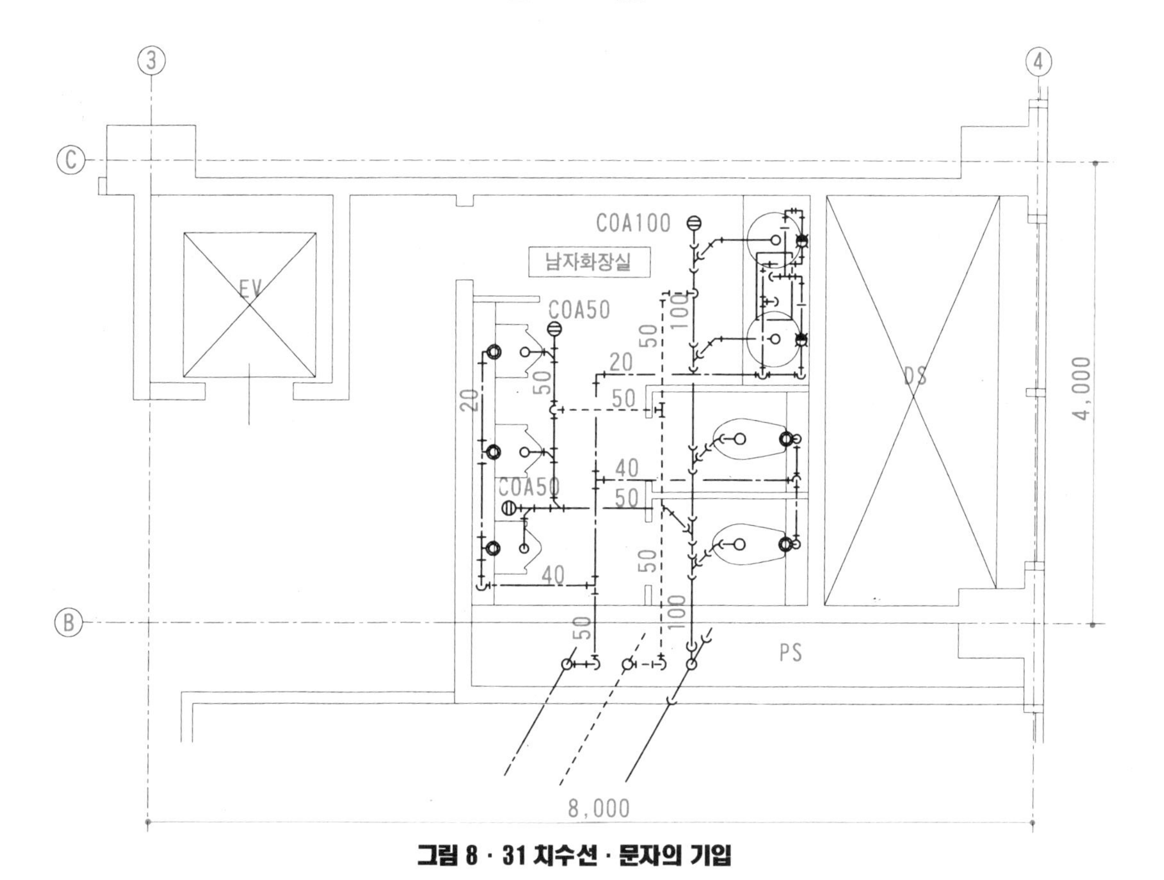

그림 8 · 31 치수선 · 문자의 기입

8·3 CAD시스템의 작업환경

CAD시스템의 도입에 의해 지금까지의 제도대나 드래프터, 펜 제도환경에서 퍼스널 컴퓨터, 디스플레이, 키보드, 마우스 등의 제도환경으로 크게 변해왔다. 작업환경의 변화에 의해 스트레스나 피로를 호소하는 사람도 늘고 있으며 눈이나 어깨 등의 피로를 줄이기 위해 다음과 같은 주의를 필요로 하게 되었다.

① 디스플레이 화면상의 실내조도(室内照度)는 500룩스 이하로 서류 및 키보드 면에서의 조도(照度)는 300에서 1000룩스 사이가 좋다. 각각에 있어서의 밝기 및 주변 밝기와의 차이는 가능한 한 작은 편이 좋다. 특히 조명기구의 빛이나 직사일광 등이 직접 시야에 들어가거나 디스플레이에 반사되지 않도록 하는 것이 필요하다.

② 디스플레이의 높이는 눈 높이보다 낮게 하고 키보드나 마우스 패드를 올려놓는 책상은 팔꿈치의 높이보다 약간 낮은 게 좋다.

③ 장시간의 연속작업일 경우는 1시간마다 10분 정도 휴식을 취한다. 작업환경을 정리하면 CAD는 세세한 부분도 확대해서 작업할 수 있기 때문에 고령자에게도 적합한 도구이다.

부 록

1. 자주 사용하는 도시기호 대조표
2. 건축용 약어

1. 자주 사용하는 도시기호 대조표

계열 1에 의한 도시기호	계열 2에 의한 도시기호	도시기호 설명
 MC	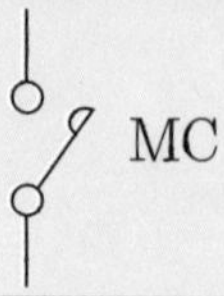 MC	Magnet contactor 전자접촉기의 주접점
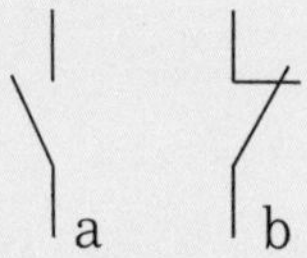 a b	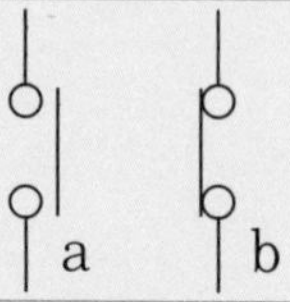 a b	일반용 접점 전자접촉기의 보조접점, 릴레이의 접점
 MC	 MC	Magnet contactor 전자접촉기의 코일
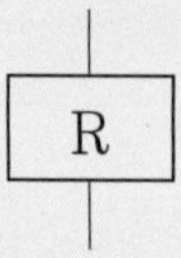 R	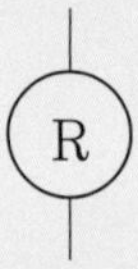 R	Relay 계전기(릴레이)의 코일
 THR	 THR	Thermal relay 열동계전기의 수동복귀 b접점
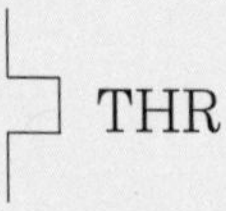 THR	 THR	Thermal relay 열동계전기의 과전류 검출부분
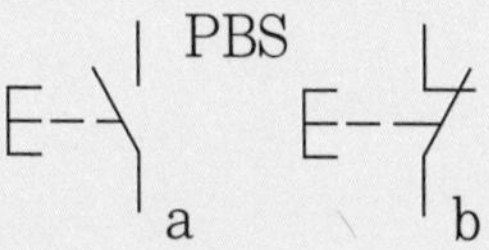 PBS a b	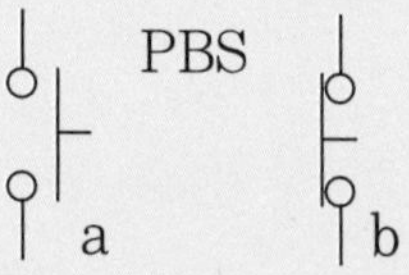 PBS a b	Push button switch 푸시 버튼스위치의 접점
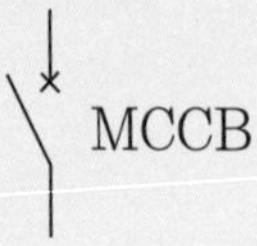 MCCB	 MCCB	Molded cased circuit breaker 배선용 차단기

계열 1에 의한 도시기호	계열 2에 의한 도시기호	도시기호 설명
TLR a b	TLR a b	Time lag relay 한시계전기(통칭 타이머) 한시작동 · 순시복귀접점
TLR	TLR	Time lag relay 한시계전기(통칭 타이머) 한시작동 · 순시복귀접점의 코일
C2 C5	RL GL	Lamp 표시등 C_2 : 적, C_5 : 녹색을 나타낸다 컬러 코드 RL : 적, GL : 녹색
M	IM	Induction motor 유도전동기
F	F	Fuse 퓨즈

전기용 도시기호(JIS C 0301)

1982년 개정. 국제규격과의 표준을 위해 개정되었다.

IEC(국제전기표준회의)에서 채용되고 있는 도시기호를 최우선으로 채용한 것을 계열1로 나타내고 있다.

계열2는 구(舊) JIS 도시기호인데 현재도 사용되고 있다.

2. 건축용 약어

약 어	원 어	우리말 표기
@	AT	~에서
A. B.	Anchor Bolt	앵커볼트
ABBREV.	Abbreviation	약어
ABS.	Asbestos	석면
A. C. B.	Asbestos Cement Board	석면 시멘트판
ACST.	Acoustic	음향
ACST. PLAS.	Acoustical Plaster	음향 플래스터
ACT.	Actual	실제의
ADD.	Addition	부기
AGGR.	Aggregate	자갈(콘크리트 골재)
AIRCOND.	Air Conditioning	에어 컨디셔닝
APPD.	Approved	인정하는
ARCH.	Architecture, Architectural	건축, 건축의
ASRH.	Asphalt	아스팔트
A. T.	Asphalt tile	아스팔트 타일
AUTO.	Automatic	자동
AX.	Axis	축
B.	Bath Room	욕실
BD.	Board	판
B. H.	Boiler House	독립 보일러실
B. L.	Building Line	건축 기준선
BLDG.	Building	건물
BLK.	Block	블록
BLR.	Boiler	보일러
BM.	Beam	보
B. M.	Bench Mark	표준점
B. M.	Bending Moment	휨모멘트
BOT.	Bottom	토대
B. P.	Blue Print	청사진
BR.	Bed Room	침실
B. R.	Boiler Room	보일러실(옥내)
BRK.	Brick	벽돌
BRS.	Brass	황동
BRZ.	Bronze	청동
BSMT.	Basement	지하실
BT.	Bent	굽은
BT.	Bolt	볼트
C 또는 CL.	Center Line	중심선

(계 속)

약 어	원 어	우리말 표기
CAB.	Cabinet	옷장
C. B.	Coal Bin	저탄고
CEM.	Cement	시멘트
CEM. MORT.	Cement Mortar	시멘트 모르타르
CEM. P.	Cement Water Paint	물시멘트 페인트
CEM. PLAS.	Cement Plaster	시멘트 플래스터
CER.	Ceramic	사기
CIG.	Ceiling	천장
C. J.	Control Joint	컨트롤 조인트
CL.	Closet	골방
CLA.	Class	반
CLR.	Clear	정확하게
C. O.	Clean Out	청소구
COL.	Column	기둥
CONC.	Concrete	콘크리트
CONC. B.	Concrete Block	콘크리트 블록
CON. C.	Concrete Ceiling	콘크리트 천장
CONC. F.	Concrete Floor	콘크리트 바닥
CONST.	Construction	공사
CONT.	Continuous	연속
COP.	Copper	구리
COR.	Corner	모서리
CORR.	Corridor	복도
CORRG.	Corrugated	골진
C. T.	Ceramic Tile	사기 타일
C. TO C.	Center to Center	중심에서 중심까지
CTR.	Center	중심
CTR.	Counter	카운터
CYL. L.	Cylinder Lock	실린더 자물쇠
DET.	Detail	상세도
DIA.	Diameter	지름
DIM.	Dimension	치수
DIST.	Distance	거리
DIST. 또는 DO.	Ditto	앞과 같음
D. J.	Dummy Joint	더미 조인트
DN.	Down	아래
D. R.	Dining Room	식당
DR.	Drain	드레인
D. S.	Down Spout	홈통

(계 속)

약 어	원 어	우리말 표기
DWG.	Drawing	제도 도면
EA.	Each	각각
EL. 또는 ELEV.	Elevation	입면도
ELEC.	Electric	전기
ENT.	Entrance	현관
EQUIP.	Equipment	장비 설비
EST.	Estimate	견적
E. TO E.	End to End	끝에서 끝까지
EXP.	Exposed	노출
EXP. BT.	Expansion Bolt	익스팬션 볼트
EXP. JT.	Expansion Joint	익스팬션 조인트
EXT.	Exterior	외부
F. BRK.	Fire Brick	내화벽돌
F. D.	Floor Drain	플로어-드레인
F. DR.	Fire Door	방화문
F. H. C.	Fire Hose Cap	소화 호스 연결구
F. H. W. S.	Flat Head Wood Screw	납작머리나사못
FIG.	Figure	도형
FIN.	Finish	끝맺음
FIN. FL.	Finish Floor	끝맺음 바닥
FL.	Floor	바닥
FND.	Foundation	기초
F. PRF.	Fire Proof	내화
FR.	Frame	형틀
F. S.	Far Side	원측
F. S.	Full Size	실측
FT.	Feet, Foot Feet.	피트
FTG.	Footing	기초
GA.	Gage	게이지
GALY.	Galvanized	전기 도금한
G. I. S.	Galvanized Iron Sheet	아연철판
G. L.	Ground Line	지면
GL. BL.	Glass Block	유리블록
GRN.	Green	녹색
GYP.	Gypsum	석고
HDW.	Hardware	철물
HGT. 또는 H.	Height	높이
HOR.	Horizontal	수평의
HTG.	Heating	난방

(계 속)

약 어	원 어	우리말 표기
I. D.	Inside Diameter	안지름
IN.	Inch	인치
INCL.	Include	포함하다
INS.	Insulation	절연
INT.	Interior	내부
JT.	Joint	조인트
L.	Line	선
L. 또는 LE. 또는 LGTH.	Length	길이
LAB.	Laboratory	실험실
LAD.	Ladder	사다리
LAV.	Lavatory	세면소
LB(s).	Pound(s)	파운드
LBR.	Lumber	재목
LEV.	Level	수평
LINO.	Linoleum	리놀륨
LT.	Light	빛
LVD.	Louvered Door	비늘판문
MATL.	Material	재료
MAX.	Maximum	최대의
MEC.	Mechanic	기계
MECH.	Mechanical	기계의
MET.	Metal	금속
MH.	Manhole	맨홀
MIN.	Minimum	최소의
MISC.	Miscellaneous	여러 가지의
M. O.	Masonry Opening	벽돌 혹은 블록벽돌의 트인
M. PART.	Movable Partition	가동칸막이
N. I. C.	Not in Contract	계약에 포함하지 않음
NO.	Nail	못
NO.	Number	번호
N. S.	Near Side	근측
N. S.	Non Slip	논슬립
O. C.	On Center	중심거리
O. D.	Outside Diameter	바깥지름
OFF.	Office	사무실
OPNG.	Opening	개구부
OPP.	Opposite	반대
O. TO O.	Out to Out	밖에서 밖까지
PARTN.	Partition	분할 구분

(계 속)

약 어	원 어	우리말 표기
PC.	Piece	조각
PG.	Page	페이지
PLAS.	Plaster	플래스터
PL. 또는 R.	Plate(Steel)	철판
PLMB.	Plumbing	연판 공사
PLSTC.	Plastic	플라스틱
PNL.	Panel	판자
POL.	Polished	닦은, 광택 있는
PR.	Pair	짝
PRMLD.	Premolded	미리 묻어 놓은
P. SL.	Pipe Sleeve	파이프 슬리브
P. S. I.	Pounds per Square Inch	제곱인치당 파운드
PTD.	Painted	페인트 칠한
R.	Riser	계단 높이
R. 또는 r.	Radius	반지름
RAD.	Radiator	방열기
RD.	Road	길
R. D. REF.	Roof Drain Reference	지붕 드레인
REINF.	Reinforcing	보강한
RF.	Roof	지붕
RFG.	Roofing	루핑
RM.	Room	방
RT.	Right	오른쪽
RUB.	Rubber	고무
SC.	Scale	축척
SCUP.	Scupper	배수관
SECT.	Section	단면
SERV.	Service	서비스
SHT.	Sheet	장
SK.	Sink	개수기
SLV.	Sleeve	슬리브
S. M.	Surface Measure	표면 측정
SPEC.	Specifications	시방서
SQ.	Square	정사각형
ST.	Stairs	계단
STD.	Standard	표준
STG.	Storage	창고
STL.	Steel	철
STN.	Stone	돌

(계 속)

약 어	원 어	우리말 표기
STR.	Structure	구조
SUR.	Surface	표면
S. V.	Safety Valve	안전밸브
SW.	Switch	스위치
SYM.	Symbol	기호
T.	Toilet	변소
T. C.	Terra-Cotta	테라코타
TECH.	Technical	기술의
TEL.	Telephone	전화
TEMP.	Temperature	기온
TER.	Terrazzo	테라조
THK.	Thickness	두께
TYP.	Typical	대표적인
UP	Up	위
UR.	Urinal	소변기
VENT.	Ventilate	환기하다
VENT.	Ventilator	환기장치
VERT.	Vertical	수직의
VEST.	Vestibule	현관
VOL.	Volume	용량
W.	Wall	벽체
W. C.	Water Closet	변소
WD.	Wood	목재, 나무
W. H.	Water Hole	물구멍
W. HSE.	Ware-House	창고
WTH.	Width	폭

찾아보기

[역자 약력]

박 종 일(朴鍾一)
- 한양대학교 공과대학원 기계공학 석사
- 경희대학교 공과대학원 기계공학 박사
- 건축기계설비 기술사
- 수원과학대학 건축설비과 교수 역임
- 대한설비공학회 총무이사 역임

やさしい建築設備図面の見方・かき方

건축설비계통도 이해하기

2001. 9. 1. 초 판 1쇄 발행
2004. 9. 13. 초 판 2쇄 발행
2007. 3. 23. 초 판 3쇄 발행
2012. 4. 13. 초 판 4쇄 발행
2016. 6. 22. 개정증보 1판 1쇄 발행
2018. 3. 9. 개정증보 1판 2쇄 발행

지은이 | 阿部 正行, 永塚 襄, 大隅 和男, 千葉 孝男, 長谷川 勝実, 三宅 圀博, 渡辺 和雄
감 수 | 千葉 孝男
옮긴이 | 박종일
펴낸이 | 이종춘
펴낸곳 | BM 주식회사 성안당
주소 | 04032 서울시 마포구 양화로 127 첨단빌딩 5층(출판기획 R&D 센터)
| 10881 경기도 파주시 문발로 112 출판문화정보산업단지(제작 및 물류)
전화 | 02) 3142-0036
| 031) 950-6300
팩스 | 031) 955-0510
등록 | 1973. 2. 1. 제406-2005-000046호
출판사 홈페이지 | www.cyber.co.kr
ISBN | 978-89-315-6353-5 (93540)
정가 | 25,000원

이 책을 만든 사람들
책임 | 최옥현
진행 | 이희영
교정·교열 | 문 황
전산편집 | 최은지
표지 디자인 | 박원석
홍보 | 박연주
국제부 | 이선민, 조혜란, 김해영
마케팅 | 구본철, 차정욱, 나진호, 이동후, 강호묵
제작 | 김유석